Dipl.-Ing. Horst Ihling

Ich fahre einen WARTBURG

Fahrzeugvorstellung
Fahrzeughandhabung
Technische Durchsicht
Störungssuche und -beseitigung
Nützliche Ergänzungen

8., unveränderte Auflage

trans press
classics

ISBN 978-3-613-71756-5

1. Auflage 2025
(unveränderter Nachdruck der 8., unveränderten Auflage 1984)

Sie finden uns im Internet unter www.transpress.de

Verlagslektor: Ernst Spahn
Einbandentwurf: Günter Nitzsche
Innengestaltung: Ingrid Romanowski
Titelfoto: Stadtarchiv Eisenach, Signatur 30.8.3 A02572 (Tasche 34)
Innenfotos: Frank R. Ihling (47)
Manuskript abgeschlossen: November 1982
Druck und Bindung: Hunter Books GmbH, 63184 Mainaschaff
Printed in Germany

Vorwort

Die neuerarbeitete, siebente Auflage geht auf die spezifischen Fragen der Wartburg-Fahrer und -Anwärter hinsichtlich des Kaufs, der Handhabung und der Selbstwartung sowie -reparatur des Fahrzeugs ausführlich ein. Sie macht erstens mit den konstruktionsbedingten Eigenschaften des Wartburg bekannt, damit dieselben im Interesse einer hohen Verkehrssicherheit jederzeit vorteilhaft genutzt werden. Zweitens zeigt sie, wie der Wartburg sinnvoll gewartet wird. Drittens macht sie damit vertraut, wie die Störungen schließlich aus eigener Kraft beseitigt werden. Herausgearbeitet ist dabei in den geeigneten Abschnitten, wie der Wartburg verkehrsdienlich gehandhabt und damit kraftstoffsparend gefahren wird – ein wirtschaftliches Erfordernis, auch von Interesse für sicherlich jeden Wartburg-Fahrer.

Der Inhalt, über die Betriebsanleitung weit hinausgehend, ist praxisnah erarbeitet. Neben den kurzgefaßten, aber doch das Wesentliche enthaltenden Kapiteln „Fahrzeugvorstellung" und „Fahrzeughandhabung" wurde in den beiden Hauptkapiteln „Technische Durchsicht" sowie „Störungssuche und -beseitigung" größter Wert auf konkrete, nachvollziehbare Ratschläge gelegt. Die jeweiligen Überschriften weisen auf die möglichen Ursachen eines Mangels hin bzw. lassen sie erkennen, wo die entsprechenden Ratschläge zu finden sind. „Nützliche Ergänzungen" als letztes Kapitel sowie interessante Ausführungen im ersten Kapitel zur preislich vorteilhaften Verwendung regenerierter Baugruppen runden das Buch ab.

Beigelegt ist dem Buch der Schaltplan der elektrischen Anlage. Das dürfte der Störungsursache und -beseitigung an Start-, Zünd- und Beleuchtungs- sowie Signalanlagen förderlich sein.

Der Wartburg ist ein schnelles Fahrzeug. Wer meint, seinen Wartburg in dafür ungeeigneten Verkehrssituationen voll ausfahren zu können, dem sei gesagt, daß die Pkw-Fahrer einen hohen Anteil an den Verkehrsunfällen haben, auch wenn sie im allgemeinen das Verkehrsgeschehen auf den Straßen der Republik positiv mitbestimmen. Es kann darum im eigenen Interesse und im Interesse aller anderen Verkehrsteilnehmer nur gelten, die Regeln der StVO bei jeder Fahrt voll zu beachten und so einen aktiven Beitrag zur Erhöhung der Verkehrssicherheit zu leisten.

Autor und Verlag hoffen, Sie mit den in diesem Buch zusammengestellten Ratschlägen zu befähigen, Ihr Fahrzeug nach Ablauf der Garantiezeit selbst zu warten und in den Grenzen, die dem Nichtfachmann nun einmal gesetzt sind, auch reparieren zu können; eben, damit Sie stets mit einem verkehrssicheren Fahrzeug am Straßenverkehr teilnehmen.

Verwendet sind die neuen physikalisch-technischen Einheiten, das Internationale Einheitensystem (SI). Die allgemein bekannten Einheiten sind jeweils in Klammern dahintergesetzt.

Die vorliegende achte Auflage stimmt mit der siebenten Auflage völlig überein.

Autor und Verlag

Inhalt

Fahrzeugvorstellung

Vor dem Erwerb eines Kraftfahrzeugs gilt es, die unterschiedlichsten Überlegungen anzustellen. Es soll ja möglichst ganz bestimmten Vorstellungen hinsichtlich der zu befördernden Personen, aber auch der ggf. zu transportierenden Lasten entsprechen und dabei noch wirtschaftlich zu betreiben sein. Spielt die Wirtschaftlichkeit im Sinne des Selbermachens, also der Selbstbetreuung des Fahrzeugs, die ausschlaggebende Rolle, kommt man unweigerlich auf den Wartburg. Es ist ein Fahrzeug, das sich durch normalen Wartungsaufwand und entsprechende Leistung auszeichnet. Maßgeblich dafür sind

- seine robuste, reparaturfreundliche Gesamtkonstruktion,
- sein Frontantrieb mit der sich daraus ergebenden hohen Fahrstabilität,
- sein 36,8-kW-Motor (50 PS) mit einem Drehmoment von 100 Nm (10 kpm) bei 3000 U/min und schließlich
- sein synchronisiertes Viergang-Wechselgetriebe mit sperrbarem Freilauf in allen vier Gängen.

Baumuster

Der VEB Automobilwerk Eisenach, von jeher bestrebt, allen Wartburg-Interessenten stets die gewünschte Ausführung anzubieten, produziert den Wartburg 353 W bei gleichem konstruktivem Grundaufbau (Bild 1–1) in der Limousinen- und Kombiausführung Standard sowie de Luxe, wobei beide Baumuster mit entsprechenden Extras mit Aufpreis zum Grundpreis geliefert werden können. Tabelle 1–1 informiert über die Möglichkeiten. Weitere Auskünfte sind in den IFA-Betrieben zu erhalten, die den Wartburg ausliefern.

Bild 1-1 Röntgendarstellung des Wartburg 353 W

Tabelle 1-1: Programm der Sonderausstattungen*)

Gegenstand	Limousine St./de L.	„Tourist" St./de L.
Autosuper		
A 130 IS	K/K	K/K
A 200	K/K	K/K
Spider	K/K	K/K
Heizgebläse, zweist.	K/S	K/S
Lack, flammenrot	K/K	K/K
Knüppelschaltung	K/K	K/K
Intervallschalter	K/K	K/K
Teppich (Malimo)	K/K	K/K
Türtaschen, vorn	K/K	K/K
Sicherheitsgurte		
Statik	K/K	K/K
mit Aufrollautom.	K/K	K/K
hinten	K/K	K/K
Schiebedach, Stahl	–/K	–/K
Windabweiser	–/K	–/K
Heckscheibe, heizbar		
Limousine	K/K	–/–
Tourist	–/–	K/K
Wisch-Wasch-Anl., Hecksch.	–/–	K/K
Nebelanlage Quartett	K/K	K/K
Kofferraumverkleidung	K/K	–/–
Reserveradverkleidung	K/K	–/–

*) Stand: 1. 10. 1982

S = Serienausstattung, K = Kundensonderwunsch

Technische Daten, Kontroll- und Einstellwerte

Die technischen Daten des Wartburg sagen dem, der sie zu lesen versteht, einiges über Beschaffenheit und Leistungsvermögen des Fahrzeugs aus. In Anlage 1 sind alle die Daten zusammengestellt, die diese Aussage ermöglichen und die somit gleichzeitig die Selbstwartung bzw. -reparatur erleichtern. Das dürfte insbesondere für die Wartburg-Fahrer von Interesse sein, die ihr Fahrzeug nach Ablauf der Garantiezeit selber betreuen, es also technisch warten und ggf. auch reparieren. Dennoch sei betont, daß man sich insbesondere die betreffenden Daten erst ganz genau ansieht, bevor man an die Einstellarbeit geht. Diese Vorsorge hat schon manch größeren Schaden verhindert.

Unterhaltungskosten

Der Betrieb eines Kraftfahrzeugs verursacht nicht geringe Kosten (Tab. 1–2). Sie treten,

Tabelle 1-2: Unterhaltungskosten des Wartburg 353 W

Gegenstand	Kostensatz Limousine	„Tourist"
Feste Kosten (M/Jahr)		
Kfz-Steuer[1]	180,–	180,–
Kfz-Haftpflichtvers.[1]	153,–	153,–
Kasko-Vers.[2]	188,–	188,–
Garagenmiete[3]	300,–	300,–
Sonst. Ausgaben	50,–	50,–
Summe	871,–	871,–
Variable Kosten (Pf/km)		
Kraftstoff/Öl[4]	14,53	15,30
Reifen[5]	2,72	2,70
Wartung/Reparatur[6]	6,50	6,50
Sonst. Ausgaben	0,50	0,50
	24,50	25,00
Gesamtkosten im Jahr (M)[7]		
bei 5000 km	2 096,00	2 121,00
bei 10 000 km	3 321,00	3 371,00

[1] DDR Werte
[2] angenommen mit 500,– M Selbstbeteiligung
[3] angenommen mit 25,– M monatlich
[4] angenommen bei einem Verbrauch von 9,75 l/100 km
[5] Reifenneupreis × 5, verteilt auf 3 Jahre
[6] einschl. Hohlraumkonservierung
[7] Feste Kosten in Mark plus variable Kosten in Pf/km

wenigstens zum Teil, auch dann auf, wenn sich kein Rad dreht (feste Kosten). Es gehören hierzu Kraftfahrzeugsteuer, Kraftfahrzeug-Haftpflichtversicherung, Kasko-Versicherung, Garagenmiete und einige kleinere sonstige Ausgaben. Beim Wartburg sind das rund 870,– Mark im Jahr.

Die Betriebskosten, also die Kosten für Kraftstoff, Öl, Reifen, Wartung und Pflege sowie Reparatur, sind zwangsläufig abhängig von den gefahrenen Kilometern, der Fahrweise und den Betriebs- sowie Verkehrsbedingungen, unter denen das Fahrzeug genutzt wird. Es wurden deshalb auch Durchschnittswerte angesetzt. Dennoch ergeben sich Kosten, die man kennen sollte, um entsprechend kalkulieren zu können.

Am aussagefähigsten sind natürlich die Gesamtkosten im Jahr, also die Festkosten plus Betriebskosten. Tabelle 1–2 sagt dazu beispielsweise aus, daß der Betrieb des Wartburg bei 10 000 km im Jahr rund 3320,– Mark oder 275,– Mark im Monat erfordert. Und diese Betriebskosten wollen ganz einfach beachtet sein, wenn es bei einem geplanten Fahrzeugkauf darum geht, ob ein

Tabelle 1-3: Programm und Preisbeispiele „Regenerierung" in Mark, Stand: Dezember 1982

Gegenstand	Aufkauf-preis	Neu-preis	Regener.-preis
Antriebswelle	2,80	28,00	14,40
Bremsbacken	0,60	5,80	3,30
Bremssattel r/l	34,00	170,00	155,00
Doppelgelenkwelle 312/353	28,60	286,00	167,00
Druckübersetzer CD 28	2,85	28,50	25,70
Druckübersetzer CD 29	2,90	29,00	26,40
Druckübersetzer CD 125	1,90	19,00	17,10
Freilaufstern 353	1,50	12,90	10,70
Getriebe 353	Aust.	1 400,00	633,00
Hauptbremszylinder CH 162	2,20	22,40	17,00
Kipphebel	2,50	12,70	10,90
Schwenklager-Kugelgelenk	5,50	27,20	25,80
Kugellagerausrücker	3,50	17,50	15,75
Kurbelwelle 312 nadelgel.	34,70	347,00	272,00
Kurbelwelle 353.0	36,50	371,00	273,00
Kurbelwelle 551.1	41,00	410,00	283,00
Kupplung T 180-120	3,50	35,70	28,00
Kupplungsscheibe 180 DER	5,80	58,10	38,00
Lenkgetriebe	28,60	286,00	207,00
Motor 353.0	Aust.	1 310,00	835,00
Motor 353.1	Aust.	1 420,00	844,00
Radbremszylinder CZ 150	1,00	10,30	8,50
Radbremszylinder CZ 138	1,00	10,80	8,40
Radbremszylinder CZ 98/118	0,90	9,35	7,50
Radmitnehmer vorn	6,50	34,00	29,30
Radmitnehmer hinten	6,50	32,70	29,30
Radnabe	1,90	19,35	7,40
Reibkegel	1,90	19,00	8,65
Riemenscheibe 312/353	1,50	14,80	7,50
Schaltbetätigungsstange	2,00	10,40	9,75
Stoßdämpfer 80/50 u. 140/50	3,35	33,30	25,20
Stoßdämpfer 80/50 u. 140/50 „E"	3,40	67,00	60,50
Spurstangengelenk	1,75	17,60	13,00
Vergaser 36 F	9,00	94,00	36,20
Vergaser 40 F	Aust.	94,00	43,00
Zapfstern	4,10	41,40	25,30
Zylinderkopf 353	21,00	214,00	160,00

neues oder ein gebrauchtes Fahrzeug erworben werden soll.
Bei einem Neufahrzeug bestehen die anfallenden Kosten im ersten Jahr, d. h. während der Garantiezeit, vorwiegend aus den festen Kosten und den variablen Kosten für den in dieser Zeit verbrauchten Kraftstoff, denn die Kosten für die hier fälligen zwei Durchsichten werden vom Fahrzeughersteller getragen. Nach Ablauf der Garantiezeit aber setzen dann die Kosten für die jährlichen oder 10 000-km-Durchsichten mit etwa 29,– Mark je Durchsicht als vorgegebene Lohnkosten ein. Hinzu kommen mit zunehmendem Alter des Fahrzeugs die Kosten, die sich aus dem normalen Verschleiß seiner Aggregate bzw. Baugruppen ergeben, u. a. Bremsbeläge, Batterie, Reifen u. a. m.
Anders bei einem gebraucht gekauften Fahrzeug. Hier weiß man nie, unter welchen Bedingungen das Fahrzeug bisher gelaufen ist und damit, welchen Verschleißzustand die einzelnen Aggregate bzw. Baugruppen bereits erreicht haben. Ein niedriger Kilometerstand auf dem Tachometer kann täuschen. Vorteilhaft ist es somit, bei einem Kauf einen Fachmann mit hinzuzuziehen. Er kennt die Stellen des Fahrzeugs, die annähernd Auskunft darüber geben, ob ein Kauf angebracht ist oder nicht. Genannt seien nur Kolben- und Pleuellagerspiele (Klappern im Motor), Türschweller (Rost), Federn (stark gesetzt) und Lenkungsspiel (Lenkgetriebe ausgeschlagen). Ein gebraucht gekauftes Fahrzeug sollte deshalb stets einer Vertragswerkstatt zu einer gründlichen Durchsicht und Reparatur vorgestellt werden, auch wenn die Kosten dafür relativ hoch sein können. Nur so läßt sich seine Betriebs- und Verkehrssicherheit, wie in § 8 StVO gefordert, sichern.

Regenerierte Ersatzteile

Die Regenerierung (Aufarbeitung) von Kfz-Teilen ist eine volkswirtschaftlich notwendige besondere Art der Instandsetzung normal abgenutzter Teile und Baugruppen, bei denen die volle Funktionstüchtigkeit durch technologische Prozesse unter Verwendung neuer bzw. bereits regenerierter Einzelteile wieder hergestellt wird. Für jeden Wartburg-Fahrer ist das insofern von Bedeutung, als das regenerierte Baugruppen sowie -teile von gleicher Haltbarkeit sind wie Neuteile, aber dennoch weit billiger. In Tabelle 1–3 ist das nachgewiesen. Erklärend hinzugefügt sei, daß alle regenerierten Baugruppen und -teile das IFA-Gewährszeichen besitzen und die Garantiebedingungen die gleichen sind wie bei Neuteilen.

Fahrzeughandhabung

Der Umgang mit Kraftfahrzeugen ist allgemein in Betriebsanleitungen beschrieben. Wer meint, vom gekauften Kraftfahrzeugtyp „schon alles zu wissen“, dem sei gesagt, daß das meist nicht stimmt. Laufende Weiterentwicklungen im Detail erfordern ganz einfach ein erneutes, eingehendes Studium dieser Anleitung, sichert doch nur das bei gewissenhafter Einhaltung der Hinweise des Fahrzeugherstellers eine hohe Grenznutzungsdauer der einzelnen Baugruppen und damit des ganzen Fahrzeugs. Das gilt für den Wartburg genauso, wie für jedes andere Kraftfahrzeug.

Betriebsanleitungen für Kraftfahrzeuge – auch die des Wartburg – informieren trotz aller wertvollen Hinweise über Bedienung, Pflege und Wartung sowie Störungsbeseitigung dennoch recht wenig über die zweckmäßigste Handhabung des Fahrzeugs im Stadt- und Fernverkehr. Man muß sich dieses Wissen darum auch regelrecht „erfahren“. Im Falle des Wartburg ist das notwendig, um die 36,8 kW (50 PS) seines Motors in allen Verkehrssituationen und bei allen Belastungszuständen stets richtig dosiert und mit der notwendigen Sicherheit für sich selbst und die anderen Verkehrsteilnehmer einzusetzen. Und dabei soll hier nicht das verkehrsrechtliche Wissen nach der StVO, das ja jeder Kraftfahrer beherrschen muß, zur Debatte stehen, sondern vielmehr das fahrzeugtypbezogene Wissen hinsichtlich der Meisterung der einzelnen Fahrzustände einschließlich der Besonderheiten bei Stadtfahrten, Fernfahrten, Überholvorgängen, Winterbetrieb u. a. m.

Spezifisches vom Motor

Alle neueren Wartburg-Ausführungen sind mit dem bewährten Dreizylinder-Zweitaktmotor ausgestattet, der aus einem Hubraum von 992 cm^3 bei einem Verdichtungsverhältnis von 7,5 maximal 36,8 kW (50 PS) bei 4250 U/min leistet und ein höchstes Drehmoment von 100 Nm[1)] (10 kpm) bei 3000 U/min besitzt. Diese Werte sind für uns deshalb so interessant, weil wir sie bei allen Fahrten, ob bewußt oder unbewußt, berücksichtigen müssen, hängt doch davon der wirtschaftliche Betrieb des Fahrzeugs ab. Und das eben hat seine Ursache in der richtigen Nutzung des Drehmoments des Motors.

Drehmoment und Leistung

Das Drehmoment (s. Bild 2–1) ist konstruktiv in den Motor hineingelegt und stellt die Kraft dar, die das Fahrzeug in Bewegung bringt. Es ist das Produkt aus Kraft mal Hebelarm. Wir können das Drehmoment nicht verändern, es aber mit Hilfe des Getriebes, indem wir den entsprechenden Gang einlegen, vorteilhaft nutzen.

Das Drehmoment entsteht an der Kurbelwelle und wird mit zunehmender Motordrehzahl größer, bis es bei 3000 U/min den Maximalwert erreicht, um danach auch bei Drehzahlerhöhung wieder abzufallen. Dennoch ergeben sich im praktischen Fahrbetrieb daraus keine spürbaren Nachteile. Die Zunahme der Drehzahl des Motors überspielt das langsame Abnehmen des Drehmoments. In Bild 2–1 ist das sichtbar gemacht.

Die Leistung des Verbrennungsmotors (s. Bild 2–1), heute allgemein in Kilowatt (kW)[2)], früher in Pferdestärken (PS) angeben, stellt die vollbrachte Arbeit in der Zeiteinheit dar.

1) Nm = Newtonmeter; 1 Nm = 0,102 kpm; abgerundet 10 Nm = 1 kpm

2) kW = Kilowatt; 1 kW = 1,36 PS, 1 PS = 0,736 kW

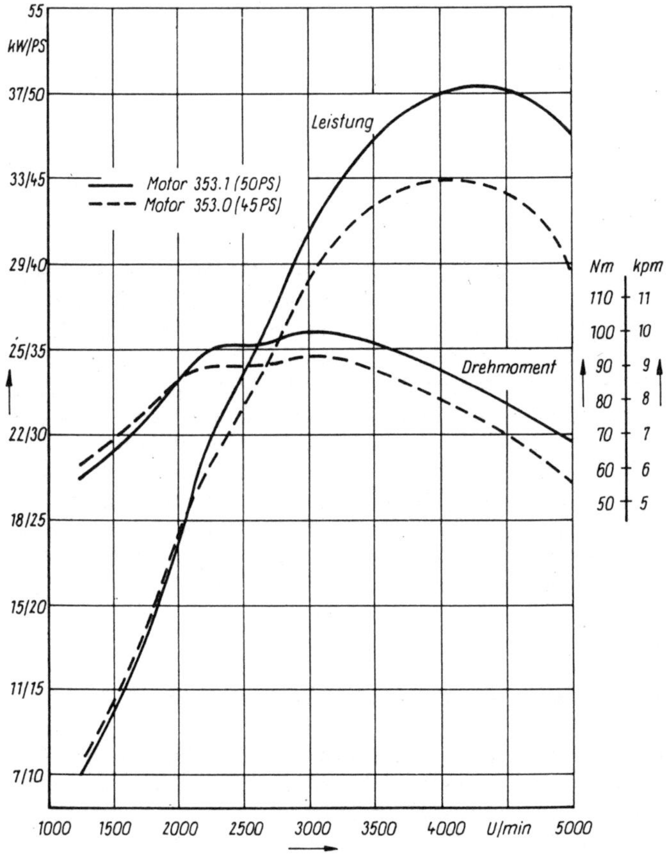

Bild 2-1
Leistungs- und Drehmoment-Kennlinien der Wartburg-Motoren in Abhängigkeit von der Drehzahl

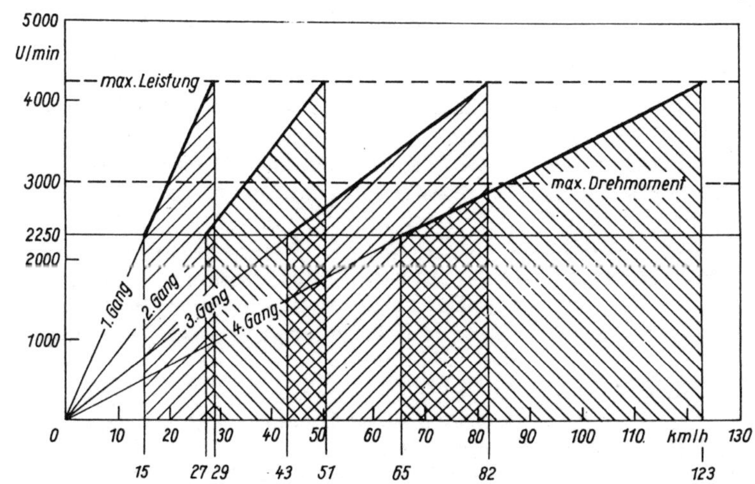

Bild 2-2
Geschwindigkeitsdiagramm mit wirtschaftlichen Fahrbereichen

Drehmoment- und Leistungsverhalten von Kraftfahrzeugmotoren lassen sich in Diagrammen darstellen. Ein solches Diagramm zeigt Bild 2–2 für die neueren Wartburg-Motoren. Es sagt uns beispielsweise, daß die Motoren im Bereich von 2200 bis 3500 U/min ein hohes Drehmoment halten. Und da das Drehmoment die Kraft darstellt, die das Fahrzeug in Bewegung bringt, heißt das, daß wir sie möglichst an der unteren Grenze dieses Bereiches betreiben. Der Grund dafür ist, daß sie hier einerseits schon eine relativ große Zugkraft entwickeln und andererseits am sparsamsten laufen.

Werden die Motoren unterhalb von 2200 U/min betrieben, was natürlich auch möglich ist, vermindert das naturgemäß ihr Leistungsvermögen und – es muß außerdem häufiger geschaltet werden – erhöht den Verschleiß. Das schadet den Motoren – vorausgesetzt, es ist der entsprechende Gang eingelegt – jedoch solange nicht, wie man sich mit der Kraft begnügt, die sie in einem solchen Falle abzugeben in der Lage sind. Soll aber eine leichte Steigung überwunden oder das Fahrzeug beschleunigt werden, reicht eine solche Motordrehzahl nicht aus. Das mindeste ist, daß die Motoren auf das Betätigen des Fahrfußhebels (Gaspedal) träge reagieren oder vielleicht sogar „klingeln", sich also quälen. Und das wiederum schadet ihnen sehr, insbesondere den Triebwerksteilen wie Kolben, Pleuel- und Kurbelwellenlagern. Aus dieser Erfahrung leitet sich deshalb auch die Erkenntnis ab, daß ein Zweitaktmotor im Gegensatz zum Viertaktmotor stets drehen, d. h. im Bereich höherer Drehzahlen betrieben und viel geschaltet werden muß. Hieran sollten vor allem diejenigen denken, die einen Wartburg neu erworben haben und ihn als Erstfahrzeug betreiben, und natürlich auch diejenigen, die nur gelegentlich auf den Wartburg „umsteigen", ansonsten aber einen Viertakter mit viel kräftigerem Motor in unteren Drehzahlbereichen fahren.

Wirtschaftliche Fahrbereiche

Jeder Wartburg-Fahrer, der Kraftstoff und Reparaturen selbst bezahlen muß, aber auch jeder Berufskraftfahrer, der bestrebt ist, den ihm anvertrauten Wartburg richtig zu behandeln, dürfte die Frage interessieren: Welches sind denn die wirtschaftlichen Drehzahlen in den einzelnen Gängen? Sehen wir uns das anhand der Bilder 2–1 und 2–2 an.

Auffällig an Bild 2–2 ist zunächst, daß sich die Bereiche der einzelnen Gänge mehr oder minder stark überschneiden. Das hat seinen Grund in der vom Motor für die Überwindung der jeweiligen Fahrwiderstände aufzubringenden Kraft und der Geschwindigkeit, mit der diese Widerstände überwunden werden sollen. Das ist bekanntlich mit kleinerem Gang, aber größerer Kraft (Bergauffahrten, Gelände), oder größerem Gang und kleinerer Kraft (ebene Fahrbahn, leeres Fahrzeug) möglich. Hinzu kommt, daß die Wartburg-Motoren am sparsamsten laufen, wenn sie in Drehzahlen betrieben werden, die zwischen dem maximalen Drehmoment und der maximalen Leistung (s. Bild 2–1) liegen, also zwischen 2250 und 4250 U/min, wobei sich mit steigender Gangwahl die Verbrauchswerte nach dem unteren Drehzahlbereich hin verschieben bzw. ergeben. Diese Drehzahlen und damit die Kraftentfaltung der Motoren bestimmen wir mit Hilfe des Fahrfußhebels (Gaspedal) und der Gänge, indem wir den Gang einlegen, den wir nach den jeweils zu überwindenden Fahrwiderständen für erforderlich halten.

In der Praxis heißt das, daß man im normalen Fahrbetrieb den zweiten Gang – der erste Gang dient ja nur zum Anfahren – bis etwa 50 km/h und den dritten Gang bis etwa 65 km/h ausfährt, um dann auf den vierten Gang zu schalten. In allen drei Fällen arbeiten die Motoren in wirtschaftlichen Drehzahlbereichen und setzen die einzelnen Gänge aufgrund der zur Verfügung stehenden Leistung jeweils ausreichend kräftig ein. Das ermöglicht es uns dann auch, den vierten Gang beispielsweise im Stadtverkehr bei den hier überall üblichen Kolonnenfahrten im 50er Schnitt verstärkt zu benutzen. Der Motor weist hier bis ca. 60 km/h die niedrigsten Verbrauchswerte auf und die Leistung (s. Bild 2–1) von rund 18 kW (25 PS) reicht aus, den normalen Fahrbetrieb zu gewährleisten. Hauptfahrgang im Stadtverkehr, wo

die genannten Bedingungen für eine zügige Fahrt nicht vorliegen, ist jedoch der dritte Gang. Der Motor weist in diesem Gang gleichfalls gute Verbrauchswerte und vor allem gute Beschleunigungswerte auf.
Vergleichen wir diese Erkenntnisse mit der Aussage von Bild 2–1, so werden dieselben hier bestätigt. Dieses Bild zeigt nämlich, daß die Wartburg-Motoren in dem erwähnten Drehzahlbereich ab 2000 U/min bereits ein Drehmoment von 90 Nm (9 kpm) entwickeln, das dem maximalen Drehmoment von 100 Nm (10 kpm) sehr nahe kommt.
Diese rein theoretischen Erkenntnisse aus den Fahrzeugkennwerten untermauern die vom Fahrzeughersteller durchgeführten Messungen hinsichtlich des momentanen Kraftstoffverbrauchs in den einzelnen Gängen. Dabei ergaben sich die nachstehenden Werte:

1. Gang mit 20–25 km
   16,1–16,5 l/100 km
2. Gang mit 25–50 km
   7,7–9,5 l/100 km
3. Gang mit 50–70 km
   7,3–7,5 l/100 km
4. Gang mit 60–80 km
   6,8–7,2 l/100 km
   80–90 km
   7,2–8,1 l/100 km

Entsprechend diesen Verbrauchswerten sollte man die Schaltstufen wählen, und zwar vom

1. zum 2. Gang = 20–25 km/h
2. zum 3. Gang = 40–50 km/h
3. zum 4. Gang = 60–70 km/h

Dabei beachtet man bei den einzelnen Schaltvorgängen selbstverständlich die Fahrbahn- und Witterungsbedingungen. So wird man auch auf ebener Fahrbahn bei Gegenwind den dritten Gang auf jeden Fall voll ausfahren. Anderenfalls gerät man beim Schalten vom dritten in den vierten Gang bei 60 km/h in den Klingelbereich des Motors und durch das weitere Gasgeben auch in die höheren Verbrauchsbereiche.
Ganz anders behandelt werden die Motoren in ungewöhnlichen Verkehrssituationen, beispielsweise beim Überholen. Hier gilt es, ihre volle Leistung auszunutzen. Wie dabei verfahren wird, ist im Abschnitt „Überholen" beschrieben.

Nicht zu unterschätzen ist übrigens der Einfluß der Vergaserstufen auf den Kraftstoffverbrauch. Ergeben hat sich bei der Kraftstoffverbrauchsmessung beispielsweise, daß sowohl die erste Stufe des Vergasertyps 40 F (bis Drosselklappenstellung 54–56°) als auch die des Registervergasers (bis Drosselklappenstellung 45±3°) ausreicht, um mit dem Fahrzeug auf ebener Fahrbahn die gesetzlich zulässigen Höchstgeschwindigkeiten zu erreichen. Wird dagegen beim Beschleunigen oder bei schnellen Überholvorgängen die zweite Vergaserstufe – spürbar an einem leichten Druckpunkt des Fahrfußhebels – eingesetzt, führt das zu einem erheblichen Kraftstoffmehrverbrauch. Die entsprechenden Messungen ergaben in diesem Zusammenhang, daß beim Übergang von der ersten Vergaserstufe (v = 117 km/h; Verbrauch = 10,7 l/100 km) zur zweiten Vergaserstufe (v = 123 km/h; Verbrauch = 11,7 l/100 km) im vierten Gang eine Geschwindigkeitszunahme von nur 6 km/h mit einem Mehrverbrauch von 1,0 Kraftstoff je 100 km erkauft werden mußte. Diese Werte sind, obwohl sie oberhalb der gesetzlich zulässigen Höchstgeschwindigkeiten ermittelt wurden, für die eigene Fahrweise dennoch von großer Bedeutung, da auch in den unteren Gängen beim schnellen Durchtreten des Fahrfußhebels die zweite Vergaserstufe mit den hier höheren Verbrauchswerten wirksam wird. Darüber hinaus setzt beim Registervergaser noch zusätzlich die Beschleunigungspumpe mit ihrer vollen Leistung von 0,50–0,75 cm³ Einspritzmenge pro Hub ein, was zur weiteren Verbrauchserhöhung beiträgt.

Kraftstoffsparende Fahrweise

Die volkswirtschaftlichen Belange hinsichtlich des sparsamen Umgangs mit Kraftstoff interessieren auch den Wartburg-Fahrer, ergibt sich letzten Endes daraus doch auch für ihn ein finanzieller Vorteil, ohne daß nennenswerte Geschwindigkeitseinbußen in Kauf genommen werden müssen. Daß dem so ist, beweist Bild 2–3. Betont sei hierzu, daß sein Inhalt die ganze Streubreite zeigt,

Bild 2-3
Kraftstoffverbrauch der Wartburg-Motoren in Abhängigkeit von der Geschwindigkeit

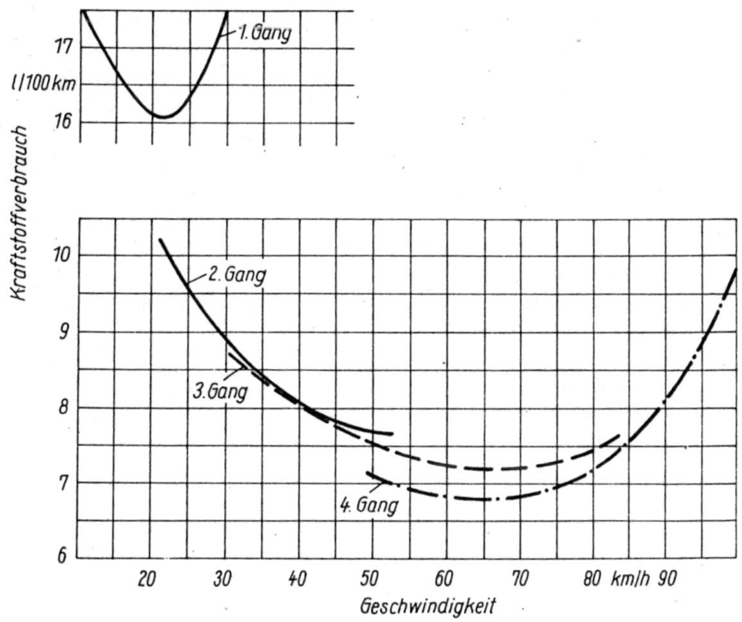

die sich aus der Handhabung des Fahrzeugs durch den Fahrer ergibt. Ferner ist daran interessant, daß es die im Abschnitt „Wirtschaftliche Fahrbereiche" getroffenen Feststellungen bestätigt: günstigster Kraftstoffverbrauch im vierten Gang im Geschwindigkeitsbereich von 60 bis 75 km/h = etwa 2250 bis 3000 U/min, vertretbarer Kraftstoffverbrauch bei Durchschnittsgeschwindigkeiten, beispielsweise auf der Autobahn, von etwa 90 km/h = 3000 U/min des Motors.

Einen weiteren großen Einfluß auf den Kraftstoffverbrauch nehmen natürlich Fahrzeughandhabung und Fahrzeugzustand. Wer beispielsweise ständig

- beim Anfahren an Lichtsignalanlagen den anderen zeigen möchte, wie schnell er ist und demzufolge den Fahrfußhebel (Gaspedal) ruckartig bis zum Anschlag niedertritt und nach dieser Methode dann auch noch beim Heraufschalten verfährt, jagt den Kraftstoff regelrecht zum Auspuff hinaus;
- mit Vollgas bis zum sich schon abzeichnenden Halt (Lichtsignalanlage) fährt, um dann scharf zu bremsen, statt den Fuß rechtzeitig vom Fahrfußhebel (Gaspedal) zu nehmen und das Fahrzeug ausrollen zu lassen, handelt ähnlich;
- im Stadtverkehr immer wieder scharf beschleunigt, um vielleicht noch ein oder zwei Fahrzeuge zu überholen, statt in der Kolonne mitzurollen, gewinnt in der Regel nichts an Zeit, riskiert dafür aber einen unnötigen Kraftstoffmehrverbrauch.

Hinzu kommen zu diesem wenig verkehrsdienlichen Verhalten die vielen kleinen technischen Unzulänglichkeiten am Fahrzeug, die den Kraftstoffverbrauch gleichfalls erhöhen, ohne daß das dem einzelnen Fahrer so recht bewußt wird. Genannt seien nur

- eine nicht mehr stimmende Zünd- sowie Vergasereinstellung,
- ein nicht mehr voll durchlässiger Luftfilter,
- ein nicht richtiger Reifeninnendruck entsprechend der Belastung des Fahrzeugs,
- nicht mehr stimmende Vorspur u. a. m.

Die Gründe dafür: Der Kraftstoffverbrauch kann sich bei nicht stimmender Einstellung des Vergasers bzw. der Zündung um 15 bis 20 Prozent, bei nicht richtig arbeitenden Zündkerzen um 10 bis 20 Prozent usw. erhöhen.

Hinzu kommen weitere Maßnahmen, die gleichfalls zur Senkung des Kraftstoffverbrauchs beitragen. Die bekanntesten davon sind:

1. Den Motor nach dem Anlassen nicht im

Stand warmlaufen lassen, sondern mit geringerer Geschwindigkeit warmfahren; hierbei nicht unnötig mit dem Fahrfußhebel (Gaspedal) spielen.
2. Die Starteinrichtung nach dem Anspringen des Motors halb und bei erreichtem Rundlauf desselben vollständig schließen.
3. Den Motor erst nach Erreichen der Betriebstemperatur voll belasten.
4. Die günstigsten Drehzahlbereiche in den einzelnen Gängen einhalten.
5. Gefühlvoll und vorausschauend fahren; nur allmählich Gas geben; niemals den Fahrfußhebel (Gaspedal) schnell voll durchtreten.
6. Bewegungsenergie des Fahrzeugs ausnutzen (mehr rollen lassen) sowie häufiges und starkes Bremsen vermeiden.
7. Extrem niedrige Drehzahlen in den einzelnen Gängen vermeiden; es kommt hierbei zu schlechter Gemischbildung und damit Kraftstoffausnutzung.
8. Nach Erreichen der gewünschten Geschwindigkeit den Fahrfußhebel (Gaspedal) etwas zurückzunehmen; es tritt keine Verringerung der Geschwindigkeit ein.
9. Die eigene Geschwindigkeit dem Verkehrsfluß anpassen; zu langsames Fahren zwingt die anderen Fahrzeugführer zum Überholen.
10. Generell mehr mit dem Kopf als mit den Füßen fahren, denn Bremsen und immer wieder Beschleunigen erhöhen sowohl den Kraftstoffverbrauch als auch den Verschleiß.

Nicht uninteressant ist in diesem Zusammenhang, daß ein ständig mitgeführter und gefüllter 20-Liter-Kraftstoffkanister den Kraftstoffverbrauch je 1000 km Fahrtstrecke um ein bis zwei Liter ansteigen läßt.

Ein klein wenig Überlegung hinsichtlich des Kraftstoffverbrauchs lohnt also, entlastet es doch die eigene Brieftasche, und auch die Volkswirtschaft hat Vorteile.

Warmfahren oder Warmlaufenlassen?

Jede sinnvolle Handhabung des Wartburg trägt mit dazu bei, den auf die Dauer nicht zu verhindernden Verschleiß in Grenzen zu halten. Hierzu gehört auch der richtige Umgang mit dem Motor nach dem Kaltstart. Was sollte jeder Wartburg-Fahrer davon wissen?

Jeder Kraftfahrzeugmotor – auch der Zweitakter – arbeitet erst dann mit dem geringsten Verschleiß, wenn er seine Betriebstemperatur erreicht hat. Infolgedessen gilt es, ihn insbesondere im Winter schnell auf Betriebstemperatur zu bringen. Und das ist nur möglich, wenn er nach dem Kaltstart mit halb hineingeschobenem Starterzug warmgefahren wird, wobei zügig vom ersten auf den zweiten Gang geschaltet und in diesem Gang eine kurze Zeit gefahren wird. Schon nach wenigen hundert Metern merkt man, daß der Motor leichter dreht, schiebt den Starterzug ganz hinein und schaltet auf den dritten Gang. Und da der Motor bei dieser Methode Arbeit leisten muß, wird die Betriebstemperatur bald erreicht und somit die Kaltlaufperiode mit ihrem erhöhten Verschleiß schnell überwunden.

Wer den Motor dagegen warmlaufen läßt, was auch noch beobachtet werden kann, nach der 2. DB zum Landeskulturgesetz vom 11. 7. 1974 (GBl. I Nr. 37) aber selbst bei Temperaturen von unter 0 °C nur bis höchstens 60 Sekunden gestattet ist, verschmutzt nicht nur die Umwelt, sondern riskiert den schon erwähnten erhöhten Verschleiß und wundert sich vielleicht eines Tages, daß der Motor seines Fahrzeugs nicht mehr so richtig „zieht". Kein Wunder, er ist bei dieser Behandlung innerlich völlig verschmutzt, d. h., die Steuerkanäle der Zylinder sowie die Auspuffanlage haben Rückstände angesetzt. Die gleichen Symptome verursacht ein ausschließlicher Kurzstreckenbetrieb. In solchen Fällen hilft nur, den Motor auf der Autobahn wieder freizufahren und im nächsten Winter so zu behandeln, wie das Hunderttausende Wartburg-Fahrer tun: Technisch regelmäßig warten und ab und zu „freifahren".

Schmier- und Kraftstoffe

Der Zweitaktmotor ist ein typisches Beispiel dafür, daß nicht gut fährt, wer gut schmiert, denn das „gut schmieren", d. h., ein zu hoher Ölanteil im Kraftstoff, führt zu unnötigen Ölkohlerückständen im Motor und an den Zündkerzen. Und das kann soweit führen, daß die Kolbenringe festgehen, die Kolben sich infolge der nunmehr mangelhaften Abdichtung zwischen Kolben und Zylindern zusätzlich aufheizen und schließlich „fressen". Man hält sich darum besser an das vom Fahrzeughersteller empfohlene und in der Betriebsanleitung zu findende Mischungsverhältnis. Dieses werksseitig erprobte Verhältnis garantiert die ausreichende Schmierung aller bewegten Teile im Motor auch bei extremen Fahrbedingungen.

Schmierstoffe: Für die Schmierung des Motors dient grundsätzlich das Spezial-Zweitakt-Motorenöl MZ 22. Für die Schmierung des Getriebes sind es die Öle der Klasse SAE 80 EP sowie das spezielle Getriebeöl GL 60 der DDR-Produktion. Letzteres wird ganzjährig verwendet.

Kraftstoffe/Mischungsverhältnis: Getankt wird grundsätzlich Öl/Kraftstoff im Verhältnis 1 : 50 bei Verwendung des speziellen Zweitaktöles, bei Auslandsfahrten entsprechend Tabelle 2-1 evtl. auch im Verhältnis 1 : 33. Vom Werk vorgegeben ist Kraftstoff mit der Mindest-Oktanzahl ROZ 88, für die DDR die Kraftstoffsorte „Normal". Tabelle 2-1 enthält die zweckmäßigsten Öl- und Kraftstoffsorten für den Wartburg.

Verbrauchskontrolle: Eine gelegentliche Kontrolle des Kraftstoffverbrauchs ist zu empfehlen. Man gewinnt aus dem Ergebnis wertvolle Erkenntnisse über den Zustand des Motors, insbesondere der Zünd- und Vergasereinstellung. Wie geht man bei dieser Kontrolle vor? Man füllt den Kraftstoffbehälter so weit, bis der Kraftstoff im Einfüllstutzen zu sehen ist und notiert sich den Kilometerstand. Dann fährt man eine längere Strecke wie gewohnt und tankt erneut möglichst an der gleichen Tankstelle und auf dem gleichen Standplatz. Aus der Kraftstoffmenge, die der Kraftstoffbehälter bei diesem Tanken faßt, und den zurückgelegten Kilometern läßt sich nun der tatsächliche Verbrauch nach der Formel errechnen:

$$\frac{\text{getankte Menge} \times 100}{\text{zurückgel. Kilometer}} = \text{Verbrauch l/100 km}$$

Beispiel:
getankte Menge 28,6 l
zurückgel. Strecke 300 km

$$\frac{28{,}6 \times 100}{300} = \frac{28\,600}{300} = 9{,}5 \text{ l/100 km}$$

Verbrauchskorrektur: Moderne Viertakt-Pkw verbrauchen bei gleicher Motor- und Fahrleistung heute weniger Kraftstoff als der Wartburg. Daraus sollte jedoch niemand den Schluß ziehen, vielleicht den Vergaser mit kleineren Düsen zu bestücken oder eine zweite Dichtung unter das Schwimmernadelventil zu legen. Das bringt nichts ein. Der Motor, der seine optimale Vergasereinstellung im Werk erhielt, bekäme in diesem Falle zu wenig Kraftstoff und damit gleichzeitig zu wenig Öl. Die Folgen könnten recht teuer zu stehen kommen (Kolbenfresser, Lagerschäden u. a. m.). Empfohlen kann daher nur werden, den Kraftstoffverbrauch über die Fahrweise, wie im Abschnitt „Kraftstoffsparende Fahrweise" betont, zu reduzieren. Das bringt mehr ein als jede Manipulation am Fahrzeug.

Tabelle 2-1: Schmier- und Kraftstoffe für den Wartburg

Land	Ölsorte	Kraftstoffsorte	Mischungsverhältnis
DDR	MZ 22	VK „Normal"	1:50
ČSSR	M 2 T	Spezial MOZ 90	1:50
Ungarische VR	Arol 2 T	Normalbenzin E 86	1:50
VR Polen	Mixol S	Benzin MOZ 94	1:50
VR Bulgarien	LT 2 T	Benzin OZ 88	1:33
SR Rumänien	M 30	Premium 98 OC	1:33
UdSSR	ASP 10	Benzin A 98	1:33

Mit oder ohne Freilauf?

Im Normalbetrieb fährt man den Wartburg grundsätzlich mit Freilauf. Der Vorteil: Durch den unterbrochenen Kraftfluß zwischen Motor und Getriebe wird bei Schubbetrieb Kraftstoff gespart, denn das Fahrzeug rollt ohne den Bremseffekt des Motors. Ganz anders im Winterbetrieb und beim Befahren von längeren Gefällestrecken, wo der Motor als zusätzliche Bremse benötigt wird. Hier sperrt man den Freilauf. Das gilt um so mehr bei voller Auslastung des Fahrzeugs und beim Fahren mit Anhänger. Aber Vorsicht! Der Motor darf beispielsweise bei Bergabfahrten nicht längere Zeit zum Bremsen benutzt werden. Er bekommt in diesem Betriebszustand (Leerlauf) nur wenig Kraftstoff und damit Öl, was zu Kolbenklemmern führen kann. Man gibt bei einem solchen Fahrzustand deshalb zwischenzeitlich immer wieder einmal Gas. Das führt dem Motor mehr Kraftstoff und damit auch Öl für die Schmierung zu. Bei Bergabfahrten ist die Geschwindigkeit deshalb möglichst so zu wählen, daß die Temposteigerung infolge des kurzen Gasgebens durch ein kurzes Bremsen mit der Fußbremse immer wieder kompensiert werden kann. Das Sperren des Freilaufs erfolgt übrigens niemals im Schubbetrieb, sondern stets im Zugbetrieb.
Das Fahren mit gesperrtem Freilauf erfordert eine andere Schalttechnik. Der Grund: Der Kraftfluß Motor/Getriebe wird durch den gesperrten Freilauf nicht mehr automatisch unterbrochen. Deshalb sollte man bei gesperrten Freilauf mit Zwischengas zurückschalten. Wer das von älteren Fahrzeugen mit unsynchronisiertem Getriebe her nicht mehr kennt, übt das Fahren und Herunterschalten mit gesperrtem Freilauf gelegentlich.

Spezifisches vom Fahrwerk

Die Rahmenbauweise stellt in ihrem Zusammenwirken mit Federn, Stoßdämpfern, Radaufhängungen, Rädern und Reifen sowie Lenkung und Bremsanlage das für den Wartburg so typische, weil stabile und zuverlässige Fahrwerk dar. Und das wiederum ist in Verbindung mit dem vornliegenen Triebwerk und dem Frontantrieb Voraussetzung für sein unkompliziertes Fahrverhalten. Im Fahrbetrieb wird das sichtbar.

Fahrverhalten

Fahrzeuge mit Frontantrieb neigen in der Regel zum Untersteuern. Das gilt in geringem Maße auch für den Wartburg. Unter „Untersteuern" versteht man, daß bei Kurvenfahrten der tatsächlich gefahrene Radius größer ist, als der durch die Lenkung eingeschlagene Radius. Doch das ist so lange kein Problem, wie die Fahrbahn trocken und damit griffig ist. Bei glatten Fahrbahnen kann das Untersteuern jedoch dazu führen, daß das Fahrzeug insbesondere bei zu schnell gefahrenen Kurven vorn ausbricht. Entgegenwirken kann man dem Untersteuern dadurch, daß man mit wenig Gas in die Kurve hinein- und mit mehr Gas aus der Kurve herausfährt, das Fahrzeug also beschleunigt. Der Wartburg wird infolge seines Frontantriebs dadurch aus der Kurve herausgezogen. Aufgrund dieser Tatsache sollten speziell auf den Vorderrädern stets Reifen mit gutem Profil gefahren werden. Ferner ist es ratsam, das Fahrzeug so zu fahren – vor allem auf nassen, schmierigen und glatten Straßen –, daß immer noch eine Beschleunigungsreserve zur Verfügung steht. Das ermöglicht es dem Fahrer in den Fällen, in denen das Fahrzeug hinten unruhig wird bzw. schleudert, durch Gasgeben wieder zu beruhigen und die Geradeausfahrt zu erreichen.
Aufmerksam gemacht sei noch darauf, daß Diagonalreifen das Fahrzeug beim Überfahren von Straßenbahnschienen oder breiten Mittellängsfugen bzw. unterschiedlich hohen Autobahn-Fahrbahnen, wenn nicht ein genügend großer Winkel für das Überfahren gewählt wurde, trotz griffiger Fahrbahn aus der Spur drängen können. Deshalb sollte man stets versuchen, Längsfugen jeder Art in einem möglichst stumpfen Winkel zu überfahren. Das vermeidet das Unruhigwerden des Fahrzeugs in solchen Situationen.

Stadtfahrten

Jedes Fahren in Städten, insbesondere in fremden Städten, erfordert vom Fahrer neben sehr viel Aufmerksamkeit die exakte Beherrschung des Fahrzeugs. Dazu gehört, daß stets der Gang eingelegt ist, der es einem gestattet, in den meist anzutreffenden Fahrzeugkolonnen zügig mitzufahren. Welcher Gang das ist, hängt mit davon ab, mit welcher Geschwindigkeit die Kolonne fährt. „Rollt" der Verkehr in einer sogenannten Grünen Welle beispielsweise mit 50 bis 60 km/h, sollte das der vierte Gang sein. Im Abschnitt „Wirtschaftliche Fahrbereiche" ist dazu bereits ausgeführt worden, daß hier der günstigste Verbrauchsbereich beginnt und sich das Fahrzeug in diesem Gang und bei dieser Geschwindigkeit gegebenenfalls noch annehmbar beschleunigen läßt. Verlangsamt sich jedoch das Tempo der Kolonne und erreicht der Motor im vierten Gang die für diese Geschwindigkeit notwendige Drehzahl nicht mehr, wird auf den dritten Gang geschaltet, der nach Bild 2-2 im wirtschaftlichen Fahrbereich beispielsweise von 30–50 km reicht und mit dem alle dabei auftretenden Fahrsituationen gemeistert werden können.

Ein Fahren im dritten Gang wäre bei einer Geschwindigkeit von 50–60 km/h natürlich auch möglich. Der Motor würde dabei (s. Bild 2-2) jedoch rund 2600 U/min machen und (s. Bild 2-1) über 26 kW (35 PS) erzeugen, die wir für die angenommene normale Fortbewegung des Fahrzeugs auf ebener Strecke aber gar nicht benötigen. Und übertragen wir diese Leistung auf Bild 2-2, so ergibt sich sogar, daß der Motor bei dieser Fahrweise fast an der Grenze seiner Wirtschaftlichkeit arbeitet, wir also ungewollt einen hohen Kraftstoffverbrauch in Kauf nehmen.

Ansonsten ist in Städten infolge der Verkehrsdichte besonders diszipliniert zu fahren. Dazu gehört,

- daß auf Straßen, die durch Fahrbahnmarkierungen in mehrere Fahrspuren eingeteilt sind, stets innerhalb einer Fahrspur gefahren wird;
- daß bei notwendigem Spurwechsel auf den Nachfolgeverkehr Rücksicht genommen und der Fahrtrichtungsanzeiger rechtzeitig betätigt wird;
- daß nicht in den Sicherheitsabstand zwischen zwei hintereinanderfahrenden Fahrzeugen hineingewechselt wird;
- daß bei „Grün" an einer Lichtsignalanlage der erste Gang nicht erst mühevoll gesucht, sondern schon bei „Gelb" eingelegt und dann bei „Grün" zügig angefahren wird;
- daß bei sich abzeichnenden unnormalen Verkehrssituationen ohne scharfes Bremsen (Auffahrgefahr für den Hintermann!) reagiert wird;
- daß auch der Fußgängerverkehr neben der Fahrbahn aufmerksam beobachtet und beim Auftauchen von Kindern oder älteren Bürgern am Straßenrand, die sich anschicken, die Fahrbahn zu überqueren, besonders aufgepaßt wird;
- daß die Haltestellenbereiche der öffentlichen Verkehrsmittel (Straßenbahn und Omnibus) besonders vorsichtig befahren werden.

Ferner gilt, was im Abschnitt „Fahrverhalten" festgestellt worden ist: Rutschgefahr auf nassem Kopfsteinpflaster, wofür nicht nur beginnender Nieselregen, sondern auch die Stadtreinigung mit ihren Sprengwagen sorgt.

Fernfahrten

Fernfahrten sollten stets gut vorbereitet angetreten werden. Das gilt für Fahrer (ausgeruht) und Fahrzeug (technisch intakt, Kleinteile wie Zündkerzen, Kerzenstecker, Keilriemen, Unterbrecherkontakte und Kondensatoren für die gegebenenfalls notwendige Unterwegshilfe im Kofferraum).

Hauptfahrgang auf Autobahnen und Fernverkehrsstraßen ist natürlich der vierte Gang, der für die jeweils zugelassene Höchstgeschwindigkeit auch über längere Strecken geradezu prädestiniert ist. Der Motor läuft dabei noch im wirtschaftlichen Bereich und dreht auf Autobahnen (100 km/h) etwa 3400 U/min, auf Fernverkehrsstraßen

(80 km/h) etwa 2800 U/min. Fährt man schneller, so steigt der Kraftstoffverbrauch (s. Bild 2-3). Und da erfahrungsgemäß hohe Dauergeschwindigkeiten über lange Strekken keinen nennenswerten Zeitgewinn, wohl aber einen unnötig hohen Kraftstoffverbrauch ergeben, paßt man seine Fahrgeschwindigkeit besser dem Tempo der hier verkehrenden übrigen Fahrzeuge an. Das vermeidet Überholvorgänge, die immer ein gewisses Sicherheitsrisiko in sich tragen und außerdem Kraftstoff kosten. Auch bekommt es dem Motor gut, wenn er beim Fahren unter Last, also mit voll besetztem Fahrzeug oder bei Anhängerbetrieb, nicht ständig in der gleichen Drehzahl betrieben wird. Man variiert mittels des Fahrfußhebels (Gaspedal) deshalb hin und wieder die Geschwindigkeit.

Bei Fernfahrten will aber noch mehr beachtet sein. Unter anderem sind das die unversehens auftauchenden unterschiedlichen Verkehrsbedingungen wie Belagwechsel auf der Fahrbahn (Rutschgefahr!), Nässe oder Reifglätte auf Brücken und in Waldlagen bei ansonsten trockener Fahrbahn (Schleudergefahr!), überbreite Fahrzeuge u. a. m. Gut beraten ist deshalb, wer sich von anderen Fahrzeugen nicht jagen läßt und somit auf alle diese Erscheinungen vorausschauend reagieren kann. Hinzu kommt, daß einem ein möglichst gleichmäßiges Fahren viel sicherer ans Ziel bringt, als ein betont scharfes Fahren mit den hierbei unvermeidlichen ständigen Brems-, Beschleunigungs- und oftmals nicht ungefährlichen Überholmanövern sowie hohen Kraftstoffverbräuchen.

Gelegentliche Fahrtpausen mit Füße vertreten fördern bei Fernfahrten das persönliche Wohlergehen. Insbesondere mitfahrende Kinder sind dafür dankbar, können sie doch hierbei ihrem im Fahrzeug stark eingeengten Bewegungsdrang endlich wieder einmal freien Lauf lassen.

Daß sich Fahrtpausen ausgezeichnet für die Kontrolle des Fahrzeugs verwenden lassen, sei hier nur der Vollständigkeit halber betont, hat doch hierbei schon mancher Fahrer kleine Mängel entdeckt, abgestellt und somit Schlimmeres verhindert. Genannt seien nur die Kontrolle der Räder auf festen Sitz, der Felgen auf schleifende Bremsbacken (nur hinten; übermäßige Erwärmung), der Scheinwerfer und Schlußleuchten auf Sauberkeit und Intaktheit, des Keilriemens auf richtige Spannung u. a. m.

Im Prinzip sollte jeder Fahrer während der Fahrt die Ohren gespitzt halten und auf nicht fahrzeugtypische Geräusche achten. Sie kündigen in der Regel sich anbahnende Pannen an. Werden die ersten Anzeichen hierfür rechtzeitig bemerkt, ist das Beseitigen der Störung meist relativ einfach möglich. Läßt man Geräusche dieser Art dagegen unbeachtet und glaubt noch das Ziel zu erreichen, ohne sich die Finger schmutzig gemacht zu haben, kann man unterwegs liegenbleiben und muß dann in der Fremde mühevoll Hilfe suchen. Deshalb ist es schon besser vorzubeugen, als nachher den Zeitverlust und die Kosten zu bedauern.

Überholen

Schon die Fahrschulen legen größten Wert darauf, das Überholen mit allen Fakten ausführlich zu erläutern und zu üben und so dem angehenden Kraftfahrer die Verantwortung nahezubringen, die es beim Ausführen von Überholvorgängen stets zu beherzigen gilt. Hier sei diese Verantwortung gleichfalls betont, denn menschliches Fehlverhalten beim Überholen hat in der Regel die schwersten Folgen. Die Unfallstatistiken der Verkehrspolizei bestätigen das immer wieder. Insbesondere dem Neuling hinter dem Lenkrad wird deshalb auch empfohlen, sich § 17 StVO noch einmal genau anzusehen.

Die Länge des Überholweges ist abhängig von der Geschwindigkeit des zu überholenden und des überholenden Fahrzeugs. Je kleiner die Geschwindigkeitsdifferenz ist, um so länger ist der Überholweg. In Tabelle 2-2 ist das nachgewiesen. Zusätzlich sei folgendes betont: Ein sicheres Überholen ist bei dem in der Regel immer vorhandenen Gegenverkehr nur gewährleistet, wenn die Sichtweite für den überholenden Fahrer mindestens das Doppelte des erforderlichen Überholweges beträgt. Das erlangt insbesondere Bedeutung bei voll ausgelastetem

Fahrzeug (Urlaubsfahrt) oder Anhängerbetrieb, wo das Fahrzeug bei allen Manövern, vor allem beim Beschleunigen, weit schwerfälliger reagiert als vielleicht aus der täglichen Fahrpraxis, besetzt mit zwei Personen, her gewöhnt.

Beim Überholen kommt es auf Schnelligkeit an, denn Schnelligkeit verkürzt den Überholweg und mindert somit die Gefahr. Der Überholgang auf Landstraßen ist darum auch der dritte Gang. Mit diesem Gang kann man das Fahrzeug in jeder Verkehrssituation (s. Bild 2-2) schnell bis auf 80 km/h beschleunigen und somit einen relativ kurzen Überholweg erzielen. Das volle Ausfahren dieses Ganges schadet Motor und Getriebe nicht.

In der Praxis fährt man meist hinter einem langsameren Fahrzeug, vielleicht einem Lastzug, mit rund 60 km/h im vierten Gang hinterher und wartet auf eine Gelegenheit zum Überholen. Ist sie gekommen, würde unser Wartburg aus den 60 km/h heraus im vierten Gang nur relativ langsam beschleunigen und Überholvorgang sowie -weg würden sich sehr in die Länge ziehen. Darum schalten wir vor dem Ansetzen zum Überholen auch auf den dritten Gang, fahren diesen Gang nötigenfalls voll aus und vollführen den Überholvorgang. Nach Tabelle 2-2 benötigen wir dafür bei 80 km/h aber auch noch einen Überholweg von rund 270 Metern. Und das kann uns nur Anlaß sein, den Überholvorgang wirklich allumfassend zu kalkulieren, nähert sich doch der Gegenverkehr unter Umständen mit der gleichen Geschwindigkeit von 80 km/h.

Und noch eine Erfahrung sei vermittelt: Man schaltet nicht erst auf den dritten Gang, wenn man sich bereits neben dem zu überholenden Fahrzeug befindet und bemerkt, daß man nicht schnell genug vorbeikommt. Die wertvollen Sekunden, die dadurch verlorengehen, vorgrößern die Gefahr, denn der Gegenverkehr nähert sich bei gleichfalls 80 km/h immerhin mit 22 Meter pro Sekunde. Und die sich daraus ergebenden Strecken – bei nur zwei Sekunden Zeit – und damit Wegeverlust infolge des verspäteten Herunterschaltens sind das immerhin fast 50 Meter – gehen vom kalkulierten Überholweg ab.

Vernünftig ist also: Nicht überholen um jeden Preis, sondern überlegt überholen unter Ausschaltung aller Sicherheitsrisiken!

Tabelle 2-2:
Überholwege in Abhängigkeit von der Geschwindigkeit (m)

Fahrzeug (Pkw – 5 m) überholt mit ... km/h	Zu überholendes Fahrzeug (Gkw mit Anhänger – 12 m) fährt mit ... km/h: 20	30	40	50	60	70	80
30	201						
40	134	268					
50	112	168	335				
60	101	134	201	402			
70	94	117	156	235	469		
80	89	107	134	179	268	536	
90	86	101	121	151	201	302	603
100	84	96	112	134	168	223	335

Bremsen

Die alte Kraftfahrererkenntnis, daß ein Fahrzeug stets so gut ist wie seine Bremsen, hat bei den heutigen schnellen Fahrzeugen erst recht Gültigkeit. Alle Wartburg-Ausführungen bis Februar 1975 mit Trommelbremsen an beiden Achsen, ab diesem Zeitpunkt mit

Scheibenbremsen vorn und Trommelbremsen hinten, erreichten stets die in der 3. DB zur StVZO geforderten Verzögerungswerte. Dennoch gilt für alle Wartburg-Fahrer die Erkenntnis: Je höher die Fahrzeuggeschwindigkeit und je schlechter die Griffigkeit der Fahrbahn (Haftreibung), um so länger der Bremsweg! Daran ändert auch die Zweikreis-Bremsanlage des Typs 353 W nichts.

In der täglichen Fahrpraxis ist die immer mögliche Gefahrenbremsung das Kriterium. Wichtig zu wissen ist aus diesem Grunde, daß rutschende Räder, also überbremste Räder, einen längeren Bremsweg für das Fahrzeug ergeben als solche Räder, die sich gerade noch an der Rutschgrenze drehen. Und da es im Gefahrenfalle schwierig ist, die Bremskraft so zu dosieren, daß der höchste Bremseffekt erzielt wird, empfiehlt sich in einem solchen Falle das sogenannte Intervallbremsen. Hierbei betätigt man den Bremsfußhebel (Bremspedal) jeweils mehrere Male kurz hintereinander mehr oder minder stark und tastet sich auf diese Weise an die Rutschgrenze der Räder heran. Das dafür notwendige Bremsgefühl lernt man kennen, wenn auf einem verkehrsfreien Streckenabschnitt entsprechende Bremsversuche aus immer höherer Geschwindigkeit heraus gemacht werden. Das schadet der Bremsanlage nicht, bringt andererseits aber die Gewißheit für ihr einwandfreies Funktionieren mit sich und verbessert gleichzeitig die Erfahrung im Umgang mit der Bremse.

Auf trockenen Fahrbahnen – ordentliche Reifenprofile vorausgesetzt – ist die Bremsverzögerung naturgemäß am größten. Auf nassen und schmierigen Fahrbahnen verringert sie sich erheblich, und auf vereisten Fahrbahnen ist sie kaum noch wirksam. Und das heißt mit anderen Worten: Bevor man auf regennasser, schmieriger, verschneiter oder gar vereister Fahrbahn das Risiko einer Gefahrenbremsung auf sich nimmt, richtet man lieber die Fahrgeschwindigkeit entsprechend ein. Muß dennoch einmal schärfer gebremst werden, bekommt man das Fahrzeug mit Sicherheit früher zum Stehen als bei entsprechend den Fahrbahnverhältnissen zu schneller Fahrweise. Bricht das Fahrzeug (je nach Haftreibung der Räder der Achse) hierbei vorn oder hinten leicht aus, hilft meist, die Bremse zu lösen, es durch leichtes Gasgeben zu beschleunigen und bei entsprechenden Lenkkorrekturen wieder in die ursprüngliche Spur zurückzuführen. Ein starkes Weiterbremsen vergrößert die Gefahr des Rutsches des Fahrzeugs ohne jede Bremswirkung in eine vom Fahrer nicht mehr zu bestimmende Richtung.

Wie lang die Bremswege unter Umständen werden können, geht aus Tabelle 2-3 hervor. Ihre Werte mögen zu stets aufmerksamem Fahren mit genügendem Sicherheitsabstand zum Vordermann sowie zur Wahl der jeweils angebrachten Fahrgeschwindigkeit anregen.

Tabelle 2-3: Bremswege in Abhängigkeit von Fahrbahnzustand und Geschwindigkeit

Straßenzustand	Bremsverzögerung (m/s^2)	Geschwindigkeit vor dem Bremsen (km/h)									
		10	20	30	40	50	60	70	80	90	100
		Fahrstrecke während 1 Sekunde (m)									
		2,8	5,6	8,3	11	14	17	19,5	22	25	28
		Gesamtstecke bis zum Stillstand des Fahrzeugs(m)									
vereist	1	7	21	43	73	110	155	208	268	336	413
	2	5	14	26	42	62	86	114	145	181	202
schmierig	3	4	11	20	32	46	63	82	104	133	156
	4	4	10	17	26	38	52	67	84	103	124
naß	5	4	9	15	23	33	45	57	71	87	105
	6	3	8	14	22	30	40	50	63	77	92
trocken	7	3	8	14	20	28	37	46	57	70	83
	8	3	7	13	19	26	34	43	53	64	76

Motorbremse: Zum Umgang mit der Bremse gehört das Bremsen mit dem Motor, wobei die Bremswirkung des Zweitaktmotors jedoch relativ gering ist. Dennoch ist auf glatten Straßen, wo es oftmals gilt, die Geschwindigkeit langsam zu vermindern, mit dem Motor einen besonders günstigen Bremseffekt zu erzielen, denn die beiden Antriebsräder werden gleichmäßig abgebremst, und völlig gleichmäßig ist somit auch die Verzögerung des Fahrzeugs. Das mindert erheblich die Gefahr des seitlichen Wegrutschens der Räder infolge falscher Dosierung der Bremskraft mit der Fußbremse. Voraussetzung für den Einsatz dieser Bremse ist jedoch, daß der Freilauf gesperrt ist.

Anhängerbetrieb

Jeder Anhängerbetrieb setzt die Ausrüstung des Fahrzeugs mit einer typgeprüften Anhängerzugvorrichtung einschließlich Beleuchtungsanschluß für den Anhänger und verlängerte Außenspiegel bei Campinganhängerbetrieb (Bild 2-4) voraus. Ferner ist

Bild 2-4 Verlängerte Außenspiegel für den Caravan-Betrieb; durch die Dreipunktaufhängung mit Spannfeder ist ein guter Festsitz und eine vibrationsfreie Sicht nach hinten gegeben

nach ordnungsgemäßem Anbau der Zugvorrichtung das Fahrzeug für den Anhängerbetrieb durch das zuständige Volkspolizeikreisamt oder die für die Abnahme der Zugvorrichtung ermächtigten gesellschaftlichen Kräfte zuzulassen. Hierzu ist es unter Vorlage des Nachweises über den Kauf der Zugvorrichtung (Rechnung) vorzuführen. Die Zulassung selbst wird im Zulassungsschein und im Kraftfahrzeugbrief eingetragen.

Anhängemasse/Nutzmasse: Beide Wartburg-Ausführungen sind für Anhängelasten von 500 kg (ungebremster Anhänger) bzw. 650 kg (gebremster Anhänger) zugelassen. Das heißt mit anderen Worten, die Gesamtmasse (Eigenmasse plus Zuladung) des mitgeführten Camping- oder Lastenanhängers darf diese Werte nicht übersteigen. Außerdem muß der Anhänger mit mindestens 30 kg, maximal mit 50 kg seiner Gesamtmasse auf der Zugvorrichtung des Fahrzeugs aufliegen. Aus der Eigenmasse des Anhängers und der zugelassenen Anhängemasse, abgestimmt auf die zulässigen Achslasten des Zugfahrzeugs, ergibt sich somit die mögliche Nutzmasse für den Anhänger.

Fahrverhalten/Fahreigenschaften: Beim Mitführen eines Anhängers, insbesondere eines Campinganhängers, verändern sich Fahrverhalten und Fahreigenschaften des Wartburg ganz erheblich. Der Motor muß beim Beschleunigen des Fahrzeugs nicht nur die zusätzliche Masse des Anhängers mit verkraften, auch die Bremsen werden durch den meist noch ungebremsten Anhänger hoch beansprucht. Das gilt es zu bedenken, wenn beispielsweise mit einem Campinganhänger größere Fahrten unternommen werden. Es wird dabei oftmals über weite Strecken infolge Steigungen oder Gegenwindes im dritten Gang gefahren werden müssen, eben, weil der Wartburg-Motor die für einen zügigen Anhängerbetrieb notwendige Leistung von rund 45 kW (60 PS) nicht erreicht. Dennoch wird der Wartburg durch Hunger/Schmidt (1) recht positiv beurteilt. Sie schreiben u. a.: „Der Wartburg 353 W ... ist als Zugfahrzeug für Lastenanhänger sehr gut und für Campinganhänger gut geeignet. Ursache für letztere Erfahrung: Die nur

36,8 KW (50 PS) des Motors setzen dem Campinganhängerbetrieb Grenzen. Mit fest aufgebautem Campinganhänger oberhalb 400 kg Gesamtmasse kann deshalb auch kaum im vierten Gang gefahren werden, ohne daß bei 70...80 km/h ein starkes Verbrennungsklingeln einsetzt. Kritisch sind auch die thermischen Grenzen. Oberhalb einer Außentemperatur von 27 °C ist der Kühlwassertemperatur erhöhte Aufmerksamkeit zu schenken.
Ein Pluspunkt ist das Fahrwerk. Die relativ weiche Federung wird im Anhängerbetrieb kaum als nachteilig empfunden. Der Frontantrieb beeinflußt das Fahrverhalten positiv...
Der große Kofferraum verleitet zum Einladen vieler Gepäckstücke, was die Hinterachse – sie muß ja auch noch die Stützlast des Anhängers aufnehmen – übermäßig belastet und die Vorderachse als Antriebsachse entsprechend entlastet. Eine Beeinträchtigung des positiven Fahrverhaltens wäre die Folge. Deshalb das Fahrzeug stets ausgewogen beladen.
Zum Bremsverhalten nur soviel, daß relativ gute Werte erreicht werden. Auf längeren Gefällestrecken kann es dennoch zu Überhitzungserscheinungen an den Vorderradbremsen kommen. Auf Gebirgsstrecken wird deshalb das Sperren des Freilaufs empfohlen...
Als Anhänger für den Wartburg 353 W eignen sich die Lastenanhänger HP 300.01, HP 350.01, HP 500.01 und HP 750.01, die Zeltanhänger CT-5 und CT-6 sowie die Campinganhänger LC 9-200, Würdig 301, QEK Junior, Apolda und Friedel sowie bedingt Bastei und Intercamp HS. Die Anhänger HP 750.01, Apolda, Friedel, Bastei und Intercamp HS dürfen in ihrer zulässigen Nutzmasse allerdings nicht voll ausgelastet werden."

Achslasten: Die schon erwähnten maximal 30 kg, mit denen die Deichsel des Anhängers auf der Anhängerkupplung des Zufahrzeugs aufliegen soll, beeinflussen natürlich die zulässige Last für die Hinterachse, die bei der Wartburg-Limousine 680 kg und beim Wartburg-Tourist 800 kg beträgt. Beim Beladen des Zugfahrzeugs ist darauf Rücksicht zu nehmen.

Kraftstoffverbrauch: Der Kraftstoffverbrauch entwickelt sich bei Anhängerbetrieb etwa so, wie in Bild 2-5 dargestellt, natürlich abhängig von der Größe des Anhängers, der Auslastung von Zugfahrzeug und Anhänger und der Geschwindigkeit. Die Verbrauchserhöhungen betragen etwa beim Lastenanhänger + 1,4 l, beim QEK Junior + 4,3 l und beim Bastei + 6,5 l je 100 km.

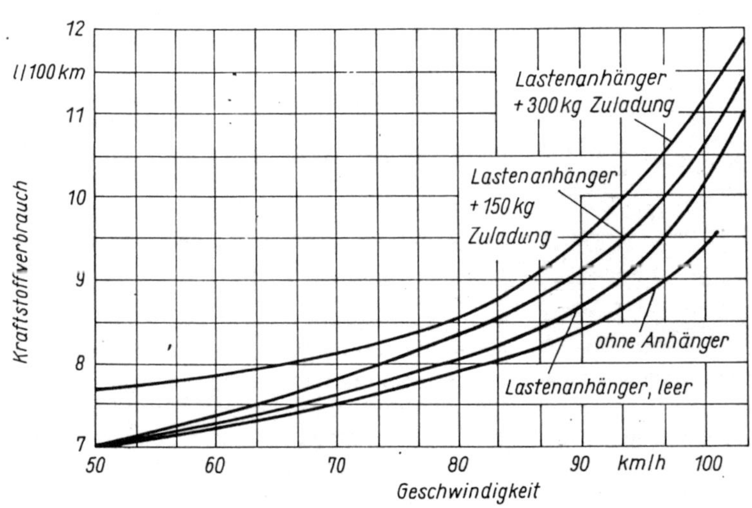

Bild 2-5
Kraftstoffverbrauch des Wartburg 353 W bei Anhängerbetrieb in Abhängigkeit von Geschwindigkeit und Belastung am Beispiel des Lastenanhängers HP 750.01

Dachlast

Eine Zwischenlösung für den Transport von Urlaubsgepäck oder leichten, aber sperrigen Lasten stellt der Dachgepäckträger dar. Zu empfehlen ist die Ausführung, die in der Regenrinne an vier Punkten aufliegt und von zwei, besser von vier Befestigungen gehalten wird (Bild 2-6a). Der Fahrzeughersteller schreibt eine Dachbelastung von höchstens 40 kg bei der Karosserie mit Schiebedach und von 60 kg bei der Karosserie ohne Schiebedach vor. Für den Wartburg-Tourist gilt bei der Karosserie ohne Schiebedach sogar nur ein Wert von 50 kg.
Die Benutzung des Dachgepäckträgers erhöht übrigens den Kraftstoffverbrauch gleichfalls; bei Ausnutzung der zulässigen Dachlast und sperrigen Gütern bis 3,7 l je 100 km (Bild 2-6b).

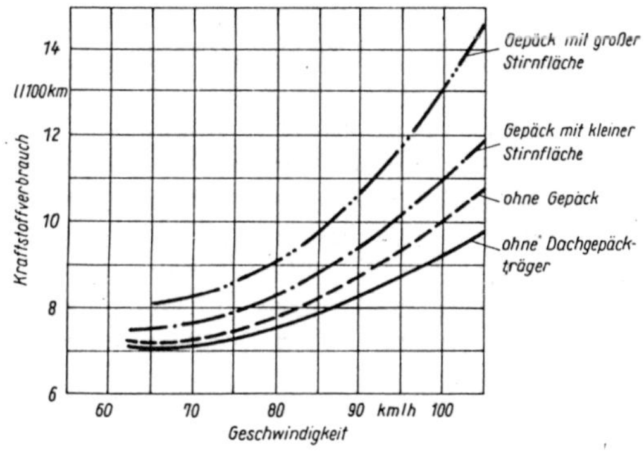

Bild 2-6b Kraftstoffverbrauch des Wartburg 353 W bei Benutzung eines Dachgepäckträgers mit Gepäck unterschiedlicher Stirnflächen; Koffer flach = 0,19 m², Koffer hoch = 0,38 m²

Bild 2-6a
Dachgepäckträger
in empfehlenswerter
Ausführung

Schleppen und Abschleppen

Trotz der sprichwörtlichen Zuverlässigkeit des Wartburg kann es doch einmal vorkommen, daß sich eine Störung am Fahrzeug unterwegs nicht beheben läßt und man sich bis zur nächsten Werkstatt oder nach Hause schleppen lassen muß. In einem solchen Falle, d. h., wenn Lenkung und Bremsanlage noch intakt sind, kann man sich von einem anderen zweispurigen Fahrzeug abschleppen lassen. Das eigene Abschleppseil bringt man zweckmäßigerweise bereits vorn an dem dafür vorgesehenen Haken am Rahmen an und winkt mit dem anderen Ende des Seiles den sich nähernden Fahrzeugen. Hilfsbereite Kraftfahrer sehen so schon von weitem, daß Hilfe gewünscht wird und können ihr Fahrzeug verkehrsdienlich anhalten.
Möchte man selbst einem anderen Kraftfahrer Hilfe leisten, achtet man darauf, daß das

abzuschleppende Fahrzeug möglichst nicht schwerer ist als das eigene Fahrzeug. Das ist notwendig, weil der Wartburg kein besonders gut geeignetes Abschleppfahrzeug ist. Dennoch eignet er sich ohne weiteres dazu, ein gleichschweres Fahrzeug auch über längere Strecken zu schleppen. Das Abschleppseil wird in diesem Falle um den mittleren hinteren Teil des Rahmens gelegt (zwischen Rahmen und Karosserieboden durchschieben) und hier sicher befestigt. Ein Befestigen an den Schrägpendelachsen oder am Querstabilisator darf auf keinen Fall erfolgen!
Sind Lenkung oder Bremsanlage defekt, darf man sich nicht abschleppen lassen. In einem solchen Falle ist unbedingt der Abschleppdienst in Anspruch zu nehmen.

Winterbetrieb

Echte Wintertage sind Problemtage, insbesondere für die Wartburg-Fahrer, die mit ihrem Fahrzeug täglich unterwegs sein müssen. Wie groß die winterliche Belastung für sie ist, hängt mit davon ab, wie sie ihr Fahrzeug auf die zu erwartenden Schwierigkeiten vorbereitet haben. Es gehören dazu eine vollgeladene Batterie, eine exakte Zündeinstellung, richtig eingestellte Scheinwerfer, profilreiche bzw. M+S-Reifen, gleichmäßig ziehende Bremsen und die persönliche Bereitschaft zu stets vorsichtigem Fahren mit genügend großem Abstand zum Vordermann.

Kaltstart: Sind Batterie sowie Zündeinstellung in Ordnung, springt der Motor bei unseren winterlichen Temperaturen auch nach kälteren Nächten recht gut an. Um ihm das Anspringen zu erleichtern, wird am Abend zuvor beim Abstellen des Motors die Starterklappe gezogen und am Morgen während des Anlaßvorgangs die Kupplung getreten. Ansonsten wird der Motor behandelt, wie im Abschnitt „Warmfahren oder Warmlaufenlassen?" beschrieben. Ergänzend hinzugefügt sei, daß, wer im Sommer das dickflüssigere Getriebeöl GL 125 gefahren hat, dieses Öl gegen das dünnflüssigere Getriebeöl GL 60 austauschen sollte.

Nasse Straßen: Auf Straßen dieser Art ist schon manch ein Wartburg-Fahrer trotz der Vorteile, die der Frontantrieb bietet, mit seinem Fahrzeug ins Schleudern gekommen, sehen dieselben doch oftmals noch trocken aus, obwohl beginnender Regen den Staub auf der Fahrbahn schon zu glitschigem Brei werden ließ, der die Haftreibung zwischen Reifen und Fahrbahn ganz erheblich beeinträchtigt. Gut beraten ist in solch einem Fall, was im übrigen auch für die glitschigen Straßen im Herbst mit dem nassen Laub auf den Fahrbahnen und für die winterlich gelaugten Straßen gilt, wer seine Fahrgeschwindigkeit entsprechend herabsetzt.

Schnee- und Eisglätte: Fahrbahnzustände dieser Art verlangen eine besonders überlegte und vorausschauende Fahrweise. Das beginnt bei der Wahl der Geschwindigkeit, setzt sich fort über die Wahl des Ganges und endet beim Vermeiden von ruckartigen Betätigungen des Fahrfuß-, Kupplungs- und Bremsfußhebels sowie der Lenkung (Schleudergefahr!). Erinnert sei deshalb auch an die hier viel längeren Bremswege (s. Tab. 2-3) als auf trockenen Fahrbahnen im Sommer und an die überall drohende Schleudergefahr auf Glatteis, insbesondere auf Straßen mit Spurrinnen.
In diesem Zusammenhang sei eines besonders betont: Langsam fahren bedeutet auf eisglatten Straßen nicht unbedingt, im kleineren Gang zu fahren. Das an den Antriebsrädern zur Verfügung stehende Drehmoment ist in diesem Falle viel zu groß und dieselben drehen selbst beim kleinsten Gasgeben relativ schnell durch, was in der Regel, insbesondere bei Spurrinnen, ein Verlassen der Spur mit allen nachteiligen Folgen für einen selbst und die anderen Verkehrsteilnehmer mit sich bringt. Aus diesem Grunde fährt man auf glatten Straßen auch im zweiten Gang an und schaltet, selbst auf die Gefahr hin, daß der Motor vorübergehend untertourig betrieben wird, möglichst bald den dritten Gang ein. Das an den Antriebsrädern zur Verfügung stehende Drehmoment ist bei diesem Gang viel kleiner, und das Fahrzeug

„liegt" darum auch viel ruhiger auf der Straße.

Teilvereisungen: Mit teilvereisten Fahrbahnen, wie sie die Übergangszeit zwischen Herbst und Winter bzw. Winter und Frühling mit sich bringt, ist insbesondere in Waldlagen und auf Brücken immer zu rechnen. Während beispielsweise die Frühjahrssonne das Eis auf den waldfreien Abschnitten der Straße bereits weitgehend abtaute, liegen auf den im Wald verlaufenden Streckenabschnitten meist noch Eispartien. Wer unverhofft und meist ja auch nicht langsam auf das hier noch lauernde Glatteis gerät, kann nur das Lenkrad festhalten und darüber hinwegrollen. Das übliche Bremsen würde die Gefahr nur vergrößern.
Wenn ein Bremsen in solch einer Situation überhaupt etwas nützen kann, dann ist es das schon beschriebene Intervallbremsen. Damit erreicht man je nach Eislage unter Umständen, daß das Fahrzeug wenigstens in der Spur bleibt und gleichzeitig die bei diesen Fahrbahnverhältnissen überhaupt mögliche Bremsverzögerung.

Winterurlaub: Vorstehendes gilt es insbesondere bei der Fahrt mit dem Wartburg in den Winterurlaub zu beachten. Unsere mitteleuropäischen Winter geben sich, was die Fahrbahnverhältnisse anbelangt, recht abwechslungsreich; mal Nässe (Regen, Tauwetter, gelaugte Straßen), mal Neuschnee, mal Eis mit Spurrinnen. Wer sich darauf in der Fahrweise – besonders in den Nacht- und Morgenstunden – nicht einstellt, wird mit Sicherheit über kurz oder lang unangenehm überrascht. Rutschende Räder verlieren nämlich ihre Seitenführungskraft, und das Fahrzeug sucht sich, unbeeinflußbar durch Lenkung und Bremse, seinen oftmals verhängnisvollen Weg.

Schneeketten mitzuführen ist bei Urlaubsfahrten in die höhergelegenen Urlaubssorte des eigenen Landes und der befreundeten sozialistischen Nachbarländer angebracht bzw. notwendig. Ihr Auflegen – die Volkspolizei kann das gegenbenfalls verlangen – sollte man zu Hause trainiert haben. Im Schnee ist das nicht ganz einfach. Problematisch wird es insbesondere dann, wenn sich infolge der Wirkung des Ausgleichsgetriebes nur noch ein Antriebsrad dreht und man somit nicht auf die ausgelegten Schneeketten fahren kann.
Generell ist bei Verwendung von Schneeketten zu beachten, daß sowohl für Pneumant-Radial- als auch Diagonalreifen nur die vom VEB Ketten- und Nagelwerke Weißenfels stammenden Leiterketten mit Spannschloß der Größe 165 SR 13 oder die im gleichen Betrieb gefertigten Spur-Zick-Zack-Gleitschutzketten mit Spanngummiriemen benutzt werden dürfen. Montageanleitungen besagen, wie man sie auflegt und pflegt. Die bekannten Behelfsschneeketten (Schneeriemen) lassen sich dagegen beim Wartburg 353 W nicht verwenden. Der zwischen Felge und Bremssattel zur Verfügung stehende Freiraum reicht dafür nicht aus; die Schneeriemen würden zerstört.
Alle Reifen am Fahrzeug, auch der des Ersatzrades, müssen eine genügende Profilhöhe aufweisen. Die noch vorhandene Rillentiefe läßt sich mit einem zwei-Mark-Stück ausloten. Schließt der Außenring des Ährenkranzes des Staatswappens mit der Profiloberkante ab, sind noch etwa 4 mm Profilhöhe und damit eine genügende Griffigkeit der Reifen vorhanden. Anderenfalls sollten die Reifen rechtzeitig vor dem Winterurlaub gewechselt werden.
In schneereichen Gebieten und für Fahrten auf Nebenstraßen, die vom Straßenwinterdienst erfahrungsgemäß erst relativ spät geräumt werden, montiert man zweckmäßigerweise M+S-Reifen.

Der Reifeninnendruck kann entsprechend der Nutzmasse (Zuladung) um 20 bis 30 kPa[3] (0,2–0,3 kp/cm²) höher gewählt werden. Das ermöglicht es den Reifen, die beim Anfahren, Bremsen und Kurvenfahren auftretenden Kräfte besser auf die Fahrbahn zu übertragen. Außerdem spricht das Fahrzeug präziser auf die Lenkbewegung an.

3) kPa = Kilopascal; 1 kPa = 0,1 kp/cm²; 100 kPa = 1 kp/cm²

Türschlösser: Um das Einfrieren der Türschlösser zu verhindern, ist es ratsam, deren Schließzylinder bereits vor Einbruch der kalten Jahreszeit mit Schloßöl-Spray zu behandeln. Sollte dennoch ein Schloß einmal eingefroren sein, dasselbe niemals anhauchen, sondern dessen Schlüssel mit einem Streichholz oder Feuerzeug anwärmen und den warmen Schlüssel in das Schloß einführen. Es läßt sich jetzt bestimmt öffnen. Notfalls wiederholt man den Vorgang.

Bordausrüstung: Der Winterbetrieb erfordert das Erweitern der Bordausrüstung. Eine kleine Schaufel zum Freischaufeln, wenn man unversehens einmal in eine größere Schneewehe geraten ist, sowie zwei alte Decken oder Säcke zum Unterlegen, damit die Antriebsräder wieder greifen können, sollte man unbedingt mitführen. Außerdem wird der Flüssigkeit der Scheibenwasch- und -wischanlage ein Frostmittel (Waschanlagen-Zusatz) beigegeben, werden Eiskratzer und Defroster-Spray bereitgehalten und sind auch zwei warme Wolldecken (für längere Verkehrsstaus) nicht zu verachten.

Technische Durchsicht

Zuverlässigkeit und Nutzungsdauer eines jeden Kraftfahrzeugs werden von den regelmäßigen technischen Durchsichten des Fahrzeugs ganz wesentlich mitbestimmt. Der Fahrzeughersteller legte deshalb auch fest, daß die ersten beiden Garantiedurchsichten des neuen Fahrzeugs nach 1 000 bzw. 10 000 km in einer Wartburg-Vertragswerkstatt durchgeführt werden. Nach Ablauf dieser Zeit aber kann jeder Fahrzeughalter auf diesem Gebiet selber aktiv werden. Diese Aktivität findet ihren Ausdruck darin, daß das Fahrzeug jährlich mindestens einmal gründlich durchgesehen wird. Was darunter zu verstehen ist, geht aus Tabelle 3–1 hervor. Betont sei jedoch schon an dieser Stelle, daß die 50 000 km-Durchsichten unbedingt in einer Vertragswerkstatt ausgeführt werden sollten. Der Grund: Es gilt den allgemeinen Verschleiß des Fahrzeugs zu beurteilen und unter Umständen ganz bestimmte Verschleißteile auszutauschen, damit das Fahrzeug wieder betriebs- und verkehrssicher ist. Und das kann eben nur der Fachmann. Hinzu kommt, daß für diese Arbeiten Spezialwerkzeuge benötigt werden, über die der einzelne Fahrzeughalter kaum verfügen dürfte.

Warum eigentlich Selbstdurchsicht des Fahrzeugs? Ganz einfach! Nur wer sich mit seinem Fahrzeug näher beschäftigt, es also nicht nur wäscht und gelegentlich vielleicht noch abschmiert, lernt es gründlich kennen. Und wer es gründlich kennt, ist bei den niemals auszuschließenden Unterwegspannen viel besser in der Lage, sich selber zu helfen. Wichtige Voraussetzungen für die Selbstdurchsichten und auch für die im nächsten Kapitel „Störungssuche und -beseitigung" beschriebenen Reparaturen: Gewissenhaftes Arbeiten und entsprechendes Werkzeug!

Tabelle 3-1: Programm der technischen Durchsichten

Auszuführende Arbeiten	Wartungs-intervall	Arbeitshinweise s. Abschnitt
Triebwerk		
Zündkerzen		
Elektrodenabstände korrigieren	5 Tkm	Zündanlage warten
reinigen	10 Tkm	Zündanlage warten
erneuern	20–25 Tkm	Zündanlage warten
Zündkerzenstecker		
reinigen	10 Tkm	Zündanlage warten
Unterbrecheranlage		
Kontaktabstände kontrollieren, ggf. korrigieren	10 Tkm od. j.	Zündanlage warten
Schmierfilz ölen	10 Tkm	Zündanlage warten
Lager für Unterbrecherhebel reinigen u. ölen	50 Tkm	Zündanlage warten
Zündung einstellen	10 Tkm od. j.	Zündung einstellen

Auszuführende Arbeiten	Wartungs-intervall	Arbeitshinweise s. Abschnitt
Ansauganlage		
Luftfiltereinsatz kontrollieren	10 Tkm	Ansaug- und Kraftstoff-anlage warten
Luftfiltereinsatz erneuern	15–20 Tkm (20–40 Tkm)	Luftfiltereinsatz erneuern
Vergaser		
reinigen u. einstellen	10 Tkm od. j.	Vergaser reinigen und einstellen
Betätigungszüge ölen, Gestänge fetten	20 Tkm	Vergaser reinigen und einstellen
Kraftstoffpumpe		
Filtersieb reinigen	10 Tkm od. j.	Kraftstoffpumpe warten
Kraftstoffbehälter		
Filtersieb reinigen	50 Tkm od. j.	Kraftstoffbehälter und Leitungen reinigen
Kühler		
Kühlerkern reinigen, Schlauchanschlüsse auf Dichtheit prüfen	10 Tkm od. j.	Kühl- und Heizanlage warten
Flüssigkeitsstand im Vorratsbehälter kon-trollieren, ggf. ergänzen	5 Tkm	Kühl- und Heizanlage warten
Kühlflüssigkeit erneuern	2 J.	Kühl- und Heizanlage warten
Keilriemen		
Spannung überprüfen, ggf. nachspannen	10 Tkm od. j.	Keilriemen warten
Abgasanlage		
auf Festsitz kontrollieren	10 Tkm	Abgasanlage warten
Motor/Getriebe		
auf Dichtheit kontrol-lieren, Schraubverbin-dungen nachziehen	10 Tkm	Dichtheit des Motors überprüfen
Zylinderkopf, Abgasan-lage, Ansaugflansch, Unterbrechergehäuse und Vergaser auf Fest-sitz kontrollieren	10 Tkm	
Kraftübertragung		
Kupplung		
Spiel kontrollieren, ggf. einstellen	10 Tkm	Kupplung warten
Seil abschmieren	25 Tkm od. j.	Kupplung warten
Fußhebelwelle abschmieren	25 Tkm od. j.	Kupplung warten
Bürstenabdichtung der Fußhebeldurchbrüche schmieren	25 Tkm od. j.	Arbeiten an der Karosserie

Auszuführende Arbeiten	Wartungs-intervall	Arbeitshinweise s. Abschnitt
Bürstenabdichtung der Fußhebel erneuern	50 Tkm	Störungen an der Karosserie
Getriebe		
Ölstand kontrollieren, ggf. ergänzen	5 Tkm	Getriebe warten
Öl erneuern	50 Tkm od. 3 J.	Getriebe warten
Gelenkwellen		
Manschetten überprüfen, ggf. erneuern	5 Tkm	Gelenkwellen warten
Doppelgelenke radseitig mit neuem Schmiermittel versehen	50 Tkm b. Fettf., 100 Tkm b. Ölf.	Gelenkwellen warten
Dreifingergelenke am Getriebe nachschmieren	25 Tkm	Gelenkwellen warten
Tachometer		
Welle ölen	30 Tkm	Tachometer warten
Schaltung		
schmieren	20 Tkm od. 2 J.	Schaltung warten

Fahrwerk

Auszuführende Arbeiten	Wartungs-intervall	Arbeitshinweise s. Abschnitt
Schraubverbindungen		
nicht zusätzl. gesicherte auf Festsitz kontrollieren	10 Tkm od. j.	Arbeiten am Fahrwerk
Vorspur überprüfen, ggf. neu einstellen	10 Tkm	Vorspur einstellen
Lenkung		
Festsitz u. Intaktheit aller Teile kontrollieren	10 Tkm od. j.	Lenkung warten
Lenkgetriebe, Dauerfett-füllung erneuern	50 Tkm	Lenkung warten
Lenksäulenlager oben schmieren	jährl.	Lenkung warten
Laufräder		
Innendrücke kontrollieren	alle 2 Woch.	Reifen und Felgen warten
Zustand kontrollieren	5 Tkm	Reifen und Felgen warten
Radlager kontrollieren	10 Tkm	Radlager überprüfen
Radlager, Dauerfett-füllung erneuern	50 Tkm od. 2 J.	Radlager überprüfen
Kugelgelenke der Schwenklager u. Spurstangen nachschmieren	50 Tkm od. 2 J.	Lenkung warten
Stoßdämpfer kontrollieren	10 Tkm	Stoßdämpfer warten
Bremsen		
Bremsflüssigkeit kontrollieren, ggf. ergänzen	alle 2 Woch.	Bremsanlage warten

Auszuführende Arbeiten	Wartungs-intervall	Arbeitshinweise s. Abschnitt
Bremsflüssigkeit erneuern	alle 2 Jahre bzw. jährl.	Bremsanlage warten
Bremsleitungen u. -schläuche sowie Beläge kontrollieren	10 Tkm	Bremsanlage warten
Bremsschläuche erneuern	100 Tkm od. 5 J.	Bremsanlage warten
Handbremse		
nachstellen u. Gelenke fetten	n. Bed.	Bremsanlage warten
Karosserie		
Türen/Hauben		
Scharniere, Schlösser u. Betätigungszüge ölen oder fetten	n. Bed.	Abschmierarbeiten
Schlösser mit Frostschutzmittel versehen	n. Bed.	Abschmierarbeiten
Schließkeile nachstellen	10 Tkm	Arbeiten an der Karosserie
Wasserablauflöcher freimachen	jährl.	Arbeiten an der Karosserie
Antenne		
Stäbe leicht fetten	n. Bed.	Abschmierarbeiten
Vordersitze		
Führungsschienen fetten	50 Tkm od. j.	Abschmierarbeiten
Schiebedach		
Schließelemente schmieren	2 × j.	Abschmierarbeiten
Elektrische Anlage		
Batterie		
Säurestand kontrollieren	alle 2 Woch.	Batterie warten
Anschlüsse reinigen u. fetten	10 Tkm od. 2 × j.	Batterie warten
Ladezustand überprüfen	10 Tkm od. 2 × j.	Batterie warten
Batteriekabel erneuern	5 Jahre	Batterie warten
Lichtmaschine		
GLM: Lager nachschmieren, Kohlebürsten erneuern	20–30 Tkm	Lichtmaschine warten
DLM: Lager nachschmieren	50 Tkm	Lichtmaschine warten
Scheinwerfer		
neu einstellen	10 Tkm od. j.	Scheinwerfer einstellen
Scheibenwischer		
Gummis erneuern	n. Bed.	Arbeiten an der Scheibenwisch- und waschanlage
Gelenke nachschmieren	viertelj.	

Notwendige Voraussetzungen

Verantwortung: Jede Selbstdurchsicht bzw. -reparatur des Fahrzeugs heißt zunächst einmal Verantwortung zu tragen, denn es kann und darf nicht sein, daß durch unqualifiziertes Herumbasteln am Fahrzeug Gefahren für einen selbst und die anderen Verkehrsteilnehmer heraufzubeschworen werden. Jede Arbeit am Fahrzeug muß deshalb von einem hohen Verantwortungsbewußtsein getragen sein. Dieses Verantwortungsbewußtsein wird wirksam bei der Entscheidung darüber, welche Arbeit selbst ausgeführt werden soll. Dabei überprüft der einzelne die ihm zur Verfügung stehenden Möglichkeiten, sein technisches Verständnis und sein handwerkliches Können. Niemand darf sich dabei überschätzen, weil dann Verantwortungsbewußtsein zu Verantwortungslosigkeit wird. Hinzu kommt der materielle Schaden durch die falsche Behandlung des Fahrzeugs. Vorstehendes gilt ganz besonders bei Arbeiten an Lenkungs- und Bremsanlage. Infolgedessen ist es immer sinnvoll, sich vor Beginn selbst der kleinsten Reparatur an Lenkungs- oder Bremsanlage – eingeschlossen darin die bei der technischen Durchsicht erforderlichen Reinigungs- und Nachstellarbeiten – der notwendigen fachlichen Unterstützung zu versichern.
Die Entscheidung über die Selbsthilfe am eigenen Kraftfahrzeug wird demjenigen am schwersten fallen, der auf keinerlei Erfahrungen zurückgreifen kann. Daher sollte speziell für ihn gelten, mit kleinen unkomplizierten Arbeiten zu beginnen, um sich einzuarbeiten. Das macht sich an einem neuen Fahrzeug am besten, da hier in der Regel zunächst Wartung und Kontrolle im Vordergrund stehen und Reparaturen erst mit zunehmender Laufleistung anfallen. Kündigt sich jedoch bereits eine größere Reparatur an, so ist der Weg zur Werkstatt unumgänglich.

Sicherheit: Bei allen Arbeiten, die unter dem Fahrzeug ausgeführt werden, darf man sich niemals auf den Wagenheber oder andere Hebevorrichtungen verlassen. Es ist immer notwendig, das Fahrzeug durch Unterstellböcke (Bild 3–1) gegen ein Herabfallen

Bild 3-1 Unterstellböcke aus Holz – ihre Höhe sollte der Hubhöhe des Wagenhebers entsprechen – lassen sich in Selbsthilfe fertigen

bzw. durch Klötze oder Keile gegen ein Wegrollen vorschriftsmäßig zu sichern. Erst dann darf die Arbeit am oder unter dem angehobenen Fahrzeug beginnen. Ferner ist zu beachten, daß nach der 3. DB zur StVZO ausgebaute Sicherungsteile (u. a. Splinte und Sicherungsbleche) immer durch neue Sicherungsteile zu ersetzen sind. Die ausgebauten Sicherungsteile dürfen nicht wiederverwendet werden.
Zur Abwendung von Gefahren jeglicher Art informiert man sich vor Arbeitsbeginn über den Inhalt der einschlägigen Arbeitsschutzbestimmungen, insbesondere der ABAO 361/3 Straßenfahrzeuge sowie Instandhaltungsanlagen für Kraftfahrzeuge. Die hier gegebenen Weisungen gelten sinngemäß für Garagen. Zu beziehen ist die ABAO 361/3 in der Buchhandlung für amtliche Dokumente, 1086 Berlin, Neustädtische Kirchstr. 15 (Selbstabholung) oder vom Zentralversand Erfurt, 5010 Erfurt, Postfach 696.

Verschleißerscheinungen: Zeigen sich bei den Selbstdurchsichten des Fahrzeugs Anzeichen für sich anbahnende größere Schäden (Materialrisse, zu große Spiele, Undichtheiten u. a. m.), ist es immer sinnvoll, die Vertragswerkstatt mit der Beseitigung dieser Schäden zu beauftragen. Das gilt auch, wenn sich nach längerer Laufzeit des Fahrzeugs bei bestimmten, für die Verkehrssicherheit wichtigen Teilen oder Baugruppen ein durchaus normaler Verschleiß eingestellt hat. Dieser Verschleiß muß einmal in seiner Auswirkung auf das Fahrverhalten des Fahrzeugs beurteilt und zum anderen gegebenenfalls durch das Auswechseln dieser Teile oder Baugruppen behoben werden. Und das kann fachgerecht nur in der Vertragswerkstatt geschehen.

Werkzeuge und Hilfsmittel: Jede technische Durchsicht bzw. Reparatur am Fahrzeug läßt sich natürlich am besten mit den hierfür bestimmten Werkzeugen sowie Einstell- und Prüfgeräten ausführen. Das Bordwerkzeug, nur für die Beseitigung von kleineren Unterwegsstörungen gedacht, reicht herfür nicht aus. Zweckmäßigerweise kauft man sich hinzu:

- 1 Satz Steckschlüssel (Nußkasten), (SW 8–32 mm)
- 1 Satz Doppelringschlüssel, gekr., (SW 8–32 mm),
- 1 Satz Doppelgabelschlüssel, (SW 8–32 mm)
- 2 Sechskantstiftschlüssel (SW 6 u. 8 mm)
- – Schraubendreher versch. Größen für Schlitz- u. Kreuzschlitzschr.
- 1 Montagezange
- 2 Vorlegekeile od. Hemmschuhe
- 2 Unterstellböcke (Holz od. Metall)
- 1 Fettpresse
- 1 Ölspritzkanne
- 1 Säureheber (f. Batterie)
- 1 Dichtemesser (f. Kühlflüssigkeit)
- 1 Batterieladegerät
- 1 Prüflampe
- 1 Luftdruckprüfer
- 1 Luftpumpe
- 1 Kontaktfeile
- 1 Zündkerzenbürste
- 1 Teile-Waschbehälter
- 1 Waschpinsel (m. Plastefassung)
- 1 Plastikschlauch (f. Bremsenentl.)
- – Isolierband
- – Bindedraht

Neben diesen Hilfsmitteln werden für bestimmte Arbeiten Spezialwerkzeuge benötigt. Dieselben können vom VEB Automobilwerk Eisenach, Abteilung Kundendienst, in beschränktem Umfang direkt bezogen oder in den Vertragswerkstätten bzw. Fachfilialen des IFA-Vertriebs ausgeliehen bzw. gekauft werden. Empfehlenswert ist es jedoch, daß sich diese relativ teueren Werkzeuge nicht jeder einzelne anschafft, sondern dies Interessen- oder Garagengemeinschaften für eine kollektive Benutzung tun. In Frage kommen:

- Zündeinstellehre mit Meßuhr und Gewindesätzen M 14 und M 18,
- Spezialringschlüssel SW 13 × 17 für Vergaser und Kraftstoffpumpe, bzw. Spezialringschlüssel SW 12 für Registervergaser
- Ausdrücker für Spurstangenkugelbolzen
- Vorspur-Einstellehre
- Abzieher mit Aufschlagdorn für den Spritzring
- Ab- und Aufdrückvorrichtung für den Zapfenstern

Ferner ist eine kleine Werkbank mit Schraubstock sowie eine Kfz-Hebevorrichtung (Bild 3–2) zweckmäßig.

Ersatzteile: Eine Bevorratung mit Ersatzteilen, die dann in irgendeiner Ecke des Kellers oder der Garage ihr Dasein fristen, ohne jemals wirklich gebraucht zu werden, ist volkswirtschaftlich nicht zu vertreten. Jeder Fahrzeugbesitzer muß deshalb eigenverantwortlich entscheiden, was er gegebenenfalls an Kleinteilen benötigt. Das könnten sein:

- 3 Zündkerzen
- 3 Kerzenstecker
- 3 Zündkabel
- 3 Unterbrecher bzw. Unterbrecherplatte kompl.
- 1 Zündspule
- 1 Kraftstoffpumpe
- 1 Kraftstoffschlauch
- 1 Thermostat mit Dichtung
- 1 Zylinderkopfdichtung
- 1 Kupplungsseil
- 1 Abschleppseil
- – Bremsflüssigkeit
- – dest. Wasser
- – Ventileinsätze
- – Schrauben, Muttern, Unterlegscheiben, Splinte
- – Schmierstoffe
- ● Spezialöl für Unterbrecher
- ● Schmierfett SWC 423
- ● Getriebeöl GL 60 oder GL 125
- – Pflegemittel
- ● Fensterputzmittel
- ● Lackpflegemittel
- ● Chrompflegemittel

Empfehlenswertes Vorgehen

Erfahrene Kraftfahrer wissen es: Man kontrolliert sein Fahrzeug vor Beginn der technischen Durchsicht ganz bewußt daraufhin,

Bild 3-2
Zweckmäßige Hebevorrichtung für den Wartburg. Die Gebrauchsanleitung besagt, wie sie angebaut und für welche Arbeiten unter dem Fahrzeug sie benutzt werden kann

ob sich im Laufe der Zeit nicht doch dieser oder jener Mangel eingestellt hat, und erst dann geht man an die Arbeit. Dazu führt man auf bekannter Strecke eine Testfahrt durch, wobei man bewußt auf bestimmte Dinge achtet; u. a. auf das Beschleunigungsvermögen an bekannten Steigungen und auf die beim Beschleunigen bzw. normaler Fahrt auftretenden Geräusche. Hieraus lassen sich wesentliche Erkenntnisse für die nachfolgenden Wartungsarbeiten ableiten.
Bei der Kontrollfahrt hält man eine gewisse Reihenfolge ein. Zuerst werden Lenkung und Bremsanlage überprüft. Dazu wird auf freier Strecke bei nur leicht gehaltenem Lenkrad gebremst, um festzustellen, ob die Bremsen gleichmäßig und nicht etwa einseitig „ziehen“ (ggf. entlüften). Danach wird das Lenkrad kurz „angerissen“ und sofort wieder losgelassen. Die Lenkung muß selbständig in die Geradeausstellung zurücklaufen. Hierbei machen sich Druckpunkte oder übermäßiges Spiel deutlich bemerkbar.
Als nächstes folgt die Überprüfung von Kupplung und Getriebe. Hier wird festgestellt, ob die Kupplung einwandfrei trennt und nicht etwa durchrutscht bzw. ob beim Getriebe die Synchronisation funktioniert und sich alle Gänge exakt schalten lassen.
Danach ist der Motor an der Reihe. Hier überprüft man, ob er aus gleichmäßigem Leerlauf das Fahrzeug im Übergang ruckfrei beschleunigt (Vergasereinstellung) oder in den Vergaser patscht (Mängel an der Zündanlage). Treten bei diesem raschen Beschleunigen Klingelerscheinungen auf, oder läuft der warmgefahrene Motor nach Abschalten der Zündung sogar weiter, „dieselt“ er nach (Zündung und Vergaser überprüfen).
Ein Problem besonderer Art stellen Analyse und Auffinden von Geräuschquellen dar, denn hinter jedem außergewöhnlichen Geräusch kann sich ein größerer Mangel am Fahrzeug verbergen. Darum versucht man auch, die Ursachen der Geräusche ausfindig zu machen und zu beseitigen. Wertvolle Hilfe kann hierbei ein Helfer (Beifahrer) leisten, der notfalls sogar in den Kofferraum kriecht (Hintersitz und Lehne entfernen), um die Geräuschquelle zu ermitteln. Dabei achtet man auch auf die im Innenraum abgelegten Gegenstände, ob sie nicht etwa die Ursache der mysteriösen Geräusche sind. Das kann u. U. auch eine irgendwo zurückgelassene Schraube nach einem Werkstattbesuch sein.
Geheimnisvolle Geräusche haben manchmal ihre Ursache in losen Schweißpunkten an versteckten Stellen der Karosserie. Da man die Karosserieteile aber nicht nochmals

punktschweißen kann, ist Abhilfe nur sehr schwer möglich. Erfahrene Kraftfahrer helfen sich dadurch, indem sie die möglichen Geräuschquellen mit Fett oder Öl „beruhigen“. Hilft das nicht, kann man nur eine Karosseriewerkstatt konsultieren.

Ein Klappern in den Türen verursachen mit zunehmendem Alter des Fahrzeugs meist die Kurbelapparate. Ist das zu vermuten, handelt man so, wie im Abscnitt „Türen klappern“ dargelegt.

Mahlende Geräusche im Getriebe, unterbrochen von metallischen Schlägen, lassen auf Lagerschäden schließen. Um das näher zu ergründen, dreht man die Ölablaßschraube heraus. Am Dauermagneten hängen in diesem Falle die ausgebrochenen Metallteilchen. In einem solchen Fall kann nur die Vertragswerkstatt helfen.

Geräusche in der Kupplung kommen meist vom Drucklager. Sie lassen sich jedoch relativ einfach lokalisieren, sind sie doch nur bei getretenem Kupplungsfußhebel zu hören. Auch in diesem Fall kann nur die Vertragswerkstatt helfen.

Scheppernde Geräusche unter dem Hintersitz haben ihre Ursache oftmals im Scheuern der Handbremsseile am Nachschalldämpfer. Abhilfe: Kabelrohr aus Plaste aufziehen. Das ist in Selbsthilfe möglich.

Die Feder der Handbremse kann klappern, wenn sie trocken liegt. Mit Fett läßt sie sich beruhigen.

Klappert etwas außen am Fahrzeug, so sind es – sofern noch vorhanden – meist die Radkappen oder -zierringe. Sie beruhigt man durch Einklemmen oder -kleben von Schaumstoff. Besser ist, man verzichtet auf Radkappen und -zierringe und verwendet die neuen Plastekappen für die Radnaben und die Stülpkappen für die Radmuttern.

Der Tachometer ist hinsichtlich seiner Anzeigegenauigkeit relativ einfach zu kontrollieren. Man durchfährt mit einem Beifahrer einen Kilometer der Autobahn mit gleichbleibender Geschwindigkeit, und dieser stoppt die Zeit für das Durchfahren dieses Kilometers. Aus dem Ergebnis ergibt sich, ob die Anzeige stimmt, wenn folgende Fakten zugrunde gelegt werden:

s	km/h	s	km/h
90	40	48	75
80	45	45	80
72	50	42	85
65	55	40	90
60	60	38	95
55	65	36	100
51	70	30	120

Das Wegstreckenzählwerk läßt sich überprüfen, indem Anfang und Ende einer längeren Autobahnstrecke (50 oder 100 km) als Maßstab genommen werden. Die Abweichung darf nach TGL nicht mehr als ± 2 Prozent betragen.

Schmierhinweise

Wer das Abschmieren seines Fahrzeugs als besonderes Programm gestaltet, sollte dabei folgendes beachten: Der Wartburg 353 W besitzt noch vier mit Nippeln versehene Schmierstellen. Es sind dies Kupplungsseil, Handbremsseile und Pedalwelle. Diese vier Schmierstellen erhalten alle 25 000 km oder einmal im Jahr Schmierfett der Sorte SWC 423. Die Handbremsseile dürfen dabei nicht übermäßig gefettet werden. Es gelangt sonst Fett in die Hinterradbremsen, was dieselben unwirksam macht. Alle anderen Schmierstellen, z. B. die Radlager, versorgt die Vertragswerkstatt bei der 50 000 km-Durchsicht.

Beim Kupplungsseil achtet man beim Abschmieren mit darauf, ob auch die jeweils beiderseitigen Abschlußmanschetten noch gut mit Fett gefüllt sind. Bei der Pedalwelle tauscht man, wenn noch kein Schmiernippel eingesetzt ist, die Verschlußschraube M 6 gegen einen solchen aus.

Wird nur einmal jährlich abgeschmiert, sollte man dies grundsätzlich zu Winterbeginn tun. Die erwähnten vier Betätigungselemente sind dann besser gegenüber den chemischen Auftaumitteln geschützt.

Ansonsten achtet man bei jeder Reinigung des Fahrwerkes darauf, ob die Manschetten der Kugelgelenke der Schwenklager und der Spurstangenköpfe sowie der Gelenkwellen noch einwandfrei, d. h. weder porös noch eingerissen sind. Anderenfalls werden sie erneuert.

Daß bei Winterbeginn auch die Scharniere der Türen, der Motorhaube, des Kofferraumdeckels und deren Schlösser sowie Schalt- und Gasgestänge bzw. Gasbowdenzug, aber auch die Betätigungszüge für Kühlerjalousie und Freilauf einige Tropfen Öl erhalten, sei hier nur der Vollständigkeit halber erwähnt.

Arbeiten am Triebwerk

Alle Arbeiten am Triebwerk, also am Motor und seinen Nebenaggregaten wie Ansauganlage, Kraftstoffanlage, Zündanlage und Abgasanlage, sind mit größter Gewissenhaftigkeit auszuführen. Der Grund: Es hängen davon Leistung, Kraftstoffverbrauch und Lebensdauer des Motors in hohem Maße ab. Im einzelnen sind das folgende Arbeiten:

Dichtheit des Motors überprüfen

Ein Blick in den Motorraum bestätigt es: Am Motor sind Ansaug- und Kraftstoffanlage (Luftfilter, Kraftstoffpumpe und Vergaser), Abgasanlage (Auspuff) und Kühl- sowie Heizanlage (Wasserpumpe, Thermostat und Lüfter) angeschlossen. Sein einwandfreies Funktionieren setzt u. a. Intaktheit sowie Dichtheit dieser Anschlüsse voraus. Man kontrolliert das, indem man auf Leckstellen achtet oder versucht, die einzelnen Schrauben bzw. Spannbänder, die die betreffenden Baugruppen am Motorblock halten bzw. miteinander verbinden, nachzuziehen. Dabei ist auf die Anzugsdrehmomente für die einzelnen Schraubverbindungen (s. Anlage 1 „Technische Daten") zu achten.

Undichtheit an den einzelnen Anschlüssen markiert sich durch Feuchtigkeit; in der Regel gut zu erkennen am meist staubigen Motorblock. Hilft das Nachziehen der Schraubverbindungen nicht, kann nur die betreffende Dichtung erneuert werden.

Ansaug- und Kraftstoffanlage warten

Bei der Ansaug- und Kraftstoffanlage geht es vor allem darum, ihre Baugruppen in regelmäßigen Abständen zu reinigen, damit sie ihre Funktion stets einwandfrei erfüllen können. Umfang und Häufigkeit der Wartungsarbeiten hängen davon ab, wie die Anlage behandelt wird. Wird beispielsweise viel aus Kanistern getankt, ist die Gefahr relativ groß, das Teile der Innenlackierung des Kanisters sowie sonstige Verunreinigungen des Kanisterinhaltes mit in den Kraftstoffbehälter und damit in das Leitungssystem, die Kraftstoffpumpe und sogar in den Vergaser gelangen und hier Störungen hervorrufen. Darüber hinaus gilt bei Fahrzeugen, die mit dem Registervergaser (Bild 3-3) ausgestattet sind, noch folgendes:

1. Das am Ansauggeräuschdämpfer montierte Abdichtband muß stets die Überlappung zwischen Ober- und Unterteil des Dämpfers vollständig überdecken.
2. Der vom Winkelstutzen des Ansauggeräuschdämpfers zum Vergaser führende Belüftungsschlauch für den Vergaser muß stets so verlegt sein, daß er oberhalb des Schlauches Kühler/Ausgleichbehälter liegt.
3. Bei Beschädigung des Belüftungsschlauches für den Vergaser ist der Vergaser zwar noch betriebsfähig, der Motor zeigt jedoch ein schlechtes Übergangsverhalten (sogenanntes „Loch") zwischen der ersten und zweiten Vergaserstufe.
4. Der zweiteilige Formsschlauch zwischen Ansauggeräuschdämpfer und Abzweigtopf muß stets so verlegt sein, daß sein Abstand zu den Zündspulen mindestens 20 mm beträgt.
5. Bei Demontage des Oberteiles des Ansauggeräuschdämpfers zwecks Austausch der Luftfilterpatrone muß der Winkelstutzen wieder so montiert werden, daß er in Richtung Vergaser zeigt.

Luftfiltereinsatz erneuern

An der Ansauganlage des Wartburg fallen kaum Wartungsarbeiten an, sieht man vom Drehen des Ansaugschnorchels im Winter-

Bild 3-3 Ansauganlage des Wartburg 353 W bei Ausstattung mit dem Registervergaser des Typs Jikov 32 SEDR; 1 – Abdichtband des Ansauggeräuschdämpfers, 2 – Belüftungsschlauch für den Vergaser, 3 – zweiteiliger Formschlauch, 4 – Abzweigtopf

betrieb hinter den Kühler (im Sommer zurück) und den Austausch des Luftfiltereinsatzes (Patrone) ab.

Die in Neufahrzeuge eingebauten Filtrak-Luftfilterpatronen (Bild 3-4) sind im Mittel zwischen 15 000 und 20 000 km zu erneuern, bei geringerer jährlicher Laufleistung des Fahrzeugs nach spätestens zwei Jahren. Wird das vergessen, steigt der Kraftstoffverbrauch u. U. bis zu 3 l/100 km an. Zwischendurch vielleicht alle 10 000 km oder einmal jährlich – kontrolliert man sie auf Intaktheit und baut sie wieder ein.

Beim Erneuern der Luftfilterpatrone darf der Deckel des Ansauggeräuschdämpfers nicht zu fest angezogen werden. Die Patrone wird anderenfalls teilweise zusammengedrückt und verliert an Wirksamkeit.

Neben den Filtrak-Luftfilterpatronen werden

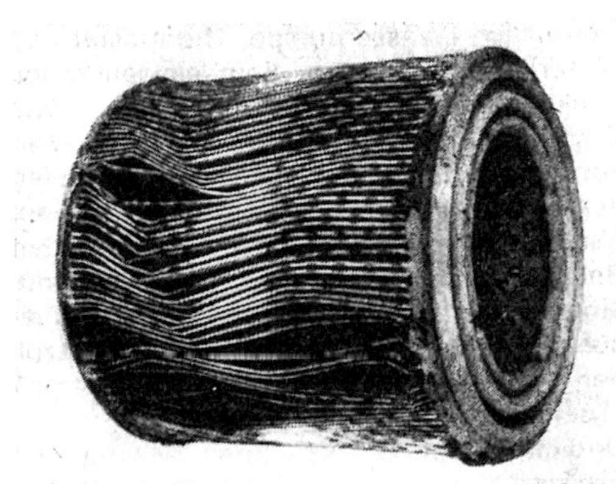

Bild 3-4 Luftfilterpatronen dieser Art, stark verschmutzt und außerdem zusammengedrückt, können ihre Aufgabe nicht mehr erfüllen; die äußere Papierumhüllung ist hier angenommen

in den Fachgeschäften des IFA-Vertriebes auch Luftfilterpatronen aus der ČSSR-Produktion des Typs „Jipap" angeboten. Sie sind für den Wartburg gleichfalls geeignet. Ihre Grenznutzungsdauer beträgt je nach den Einsatzbedingungen des Fahrzeugs 20 000 bis 40 000 km. Das gleiche gilt für die neuen Luftfilterpatronen des Registervergasers mit dem Schrägsiebpapier.
Wird man auf großer Fahrt oder im Ausland von einer Filterverschmutzung überrascht und es ist keine neue Filterpatrone greifbar, reinigt man die Filterpatrone provisorisch. Dazu reißt man die äußere gelochte Papierumhüllung ab und entfernt durch Aufstoßen der Patrone mit der Stirnseite auf einen festen Gegenstand den gröbsten Schmutz (falls möglich, noch Falten mit Preßluft von innen ausblasen). So kommt man weiter. Auf keinen Fall darf ohne Luftfilterpatrone gefahren werden; es könnten schwerwiegende Motorschäden auftreten.

Naßluftfilter: Vom Fachhandel werden neben den Papierluftfilterpatronen auch Naßluftfiltereinsätze (FILU-Metallwaren) mit dem Hinweis angeboten, daß diese für den Wartburg verwendbar seien und außerdem nach der Reinigung wiederverwendet werden könnten. Das stimmt zwar, diese Einsätze sollte man nach Möglichkeit aber nicht verwenden, sie erreichen nur im Neuzustand annähernd den Wirkungsgrad der Papierluftfilterpatronen. Bei Verschmutzung sinkt ihr Wirkungsgrad bis auf 70 Prozent, bei extremer Staubbelastung sogar bis auf 50 Prozent ab. Wer sie trotzdem einsetzt, muß deshalb mit einem erhöhten Motorenverschleiß rechnen. Hinzu kommt, daß sie im Zyklus von etwa 5000 km in Kraftstoff ausgewaschen, getrocknet und mit Luftfilteröl benetzt werden müssen, bevor sie wieder eingebaut werden können.

Vergaser reinigen und einstellen

Vom Vergaser muß der Kraftfahrer generell wissen, daß er dem Motor in allen Last- und Drehzahlbereichen ein zündfähiges Kraftstoff-Luft-Gemisch zur Verfügung zu stellen hat. Dabei regeln Schwimmernadelventil und Schwimmer den Kraftstoffzufluß, das Düsensystem die Zusammensetzung des Kraftstoff-Luft-Gemisches, und die Leerlaufeinrichtung die Versorgung mit Kraftstoff-Luft-Gemisch im unteren Drehzahlbereich des Motors. Weiterhin muß bekannt sein, welcher Vergasertyp im Fahrzeug montiert ist, denn es gibt in den einzelnen Wartburg-Ausführungen inzwischen drei Vergasertypen. Im nachfolgenden Text werden dieselben vorgestellt, wobei gleichzeitig beschrieben ist, wie sie zu warten sind.

Registervergaser: Der Registervergaser des Typs Jikov 32 SEDR (Bild 3-5) besitzt zwei Stufen. Die zweite Stufe öffnet erst dann, wenn dies entsprechend der dem Motor abverlangten Leistung erforderlich ist. Das geschieht bei einem Öffnungswinkel der Drosselklappe der ersten Stufe von etwa 43° und entspricht unter normalen Fahrbedingungen etwa 3800 U/min des Motors = 70–80 km/h im dritten und etwa 110–120 km/h im vierten Gang. Hierdurch erhöht sich naturgemäß der Kraftstoffzufluß durch den Vergaser und damit auch der Kraftstoffverbrauch. Wer bemüht ist, „klug" zu fahren, nimmt diese zweite Vergaserstufe möglichst wenig in Anspruch, indem er das in den Abschnitten „Wirtschaftliche Fahrbereiche" sowie „Kraftstoffsparende Fahrweise" festgestellte beherzigt.

Reinigung: Im normalen Fahrbetrieb fallen am Registervergaser kaum Reinigungsarbeiten am Düsensystem an. Ein spezielles Sieb, das im Kraftstoffeinlaßstutzen des Vergasers (Bild 3-6) sitzt, verhindert den Eintritt von Schmutz in den Vergaser. Man reinigt es – ebenso wie das Sieb der Kraftstoffpumpe – alle 10 000 km oder einmal jährlich, indem man es herausnimmt, in Kraftstoff auswäscht, durchbläst und wieder einbaut. Beim Einbau ist darauf zu achten, daß es richtig sitzt und auch die Dichtung vorhanden ist, bevor die Halteschraube angezogen wird.
Sollte einmal Schmutz aus dem Kraftstoffbehälter über das Leitungssystem, die Kraftstoffpumpe und das Filtersieb in den Vergaser gelangt sein und seine Funktion beeinträchtigen, kann man den Vergaserdeckel

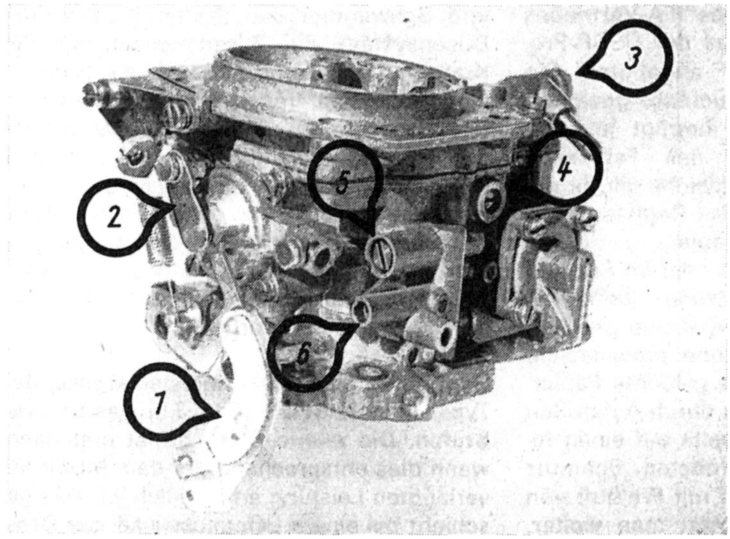

Bild 3-5
Registervergaser des Typs Jikov 32 SEDR;
1 – Drosselklappenhebel,
2 – Betätigungshebel der Starteinrichtung,
3 – Stutzen der Kraftstoffzuführung mit Sieb,
4 – Verschlußschraube der Leerlaufdüse,
5 – Zusatz-Luftschraube,
6 – Leerlaufgemisch-Regulierschraube

nur abnehmen und Schwimmerkammer sowie Düsensystem reinigen. Die Arbeitsgänge sind folgende:

1. Lösen der vier Halteschrauben M 6 des Abzweigtopfes mit einem Steckschlüssel (SW 10 mm) (s. Bild 3-3) und Abnehmen des Abzweigtopfes.
2. Abziehen des Kraftstoffschlauches vom Vergaser.

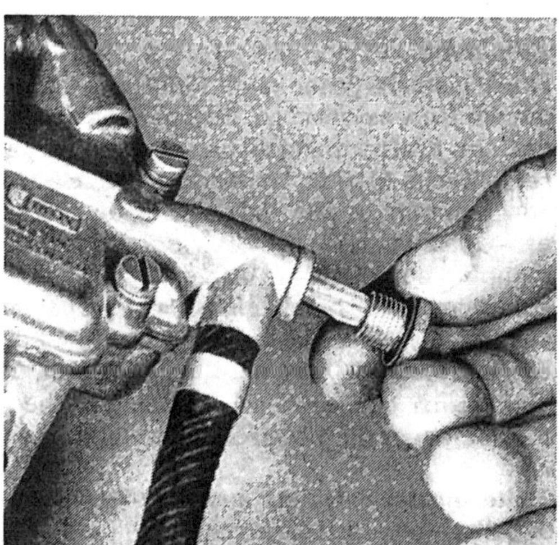

Bild 3-6 Kraftstoffeinlaßstutzen des Registervergasers mit Filtersieb

Bild 3-7 Registervergaser mit abgenommenem Abzweigtopf und den 6 Schlitzschrauben, die den Vergaserdeckel halten

3. Lösen der sechs Schlitzschrauben M 5 × 20, die den Vergaserdeckel (Bild 3-7) halten.
4. Abnehmen des Vergaserdeckels mit Dichtung.

Nunmehr sind Schwimmerkammer und Vergaserdüsen (Bild 3-8) zugänglich. Jetzt werden die Schmutzteilchen im Bodenbereich der Schwimmerkammer mit einem nicht fasernden Tuch entfernt und die Düsen der Reihe nach – um sie nicht zu verwechseln –

Bild 3-8
Registervergaser mit abgenommenem Vergaserdeckel,
1 – Schwimmerkammer (ohne Schwimmer),
2 – Mischrohr der 2. Stufe,
3 – Hauptkraftstoffdüse der 2. Stufe,
4 – Mischrohr der 1. Stufe,
5 – Hauptkraftstoffdüse der 1. Stufe,
6 – Startdüse,
7 – Ansaugschacht der 1. Stufe,
8 – Ansaugschacht der 2. Stufe

herausgeschraubt, durchgeblasen und wieder eingebaut. Dabei dürfen ihre Öffnungen vor dem Durchblasen ggf. nur mit einer Borste vom Handfeger durchstoßen werden. Keinesfalls darf dazu Draht o. ä. benutzt werden; es könnte sie unbrauchbar machen.

Schwimmerstand: Ist der Vergaser einmal geöffnet, kontrolliert man gleichzeitig den Schwimmerstand. Der Grund: Der Schwimmer reguliert die Kraftstoffhöhe im Schwimmergehäuse und beeinflußt somit den Kraftstoffverbrauch. Die Arbeitsgänge sind folgende:

1. Vergaserdeckel mit Dichtung genau senkrecht halten und Abstand zwischen Schwimmer und Deckeldichtung messen. Er muß genau 10 mm betragen. Dabei darf die Schwimmerhebelzunge die gefederte Kugel des Schwimmernadelventils gerade nur berühren, sie darf sie also nicht eindrücken (Bild 3-9). Ist das der Fall, stimmt die Einstellung des Schwimmerstandes.

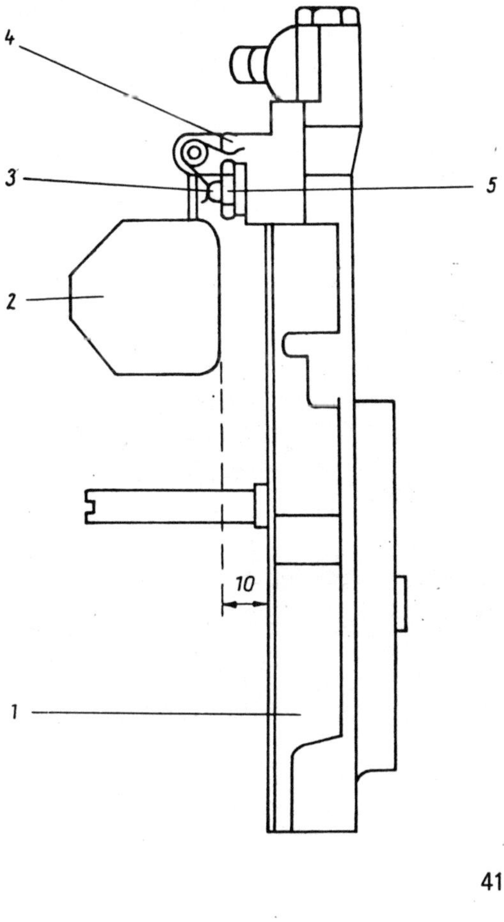

Bild 3-9 Kontrollieren des Schwimmerstandes; 1 – Vergaserdeckel mit Dichtung, 2 – Schwimmer, 3 – Schwimmerhebelzunge, 4 – Schwimmeranschlagzunge, 5 – Schwimmernadelventil

2. Stimmt die Einstellung der Schwimmerhebelzunge und damit des Schwimmerstandes nicht, legt man zwischen Vergaserdeckel mit Dichtung und Schwimmer den Schaft eines Spiralbohrers Ø 10 mm und bringt den Schwimmer hieran zur Anlage. Der sich zwischen Schwimmerhebelzunge und abgefederter Kugel des Schwimmernadelventils ggf. zeigende zu geringe oder zu große Abstand wird durch vorsichtiges, leichtes Verbiegen der Schwimmerhebelzunge korrigiert (Bild 3-10). Dabei ergibt ein Nachbiegen in Richtung Vergaserdekkel einen niedrigeren Kraftstoffstand im Schwimmergehäuse, ein Nachbiegen in entgegengesetzter Richtung einen höheren.
3. Eine abschließende Kontrolle des Schwimmerhubes erfolgt nach Bild 3-11. Das Ergebnis stimmt, wenn bei abgehobenem Schwimmer, also eingedrücktem Schwimmernadelventil, der Abstand zwischen Schwimmer und Vergaserdeckel $13{,}5^{+1\,\mathrm{mm}}$ beträgt. Stimmt der Schwimmerhub nicht, läßt er sich durch ein leichtes Verbiegen der Schwimmeranschlagzunge (s. Bild 3-9) entsprechend korrigieren.

Montage: Die Montage des Vergaserdeckels erfolgt in umgekehrter Reihenfolge.

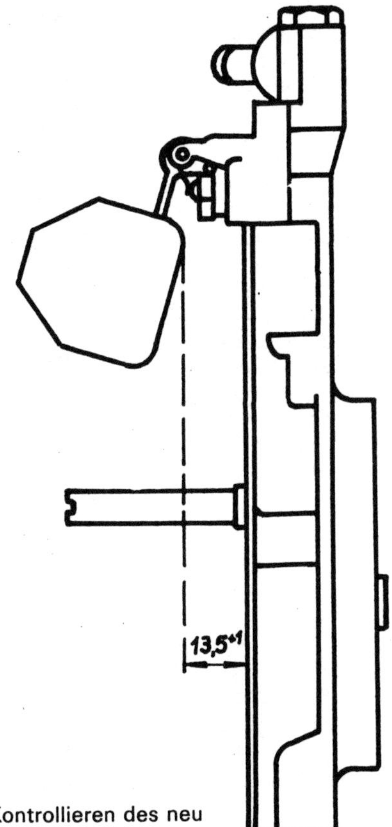

Bild 3-11 Kontrollieren des neu eingestellten Schwimmerhubes

Bild 3-10 Regulieren des Schwimmerstandes mittels des Spiralbohrerschaftes (1) an der Schwimmerhebelzunge (2)

Hierbei achtet man insbesondere auf die richtige Lage der Dichtung und den festen Sitz der Halteschrauben. Abschließend erhalten die Betätigungszüge des Vergasers einige Tropfen Öl, die Gestänge etwas Fett. Der Fahrzeughersteller empfiehlt hierfür einen Turnus von 20 000 km oder einmal jährlich.

Vergasertypen 40 F 1-11/40 F 2-11: Diese beiden Vergasertypen wurden ab Mai 1969 bzw. ab Januar 1978 bis Juni 1982 in Neufahrzeuge eingebaut. Sie unterscheiden sich in Aufbau und Wirkungsweise nicht wesentlich voneinander. Während beim Typ 40 F 1-11 (Bild 3-12) die Drosselklappe noch über ein Gestänge betätigt wird, geschieht dies beim Typ 40 F 2-11 (Bild 3-13) über einen Bowdenzug.

Bild 3-12 Vergasertyp 40 F 1-11; 1 – Gestänge zur Betätigung der Drosselklappe, 2 – Leerlaufdüse, 3 – Leerlaufgemisch-Regulierschraube (die Hauptkraftstoffdüse sitzt hier im Schwimmergehäuse)

Bild 3-13 Vergasertyp 40 F 2-11; 1 – Bowdenzug zur Betätigung der Drosselklappe, 2 – Leerlaufdüse, 3 – Leerlaufgemisch-Regulierschraube (die Hauptkraftstoffdüse sitzt hier im Schwimmergehäuse)

Reinigung: Die Reinigungsarbeiten an beiden Vergasertypen beinhalten gleichfalls die Kontrolle auf Dichtheit der Anschlüsse und die Sauberkeit der Düsen. Dazu muß zum Reinigen der Düsen der Vergaserdeckel abgenommen werden. Das ist notwendig, weil die Hauptdüse im Schwimmergehäuse angeordnet ist, während alle anderen Düsen von außen zugänglich sind. Im einzelnen geht man dabei wie folgt vor:

1. Verbindungsschlauch zum Luftfilter am Abzweigtopf abnehmen.
2. Spannschraube mit Steckschlüssel (SW 10 mm) unterhalb des Abzweigtopfes am Gehäusedeckel lockern und Abzweigtopf vom Vergaser abnehmen.
3. Bowdenzug/Gestänge am Drosselklappenhebel aushängen und abnehmen.
4. Klemmbefestigung des Starterzuges am Hebel der Starterklappe lösen.
5. Kraftstoffschlauch am Eingangsstutzen des Vergasers abziehen.
6. Beim Vergasertyp 40 F 2-11 Plasteschlauch der Schwimmergehäusebelüftung vom Nippel des Vergaserdeckels abnehmen.
7. Lösen der fünf Schlitzschrauben des Vergaserdeckels und Entfernen der Halterung des Bowdenzuges.
8. Abnehmen des Vergaserdeckels und Aushängen der Verbindungsstange am Starterklappenhebel.

Nunmehr sind Schwimmergehäuse und Kraftstoffhauptdüse (Bild 3-14) zugänglich. Während man bei ersterem wieder mit einem nicht-fasernden Tuch die Schmutz-

Bild 3-14 Vergasertyp 40 F 1-11 nach abgenommenem Vergaserdeckel; 1 – Lufttrichter mit Zerstäuber, 2 – Hauptkraftstoffdüse, 3 – Schwimmerkammer, 4 – Ausgleichluftdüse, 5 – Leerlaufluftdüse

teilchen im Bodenbereich des Gehäuses entfernt, dreht man die Hauptdüse zwecks Reinigung heraus, bläst die durch und baut sie wieder ein.

Schwimmerstand: Ist der Vergaser einmal geöffnet, kontrolliert man auch bei diesen beiden Vergasertypen ähnlich wie beim Registervergaser gleichfalls den Schwimmerstand. Bild 3-15 zeigt, wie das gemacht wird: Vergaserdeckel ohne Dichtung – sie verbleibt am Vergasergehäuse – genau senkrecht halten und Abstand des Schwimmers zum Deckel messen. Er muß 12,5 ± 0,3 mm betragen. Dabei darf wie beim Registervergaser die Schwimmerhebelzunge den gefederten Stößel des Schwimmernadelventils gerade nur berühren, aber nicht eindrücken. Ist das gegeben, stimmt die Einstellung des Schwimmers. Wenn nicht, legt man auch bei diesen beiden Vergasertypen den Schaft eines Spiralbohrers ∅ 12,5 mm zwischen Schwimmer und Vergaserdeckel, fixiert so den vorgegebenen Abstand von 12,5 mm

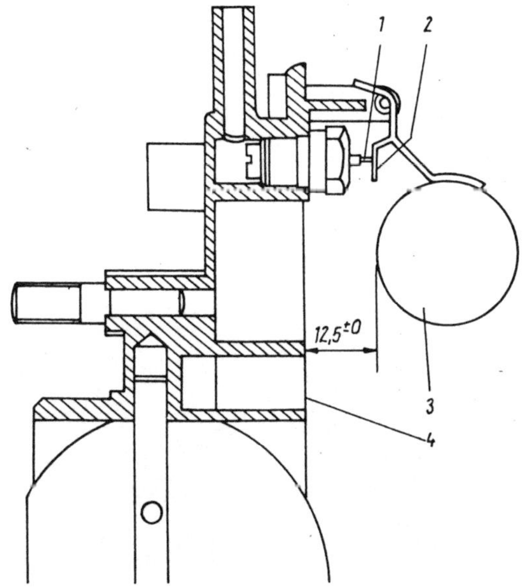

Bild 3-15 Kontrollieren des regulierten Schwimmerstandes; 1 – Schwimmernadelventil, 2 – Schwimmerhebelzunge, 3 – Schwimmer, 4 – Vergaserdeckel

und nimmt die gegebenenfalls notwendige Korrektur an der Schwimmerhebelzunge durch leichtes, vorsichtiges Verbiegen vor. Die Auswirkungen sind die gleichen wie beim Registervergaser: Ein Nachbiegen in Richtung Vergaserdeckel ergibt im Schwimmergehäuse einen niedrigeren Kraftstoffstand, ein Nachbiegen in entgegengesetzter Richtung einen höheren.

Montage: Sind die Reinigungs- und Einstellarbeiten beendet, wird der Vergaser wieder komplettiert. Dabei ist darauf zu achten, daß die Dichtung überall gleichmäßig anliegt und die Halteschrauben des Deckels gut festgezogen werden. Bei der weiteren Komplettierung erhält der Stahldraht des Starterzuges einige Tropfen Öl, bevor er angebracht wird. Und dabei wiederum wird der Betätigungsknopf unterhalb der Armaturentafel bei geschlossener Starterklappe so eingestellt, daß er 2 bis 3 mm aus seiner Führung hervorragt. Das gewährleistet, daß die Starterklappe voll schließt. Anderenfalls entstehen Startschwierigkeiten, insbesondere verschlechtert sich das Kaltstartverhalten des Motors.
Zu beachten ist weiterhin, daß bei der Befestigung des Abzweigtopfes auf dem Vergaser die Spannschraube M 6 der Befestigungsschelle nicht zu fest angezogen wird. Anderenfalls wird der Flansch am Vergaserdeckel mit der Auswirkung deformiert, daß die Starterklappe nicht mehr richtig schließt (schlechtes Kaltstartverhalten) oder sich nur noch sehr schwer betätigen läßt.

Leerlauf des Motors einstellen

Jede Korrektur am Vergaser, beispielsweise des Schwimmerstandes, zieht das Einstellen des Leerlaufs des Motors nach sich. Dazu muß der Motor betriebswarm, d. h., mindestens 10 km gefahren worden sein. Ferner sind vorher gegebenenfalls Zündkerzen und Luftfilter zu reinigen bzw. zu erneuern. Das schließt von dieser Seite her negative Beeinflussung aus. Dafür nur ein Beispiel: Eine verschmutzte Luftfilterpatrone bewirkt Kraftstoffanreicherung; das Kraftstoff-Luft-Gemisch ist zu „fett". Die Folge: Unrunder Motorlauf mit der Auswirkung, daß die Leerlaufeinstellung einmal nur sehr schwer möglich ist und zum anderen die Einstellung des Leerlaufs nachher dennoch nicht stimmt.

Registervergaser: Ein Einstellen des Leerlaufs des Motors ist bei Fahrzeugen, die mit dem Registervergaser ausgestattet sind, nicht möglich. Der Grund: Der Vergaser ist vom Werk aus auf die gesetzlich zugelassene Schadstoffmenge im Abgas eingestellt und ist aus diesem Grunde auch die Einstellschraube für die Kraftstoffzufuhr im Leerlauf, die sogenannte Leerlaufgemisch-Regulierschraube (s. Bild 3-5) mit einer Plastblombe verschlossen. Eine Regulierung des Leerlaufs des Motors in Selbsthilfe ist somit nur über die Zusatz-Luftschraube (s. Bild 3-5) möglich. Sie ist vor allem dazu da, z. B. Drehzahlschwankungen zwischen Sommer- und Winterbetrieb auszugleichen.

Vergasertyp 40 F 2-11: Bei diesem Vergasertyp ist das Einstellen des Leerlaufs des Motors relativ einfach. Man dreht bei mit etwa 950 U/min laufendem Motor die Leerlaufluftschraube (s. Bild 3-13) bis zum Anschlag hinein und öffnet dieselbe wieder um eine volle Umdrehung. Danach „stimmt" der Leerlauf.

Vergasertyp 40 F 1-11: Bei diesem älteren Vergasertyp gestaltet sich das Einstellen des Leerlaufs des Motors etwas schwieriger. Dennoch ist es zu schaffen. Die Arbeitsschritte sind folgende:

1. Leichtes Anziehen der Drosselklappenanschlagschraube am Drosselklappenhebel des Vergasers: die Motordrehzahl erhöht sich.
2. Herausdrehen der Leerlaufgemisch-Regulierschraube, bis der Motor anfängt, unrund zu laufen.
3. Leerlaufgemisch-Regulierschraube wieder langsam hineindrehen, bis der Motor gleichmäßig rund läuft (auf keinen Fall bis zum Anschlag hineindrehen, sie muß normalerweise 1 bis 2 Umdrehungen geöffnet sein, die Öffnung kann aber auch knapp unter einer Umdrehung liegen).
4. Zurückdrehen der Drosselklappenanschlagschraube so weit, bis der Motor rund läuft.

Spezieller Hinweis: Alle eigenen Einstellungsarbeiten hinsichtlich des Leerlaufs des Motors sind natürlich subjektiv gefärbt. Das heißt, sie können nur nach Gefühl bzw. Gehör erfolgen und sind demzufolge, was schadstoffarmen Leerlauf bzw. Umweltschutz anbetrifft, recht anfechtbar. Besser ist es aus diesem Grunde, die Einstellarbeiten in der Vertragswerkstatt oder einem speziellen Vergasereinstelldienst vornehmen zu lassen. Hier besitzt man nicht nur die entsprechenden Abgas-Meßgeräte, sondern auch die notwendigen Erfahrungen, um einen wirklich schadstoffarmen und vor allem sparsamen Betrieb des Wartburg zu gewährleisten. Die Empfehlung kann deshalb auch nur lauten, diese Dienste turnusmäßig in Anspruch zu nehmen. Sie garantieren das Einhalten der Umweltschutzbestimmungen bei Betrieb des Fahrzeugs.

Kraftstoffpumpe warten

Beide Kraftstoffpumpentypen des Wartburg arbeiten recht zuverlässig. Dennoch ist ihre Reinigung in turnusmäßigen Intervallen von 10 000 km oder einmal jährlich erforderlich. Der Grund: Die Siebe setzen sich mit Schmutzteilchen aus dem Kraftstoff zu. Im einzelnen geht man dabei wie folgt vor:

Typ 60 PP 1-11: Diesen Pumpentyp zeigt Bild 3-16. Man öffent ihn, nimmt das Sieb heraus, wäscht es in Kraftstoff aus, bläst es durch und baut es wieder ein. Die Arbeitsschritte sind folgende:

1. Schlitzhalteschraube der Abdeckkappe mit passendem Schraubendreher lösen und Abdeckkappe abnehmen.
2. Pumpensieb herausnehmen, in Kraftstoff auswaschen, durchblasen und wieder einbauen.
3. Montage in umgekehrter Reihenfolge.

Typ UP 4: Bei diesem älteren Pumpentyp (Bild 3-17) läßt sich der Siebkorb nach Lösen der Abdeckkappe komplett herausnehmen und dann wie üblich reinigen. An Besonderheiten ist zu beachten, daß sich die Rändelschraube, die die Abdeckkappe hält, u. U. von Hand nur schwer bewegen läßt. Mit

Bild 3-16 Kraftstoffpumpe des Typs 60 PP 1-11; geöffnet zum Reinigen des Siebes

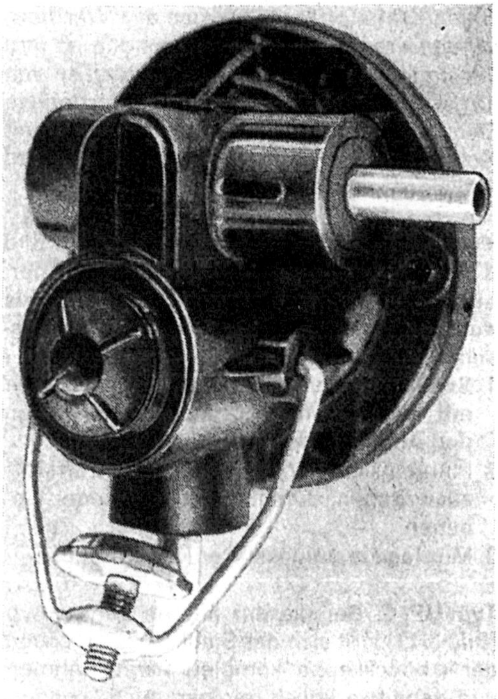

Bild 3-17 Kraftstoffpumpe des Typs UP 4; hier läßt sich der komplette Siebkorb herausnehmen und dann reinigen

Hilfe einer Flach- oder Wasserpumpenzange aber ist es möglich. Danach läßt sich der Siebkorb herausdrehen und reinigen. Bei starker Verschmutzung löst man das Sieb vom Plasteeinsatz.

Montage: Bei der Montage der Abdeckkappen beider Kraftstoffpumpen ist auf einwandfreien Sitz der Dichtungen zu achten. Anderenfalls geht hier Kraftstoff verloren, und der Verbrauch steigt an.

Reparatur: Arbeitet die Kraftstoffpumpe nach dem Reinigen des Siebes nicht einwandfrei, könnten Membran (Alterungsrisse) oder Ventile (eingelaufen, seitlich hängend, schlaffe Federchen) nicht mehr intakt sein. Feststellen läßt sich das nur bei vom Motor abgenommener Pumpe.

1. Abziehen der beiden Kraftstoffleitungen von den Anschlüssen der Pumpe. Fließt dabei aus der Zuführungsleitung zur Pumpe Kraftstoff aus, was bei vollem Kraftstoffbehälter möglich ist, wird die Zuführungsleitung mit einer Schraube M 8 verschlossen.
2. Lösen der beiden Befestigungsmuttern am Pumpenflansch und Abnehmen der Pumpe vom Motor.
3. Danach Demontage der Pumpe durch Lösen der sechs Schlitzschrauben M 4 und Abnehmen des Ventilgehäuses vom Flanschkörper. Jetzt sind Membran und Ventile nach dem Lösen des Halters zugänglich.

Membran: Bild 3-18 zeigt die Membran. Ist sie eingerissen – das können feine Haarrisse sein –, wird sie durch eine neue ersetzt. Beim Einbau ist darauf zu achten, daß die neue Membran durch die Feder zum Flanschkörper hin genügend Vorspannung erhält.

Ventile: Die beiden kleinen Ventile – ein Druck- und ein Saugventil – sitzen, falls sie noch in Ordnung sind, meist recht fest im Ventilgehäuse (Bild 3-19). Defekte Ventile sitzen dagegen meist locker im Gehäuse und lassen sich leicht entfernen.

Bild 3-18 Membran der Kraftstoffpumpe des Typs 60 PP (rechts) und Gehäuse (links)

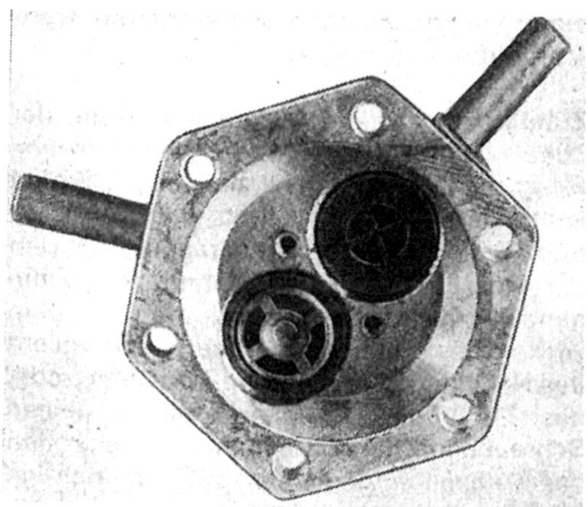

Bild 3-19 Ventilgehäuse der Kraftstoffpumpe des Typs 60 PP mit Saug- und Druckventil

Zusammenbau: Der Zusammenbau der Kraftstoffpumpe sowie der Anbau derselben an den Motor geschehen in umgekehrter Reihenfolge. Dabei erneuert man ggf. die Dichtungen am Isolierflansch.
Hinzugefügt sei noch, daß sich eine defekte Pumpenmembran infolge des Eindringens von Kraftstoff in den Kurbelraum durch erhöhten Kraftstoffverbrauch sowie durch eine ständig feuchte Zündkerze am dritten Zylinder bemerkbar macht. Die Ursache dafür sucht man meist jedoch ganz woanders.

Kraftstoffbehälter und -leitungen reinigen

Beide Baugruppen geben selten Anlaß zu Beanstandungen. Dennoch kann es in Abhängigkeit von den Einsatzbedingungen des Fahrzeugs durch sie zu Störungen in der Kraftstoffversorgung des Motors kommen. Wir kontrollieren ihren Zustand deshalb gegebenenfalls einmal jährlich.

Kraftstoffbehälter: Der Kraftstoffbehälter (Tank) kann, wenn das Fahrzeug für längere Zeit mit leerem Behälter abgestellt wird, korrodieren, denn seine Innenwände sind nicht korrosionsgeschützt. Ferner kann beim Tanken Schmutz mit hineingelangen sowie sich bei leerem Behälter durch Temperaturunterschiede Kondenswasser ansammeln. Das führt zu Störungen in der Kraftstoffzufuhr und damit zu unrundem Motorlauf. Abhilfe schafft nur das Entleeren des Kraftstoffbehälters, wobei die Schmutz- und Wasserteilchen mit entfernt werden. Nach dem Absetzen der Verunreinigungen kann man den Kraftstoff jedoch wieder einfüllen.
Nach Lösen der Verschlußschraube (SW 22 mm) am Boden des Kraftstoffbehälters

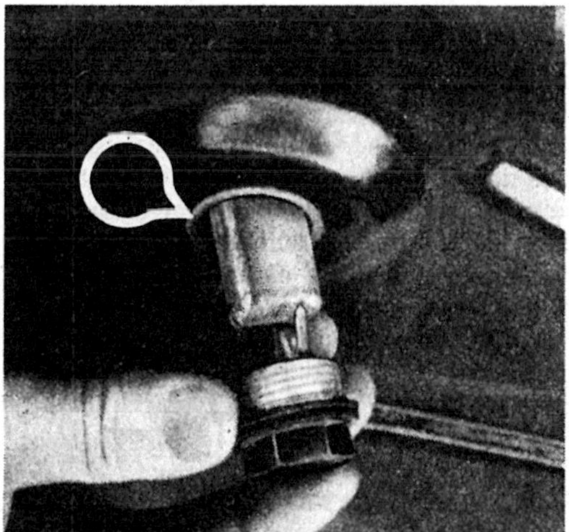

Bild 3-20 Den Siebkorb am Boden des Kraftstoffbehälters erreicht man nach Lösen der Ablaßschraube; man reinigt ihn, wenn der Behälter fast leer ist

läßt sich der Siebkorb (Bild 3-20) vom Steigrohr abziehen und reinigen. Hier setzen sich besonders gern die abgeblätterten Farbreste von den Kanistern und die anderen Verunreinigungen ab.
Zur Vermeidung von Korrosion und Kondenswasserbildung erfolgt das Abstellen des Fahrzeugs über einen längeren Zeitraum nur mit gefülltem Kraftstoffbehälter. Ferner kann man dem Kraftstoff in bestimmten Abständen – vielleicht bei jeder fünften oder sechsten Tankfüllung – etwa 50 cm^3 Spiritus beimischen. Das beugt Kondenswasserbildung vor, da Spiritus das Kondenswasser bindet und der Motor es dadurch mit verarbeiten kann.

Kraftstoffleitungen: Besteht der Verdacht, daß das Kraftstoffleitungssystem in seiner Durchgängigkeit beeinträchtigt ist, womit gerechnet werden kann, wenn sich immer wieder Kraftstoffmangel zeigt oder verstärkt Schmutzteilchen in der Kraftstoffpumpe ansammeln, gibt es zur Beseitigung dieses Mangels nur ein Mittel: Das Leitungssystem von der Kraftstoffpumpe lösen und von hier aus möglichst mit Pressluft durchblasen. Der Verschluß des Kraftstoffbehälters wird dabei geöffnet. Man hört dadurch das Wallen des Kraftstoffes im Behälter und somit auch, daß die Leitung freigeworden ist. Abschließend empfiehlt sich, wie vorher beschrieben, das Reinigen des Kraftstoffbehälters.
Bei starker mechanischer Beanspruchung von der Straße her kann sich die Kraftstoffleitung, die ja am Rahmenlängsträger verlegt ist, durch Steinschlag im Querschnitt verengen. In solch einem Fall hilft das Durchblasen der Leitung nicht. Abhilfe ist nur durch das Erneuern der Kraftstoffleitung in Selbsthilfe oder durch die Vertragswerkstatt möglich.

Zündanlage warten

Unter dem Sammelbegriff „Zündanlage" verstehen wir das Zusammenwirken von Batterie und/oder Lichtmaschine, Zündspulen, Unterbrechern, Zündkabeln und Zündkerzen. Und da alle diese Teile im Fahrbetrieb recht hoch beansprucht sind, unterliegen insbesondere Unterbrecherkontakte und Zündkerzen einem natürlichen Verschleiß. Diesen Verschleiß gilt es bei den technischen Durchsichten des Fahrzeugs zu ermitteln und durch Nachstellen zu kompensieren bzw. im fortgeschrittenen Stadium durch Erneuern zu beseitigen.
Allgemein gilt, daß die Zündung – also Kontaktabstände, Zündzeitpunkte der drei Zylinder und Elektrodenabstände der Zündkerzen – alle 10 000 km – bei den Zündkerzen alle 5000 km – kontrolliert und ggf. neu eingestellt wird. Eine „nicht stimmende Zündung" kann sich in schlechter Motorleistung, übermäßiger Erwärmung des Motors bei Spätzündung, klingeln desselben beim Beschleunigen bei Frühzündung und erhöhtem Kraftstoffverbrauch äußern.

Zündkerzen: Die Elektrodenabstände der Zündkerzen werden mit der im Bordwerkzeug befindlichen Fühllehre alle 5000 km kontrolliert. Sie sollen stets 0,6 ± 0,05 mm betragen. Haben sie sich verändert, werden die Masseelektroden vorsichtig nachgebogen. Ein leichtes Dagegenklopfen mit dem Griff eines Schraubendrehers ermöglicht das Nachbiegen in Richtung Mittelelektrode, das Einführen der Klinge eines kleinen Schraubendrehers zwischen den Elektroden das Aufweiten derselben auf das richtige Maß.
Gereinigt werden die Zündkerzen, wenn notwendig, mittels einer Messingbürste. Die Schmutzschichten an den Isolierkörperschäften beseitigt man mit einem nassen Lappen. Erneuert werden die Zündkerzen nach jeweils 20 000 bis 25 000 Fahrkilometern (Bild 3-21).
Beim Einschrauben der Zündkerzen ist generell zu beachten, daß nur jeweils ein Dichtring untergelegt wird. Bestreicht man die Kerzengewinde mit etwas Graphit (Bleistift), erleichtert das das spätere Herausschrauben. Die Anzugsdrehmomente betragen für die Zündkerzen M 14 etwa 40 Nm (4 kpm) und für M 18 etwa 50 Nm (5 kpm). Mit dem Steckschlüssel des Bordwerkzeugs lassen sich etwa 60 bis 70 Nm (6 bis 7 kpm) erreichen. Beim Anziehen der Zündkerzen ist deshalb Vorsicht geboten, damit die Ge-

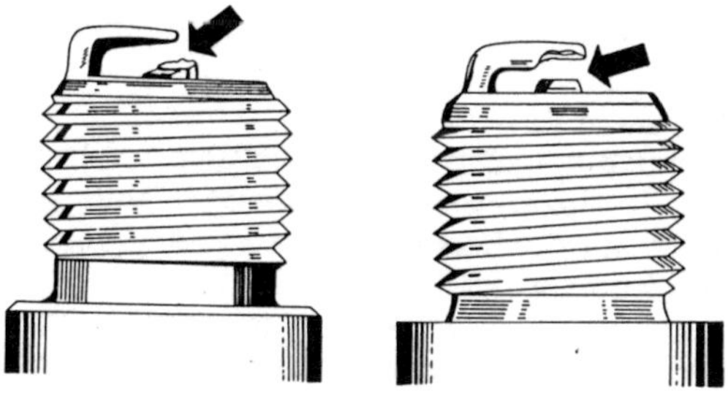

Bild 3-21 Verschlissene Zündkerzen mindern die Leistung des Motors. Sichtbar wird der Verschleiß an den Elektroden. Sind dieselben spitz gebrannt, ist die Erneuerung der Kerzen unumgänglich

winde im Zylinderkopf nicht zerstört werden. Für den heutigen 50 PS-Motor sind die Zündkerzen mit der Typenbezeichnung M 14 × 175, äußerlich erkennbar am verzinkten Gehäuse und gerillten Isolierkörperschaft, zu verwenden. Nicht verwendet werden dürfen Zündkerzen mit der Typenbezeichnung M 14 × 175 in alter Ausführung (brüniertes Gehäuse, glatter Isolierkörperschaft).

Laufen Fahrzeuge mit Motoren älterer Ausführung (45 PS/M 18 × 225 oder 50 PS/M 18 × 240) unter ungünstigen Betriebsbedingungen (nur Stadt- oder Kurzstreckenverkehr), wobei der Motor nicht richtig warm wird, kann es vorkommen, daß die Zündkerzen nicht ihre Selbstreinigungstemperatur erreichen und der Motor schlecht läuft. In einem solchen Falle tauscht man die Zündkerzen gegen Zündkerzen mit der Typenbezeichnung M 18 × 175 aus. Der Motor arbeitet dann wieder einwandfrei. Diese Zündkerzen müssen jedoch wieder ausgetauscht werden, wenn normale Betriebsbedingungen vorliegen.

Zündkerzenstecker: Die Zündkerzenstecker dienen der Verbindung der Zündkabel mit den Zündkerzen und auch der Funkentstörung. Ihre Funktion ist nur gewährleistet, wenn sie fest auf den Zündkerzen sitzen und die Entstörwiderstände in Ordnung sind. Letzteres kann man bei den Steckern für die Zündkerzen M 14 nicht mehr überprüfen; sie sind hier fest eingegossen. Anders bei den

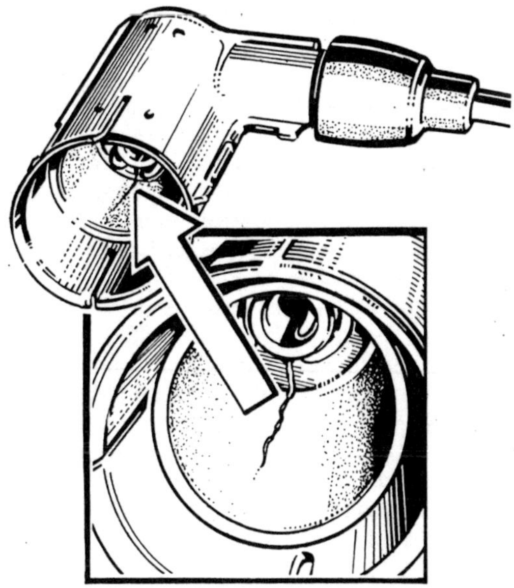

Bild 3-22 Hartnäckige Motorstörungen (Motor läuft nicht auf allen drei Zylindern) können als Ursache auch die Zündkerzenstecker haben; die feinen Haarrisse im Plaste-Isoliermantel der Stecker sind kaum zu erkennen

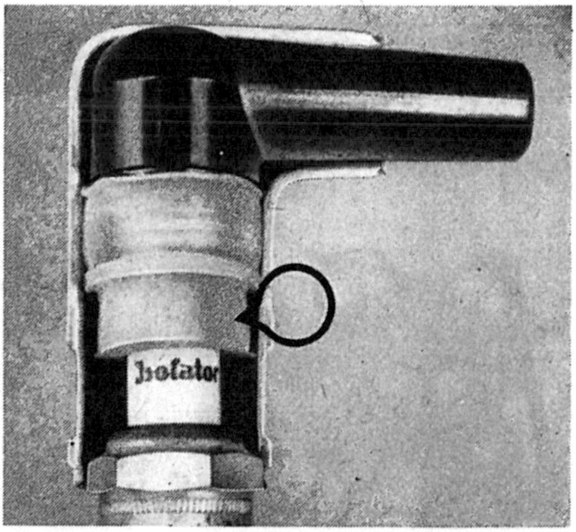

Bild 3-23 Wassergeschützter Zündkerzenstecker im Schnitt; das Kautschukelement verhindert das Eindringen von Feuchtigkeit in den Hochspannungsraum der Zündkerze

Steckern alter Ausführung für die Zündkerzen M 18. Hier lassen sich die Entstörwiderstände noch herausnehmen und kontrollieren. Sind dieselben sauber und gleichmäßig schwarz, sind sie normalerweise in Ordnung. Kleine Kratzer, Längsrillen oder sogar leichte Brandstellen zeigen Schäden an; es schlägt hier der Zündstrom durch. Abhilfe ist nur durch den Einbau neuer Entstörwiderstände oder Kerzenstecker möglich.
Bei den technischen Durchsichten achtet man auf Staub und Feuchtigkeit in den Zündkerzensteckern (Bild 3-22) und reinigt diese. Ab 1981 sind wassergeschützte Zündkerzenstecker (Bild 3-23) montiert. Ein zusätzliches Abdichtelement aus Kautschuk sorgt hier dafür, daß Staub und Feuchtigkeit in den Hochspannungsraum nicht mehr eindringen können.

Zündkabel: Die Zündkabel müssen stets sauber, trocken und frei von Rissen in der Isolation sein. An den Bruchstellen springen die Zündfunken anderenfalls zur Masse über, was man bei Dunkelheit u. U. sogar sieht und was zwangsläufig einen schlechten Motorlauf – der betreffende Zylinder setzt aus – ergibt. Beschädigte Zündkabel werden deshalb ausgetauscht. Verwendbar sind sowohl die alten Kabel mit Drahtseele als auch die neuen blauen Kabel ohne Drahtseele.

Zündspulen: Die Zündspulen (Bild 3-24) sind relativ funktionssicher. Wir achten aber dennoch auf Sauberkeit, festen Sitz und auf guten Kontakt der jeweils drei Anschlüsse an jeder Spule. Bei starker Unsauberkeit kann es an den Zündspulenhälsen zu den sogenannten Kriechfunkenstrecken kommen, wobei die Zündfunken gleichfalls zur Masse überspringen und damit wirkungslos bleiben.
Das Prüfen der Zündspulen auf Intaktheit ist im Abschnitt „Mögliche Störungen an der Zündanlage" beschrieben.
Im Fachhandel sind auch Zündspulen aus der Produktion der Volksrepublik Polen im Angebot. Diese Zündspulen sind für den Wartburg geeignet. Beim Einbau muß man allerdings beachten, daß ihre Klemmenbezeichnung 22 der Klemmenbezeichnung 1 und ihre Klemmenbezeichung 21 der Klemmenbezeichnung 15 des DDR-Produkts entspricht.

Unterbrecherleitung: Die Unterbrecherleitung gibt kaum Anlaß zu Beanstandungen. Man achtet aber dennoch darauf, daß sie keine äußeren Schäden durch Schleifen am

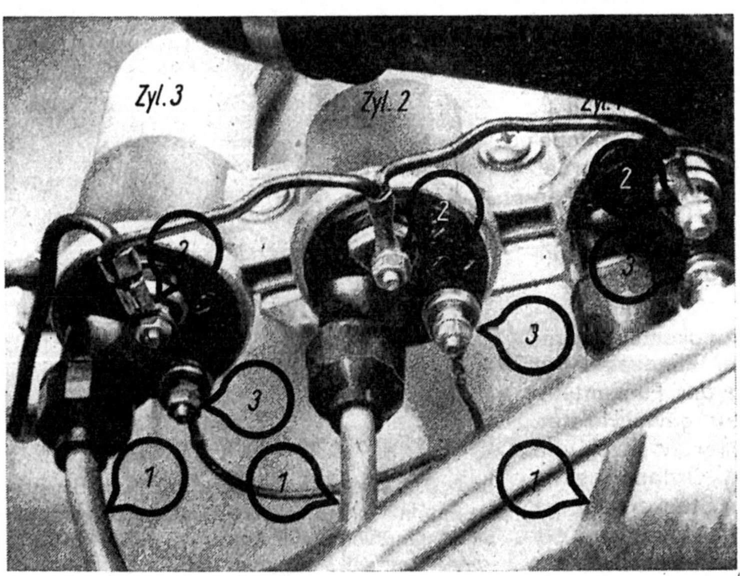

Bild 3-24
Einbaulage der Zündspulen im Wartburg;
1 – Zündkabel zu den Klemmen 4,
2 – Klemmen 15,
3 – Klemmen 1

Keilriemen aufweist. Wird sie einmal gelöst, ist beim Anschluß auf die Farbkennzeichnung zu achten:

Grün	= Zylinder/Zündspule Unterbrecher 1
Grün/Rot	= Zylinder/Zündspule Unterbrecher 2
Grün/Schwarz	= Zylinder/Zündspule Unterbrecher 3

Unterbrecheranlage: Die Unterbrecheranlage wird alle 10 000 km, mindestens jedoch einmal jährlich, besonders sorgfältig gewartet, bestimmt die Qualität der Wartung doch Motorlauf und -leistung sowie Kraftstoffverbrauch. Dazu baut man das Karosseriemittelteil zweckmäßigerweise aus und entfernt auch das polizeiliche Kennzeichen. Als Arbeitsreihenfolge empfiehlt sich:

1. Seilzug für die Kühlerjalousie abklemmen.
2. Bowdenzug für das Haubenschloß aushängen.
3. Kappen von den Scheinwerfergehäusen entfernen.
4. Kabel von den Kontaktzungen der Glühlampen abziehen.
5. Vier Schrauben SW 10 mm an den Ecken des Mittelteiles vom Motorraum aus lösen und Mittelteil nach vorn herausnehmen.
6. Polizeiliches Kennzeichen abbauen.
7. Gehäusedeckel abnehmen.

Nunmehr ist die Unterbrecheranlage (s. Bild 3-27) zugänglich.

Unterbrecherkontakte: Die Unterbrecherkontakte, bestehend aus beweglichem und festem Kontakt, werden zunächst auf ihre mechanische Beschaffenheit hin überprüft. Ihre Hartgewebe- bzw. Polyamidnasen, die am Unterbrechernocken anlaufen, dürfen infolge ungenügenden Schmierens (trockener Schmierfilz) nicht abgenutzt und die Kontaktflächen selbst nicht mit größeren Hökkern (Abbrand) versehen, also verschlissen sein. Bild 3-25 zeigt einen solchen Kontakt. Ist letzteres der Fall, tauscht man sie besser aus. Bei nur geringem Verschleiß werden die Höcker mittels einer Kontaktfeile beseitigt.

Sind die Kontakte in Ordnung gebracht, erfolgt ihre Prüfung auf Leichtgängigkeit. Man hebt die beweglichen Kontakte mit den Fingern mehrmals an und läßt sie zurückschnellen. Geschieht das etwas schwergängig, werden sie gesäubert (möglich mit einem in Kraftstoff getauchten Pinsel) und die Lagerstellen (Achsen) mit ein wenig dünnflüssigem Öl geschmiert.

Nunmehr erfolgt die Kontrolle darüber, ob alle drei Kabelanschlüsse und die drei Stromschienen an den drei Kondensatoren (s. Bild 3-27) noch fest sitzen. Wenn nicht, werden die Schrauben nachgezogen. Besonders geachtet wird hierbei auf die drei Stromschienen. Sie dürfen nicht eingerissen und auch nicht gebrochen sein.

Schmierfilz: Als Schmiermittel für die Un-

Bild 3-25
Unterbrecherkontakte; links: neuer Kontakt, Mitte: leicht verschlissener Kontakt (kann noch nachgearbeitet werden), rechts: stark verschlissener Kontakt (muß erneuert werden)

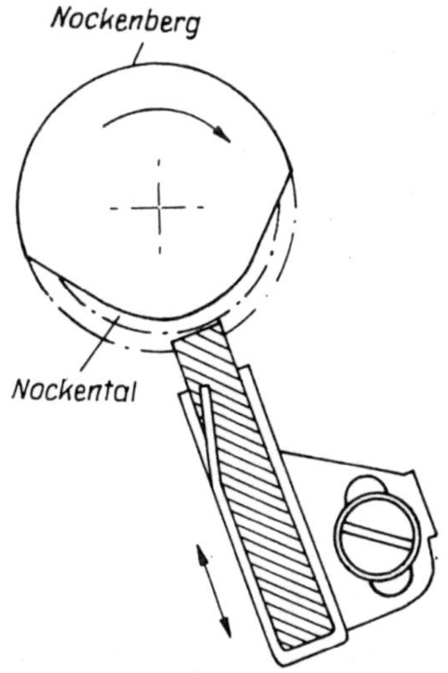

Bild 3-26 Der Schmierfilz ist so einzustellen, daß er nur den Berg der Nockenwelle berührt, andernfalls wird das Öl herausgepumpt

terbrecheranlage wird vom Fahrzeughersteller das Spezialöl für Zündunterbrecher – im Fachhandel in kleinen Tuben erhältlich – empfohlen. Es werden hiervon 6 bis 8 Tropfen auf den Schmierfilz aufgebracht. Abschließend wird der Schmierfilz ggf. so eingestellt, daß er nur den Nockenberg berührt (Bild 3-26). Berührt er bei zu tiefer Einstellung das Nockental, wird das Öl recht bald aus dem Schmierfilz herausgepumpt, und die Unterbrecherkontakte laufen wieder trocken und verschleißen schnell.

Kondensatoren: Die Kondensatoren (s. Bild 3-27) schützen die Unterbrecherkontakte vor dem Verbrennen. Ihre Überprüfung auf Intaktheit ist uns wie folgt möglich: Läuft der Motor unterwegs plötzlich unruhig bzw. ist ein Zylinder ausgefallen, kann der betreffende Kondensator daran die Schuld tragen. Genaueres läßt sich bei abgenommenem Unterbrecherdeckel und laufendem Motor

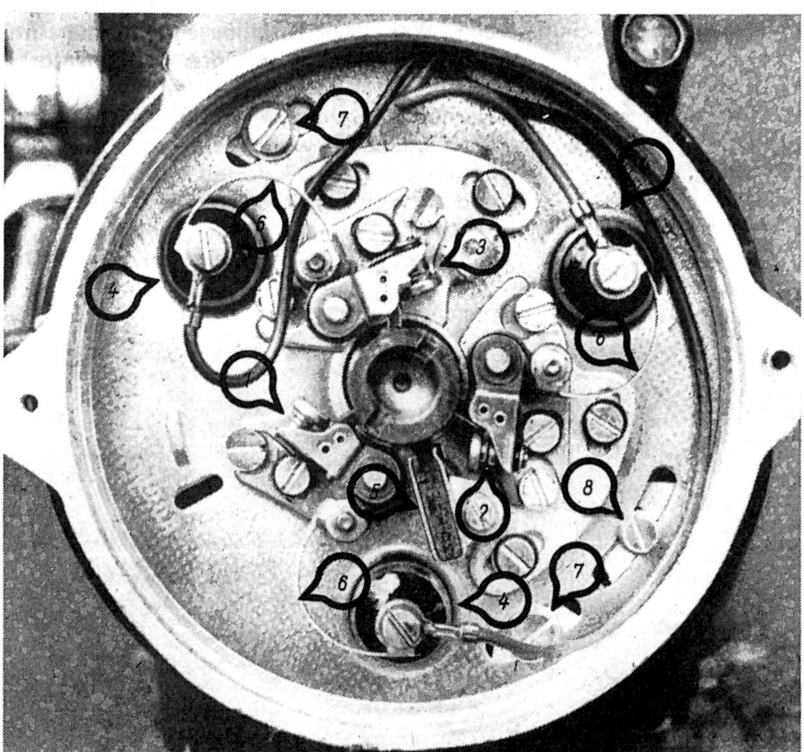

Bild 3-27 Unterbrecheranlage des Wartburg;
1 – Unterbrecherkontakt für Zylinder 1,
2 – Unterbrecherkontakt für Zylinder 2,
3 – Unterbrecherkontakt für Zylinder 3,
4 – Kondensatoren,
5 – Schmierfilz,
6 – Stromschienen,
7 – Halteschrauben der Unterbrecherplatte,
8 – Grundplattenarretierung

feststellen. Ein Helfer muß dabei den Motor beschleunigen, und man selbst beobachtet die Unterbrecher. Der Unterbrecher, der bei dieser Prüfung ein relativ großes und bläuliches Kontaktfeuer zeigt, besitzt den defekten Kondensator. Der Kondensator kann nur ausgetauscht werden; reparieren läßt er sich nicht.

Bei Unterbrecheranlagen neuerer Ausführung sind die Kondensatoren in die Unterbrecherplatte eingepreßt. Ist hier ein Kondensator ausgefallen, was ja meist während der Fahrt passiert, kann nur mit defektem Kondensator, also auf zwei Zylindern und damit mit verminderter Motorleistung, weitergefahren werden, bis die Unterbrecherplatte komplett ausgetauscht werden kann.

Unterbrecherkontakte erneuern: Die Unterbrecherkontakte erreichen nach Werksangaben unter der Voraussetzung, daß sie in den vorgeschriebenen Intervallen von je 10 000 km ordnungsgemäß gewartet wurden, eine Laufleistung von etwa 50 000 km. Danach sollte man sie erneuern. Das geschieht am besten – es arbeitet sich dann leichter – an der ausgebauten Unterbrecherplatte. Die Arbeitsschritte sind die gleichen, wie unter dem Stichwort „Unterbrecheranlage" dargelegt. Hinzu kommt lediglich das Abklemmen der drei Zündleitungen und das Herausnehmen der Platte: Lösen der Stromschinen, Herausdrehen der Halteschrauben und Abnehmen der Kontakte. Der Einbau der neuen Kontakte geschieht in umgekehrter Reihenfolge.

Achtung: Jede Arbeit an den Unterbrecherkontakten, insbesondere das Entfernen des Kontaktabbrandes und das Korrigieren der Kontaktabstände, zieht das Neueinstellen der Zündung nach sich.

Kontaktabstände einstellen: Voraussetzung für das Einstellen der drei Unterbrecherkontakte als Vorstufe für das Neueinstellen der Zündzeitpunkte der drei Zylinder ist eine richtige Keilriemenspannung. Man stellt sie ggf. nach den im Abschnitt „Keilriemen warten" gegebenen Hinweisen her. Ist das geschehen – Karosseriemittelteil und Deckel der Unterbrecheranlage sind ja schon ausgebaut bzw. abgenommen worden – setzt folgende Arbeitsreihenfolge – demonstriert an Bild 3-27 ein:

1. Kerzenstecker abziehen und Zündkerzen herausschrauben.
2. Bei schon gelaufenen Kontakten den mehr oder minder starken Abbrand in Form von kleinen Höckern und Vertiefungen auf den Kontaktflächen mit einer Kontaktfeile entfernen und Kontakte mit einem Pinsel säubern.
3. Unterbrecherkontakt für Zylinder 1 – es ist der links unten liegende – mittels Drehens der Kurbelwelle mit Hilfe des Keilriemens nach rechts so einstellen, daß die beiden Kontaktflächen den größten Abstand zueinander eingenommen haben, diesen Abstand mit der Fühllehre messen und ggf. auf genau 0,4 ± 0,05 mm korrigieren. Betätigt werden die Halteschraube (nur lösen) und die Exzenterschraube des Kontakts. Ist der richtige Kontaktabstand eingestellt, wird die Halteschraube wieder festgezogen.
4. Gleichen Vorgang an den Unterbrecherkontakten für Zylinder 2 – es ist der rechts liegende – und Zylinder 3 – es ist der oben liegen – wiederholen. Dabei die Kurbelwelle immer nach rechts drehen.
5. Nach Abschluß der Arbeit die Kontaktabstände aller drei Unterbrecher noch einmal kontrollieren, damit wirklich gewährleistet ist, daß sie stimmen.

Zündung einstellen

Die Zündzeitpunkte liegen bei den drei Zylindern des Wartburg 3,58 ± 0,31 mm vor dem oberen Totpunkt (v. OT) der Kolben. Ihre einigermaßen richtige Einstellung ist nur mit Hilfe einer Zündeinstellehre mit Meßuhr und einer Prüflampe – beides bietet der Fachhandel – möglich. Wer die Zündung seines Fahrzeugs selbst einzustellen gedenkt, muß sich diese Geräte beschaffen. Die Arbeitsgänge beim Einstellen der Zündung sind dann folgende:

1. Meßuhr mit Sockel (Bild 3-28) in die Kerzenbohrung des Zylinders 1 – es ist der hintere – fest einschrauben, durch Drehen der Kurbelwelle mit Hilfe des Keilriemens nach rechts den oberen Totpunkt

Bild 3-28 Meßuhr zum Einstellen der Zündung; in die Kerzenbohrung eingesetzt

(OT) des Kolbens suchen und diesen Punkt durch Drehen der Skala der Uhr markieren (Nullstellung).

2. Prüflampe an die Stromschiene des Unterbrechers 1 und an Masse (Unterbrechergehäuse) legen und Zündung einschalten.
3. Kurbelwelle ausgehend von der markierten Stellung für den OT mittels des Keilriemens um etwa 4–5 Millimeter zurückdrehen, danach wieder nach vorn drehen und dabei das Verhalten der Prüflampe beobachten. Ihr Aufleuchten signalisiert den vorhandenen Zündzeitpunkt dieses Zylinders.

Liegt der Zündzeitpunkt vor oder hinter dem vorgegebenen Wert von 3,58 ± 0,31 mm v. OT (die Prüflampe leuchtet bereits vorher oder aber auch erst nachher auf), muß der Zündzeitpunkt korrigiert werden:

1. Kolben des Zylinders 1 durch Drehen der Kurbelwelle nach rechts auf genau 3,58 ± 0,31 mm v. OT stellen.
2. Halteschrauben der Unterbrecherplatte und Schraube der Grundplattenarretierung lösen, Unterbrecherplatte um kleinste Beiträge nach links oder rechts drehen und dabei den Punkt suchen, an dem die Prüflampe aufzuleuchten beginnt.
3. Ist dieser Punkt gefunden, Halteschrauben der Unterbrecherplatte und Schraube der Grundplattenarretierung wieder festziehen.
4. Kurbelwelle erneut zurück und danach nach rechts drehen und dabei die Prüflampe beobachten. Leuchtet sie jetzt am Zündzeitpunkt, also 3,58 ± 0,31 mm v. OT, auf, stimmt die Zündeinstellung für Zylinder 1. Anderenfalls ist die Korrektur zu wiederholen, bis der genaue Zündzeitpunkt gefunden ist.

Kontrolle sowie Neueinstellung der Zündzeitpunkte für Zylinder 2 und 3 erfolgen analog Zylinder 1. Der einzige Unterschied besteht darin, daß bei ihrer Einstellung nicht die gesamte Unterbrecherplatte, sondern nur die speziellen Segmente, auf denen diese Unterbrecher sitzen, nach dem Lösen der Befestigungsschrauben durch die Exzenterschrauben entsprechend bewegt werden. Die Exzenterschrauben gestatten das mittels der Langlöcher in den Segmenten.

Stimmen nach Abschluß der Einstellarbeit die Zündzeitpunkte für alle drei Zylinder, wird die Zündung ausgeschaltet, die Prüflampe abgenommen, der Deckel des Unterbrechergehäuses aufgesetzt, werden die Zündkerzen eingeschraubt und wird das Karosseriemittelteil wieder montiert.

Zwingt einem eine Unterwegsreparatur, ohne daß eine Meßuhr zur Verfügung steht, das Neueinstellen der Zündung auf, so kann das in grober Form mit Hilfe der Markierungen „Z" (Zündzeitpunkt) und „T" (Totpunkt) am Unterbrechergehäuse (Bild 3-29) und der drei Markierungen auf der Keilriemenscheibe der Kurbelwelle erfolgen. Dabei muß die Prüflampe aufleuchten, wenn die dem Zylinder 1 zugeordnete, rot ausgelegte Farbmarkierung dem erhaben markierten Zündzeitpunkt „Z" am Unterbrechergehäuse gegenübersteht. Das Einstellen der Zündzeitpunkte der beiden anderen Zylinder erfolgt in der gleichen Weise, nachdem die

Bild 3-29 Die Markierungen am Unterbrechergehäuse (Z und T) und an der Keilriemenscheibe der Kurbelwelle (drei Kerben) dienen der provisorischen Zündeinstellung; Z = Zündzeitpunkt, T = oberer Totpunkt des Kolbens

Prüflampe auf die Stromschienen der Unterbrecher 2 bzw. 3 umgeklemmt worden ist. Wertet man beide Zündeinstellverfahren, so kann man nur einschätzen, daß auch das Einstellverfahren mit Meßuhr nicht die optimale Genauigkeit bringt. Der Grund ist, daß Wellen und Exzenter aufgrund der Lagerspiele stillstehend eine andere Lage einnehmen als bei schneller Drehung (Abständsänderung der Kontakte und damit Zündzeitpunktverschiebung). Infolgedessen sollte man die Zündung des Wartburg von Zeit zu Zeit in einer mit modernen Geräten ausgestatteten Vertragswerkstatt oder Diagnosestation einstellen lassen. Das hier praktizierte Einstellen mit Schließwinkelmeßgerät und Stroboskoplampe bei laufendem Motor erbringt die höchste Genauigkeit.

Kühl- und Heizanlage warten

Das geschlossene Kühl- und Heizsystem des Wartburg (Bild 3-30) ist wenig störanfällig. Voraussetzung ist jedoch, daß die sich in den Lamellen des Kühlerkernes und des Wärmeaustauschers festgesetzten Verschmutzungen, vor allem Insekten – sie beeinträchtigen den Luftdurchsatz – alle 10 000 km oder einmal jährlich beseitigt werden und im zweijährigen Turnus die Kühlflüssigkeit, die sich aus 37 Prozent Gefrierschutzmittel und 63 Prozent destilliertem Wasser zusammensetzt, erneuert wird.

Reinigung: Eine innere Reinigung des Kühlers einschließlich der Teile, die den Kühlmittelkreislauf ermöglichen, ist nicht notwendig. Wichtig ist dagegen einmal jährlich eine äußere Reinigung. Das ist bei Fahrzeugen mit freiblasendem Lüfter mittels Preßluft relativ einfach möglich. Man kommt mühelos von hinten an den Kühlerkern heran. Bei älteren Fahrzeugen mit Zwangskühlluftfüh-

Bild 3-30 Kühl- und Heizsystem des Wartburg; 1 – Kühlmittelpumpe, 2 – Entlüftungsschraube, 3 – Lüfter, 4 – Schlauch zum Ausgleichbehälter, 5 – Absperrhahn der Heizung, 6 – Kühler, 7 – Wärmetauscher, 8 – Entlüftungsschraube, 9 – Schlauchleitung Zylinderkopf/Kühler, 10 – Schlauchleitung Zylinderkopf/Wärmetauscher, 11 – Temperaturgeber, 12 – Thermostat

rung muß man dazu nach dem Lösen der beiden Spannfedern an Hutze und Leitring und Abnehmen der Spannringe die Verbindungsmanschette entfernen und auch das Leitblech vom Kühler lösen.

Flüssigkeitskontrolle: Der Stand der Kühlflüssigkeit im Vorratsbehälter verändert sich normalerweise nur geringfügig. Wir kontrollieren ihn dennoch alle 5 000 km und ergänzen den Verlust gegebenenfalls im bereits genannten Verhältnis von Gefrierschutzmittel und destilliertem Wasser.

Bei größerem Flüssigkeitsverlust müssen die Leckstellen aufgespürt werden. Man braucht hier meist nicht lange zu suchen; sie machen sich an Schlauchverbindungen und/oder anderen Verbindungsstellen von selbst durch Feuchtigkeitsspuren bemerkbar. Abhilfe ist in der Regel durch Nachziehen oder Erneuern der Schlauchschellen möglich. Während der Fahrt wird Flüssigkeitsverlust durch das Ansteigen der Motortemperatur signalisiert.

Bei der Kühlflüssigkeitskontrolle im Zuge der Wintervorbereitung des Fahrzeugs sollte man sich zur Regel machen, auch die Konzentration der Kühlflüssigkeit zu kontrollieren und diese gegebenenfalls wieder herzustellen. Die Höhe der Konzentration läßt sich mit einem Dichtemesser (Aräometer) ermitteln, nachdem ein Teil der Kühlflüssigkeit in einen entsprechend großen Meßzylinder gefüllt worden ist – sie muß bei Raumtemperatur zwischen 1,055 und 1,070 g/cm³ betragen – und durch Zumischen des im Handel erhältlichen Gefrierschutzmittels auf Glykol-Basis auf das vorgeschriebene Verhältnis bringen. An einer sogenannten Glysantinspindel läßt sich der Frostschutzmittelanteil direkt ablesen.

Kühlflüssigkeitsaustausch: Die zum Austausch der Kühlflüssigkeit nach zwei Jahren erforderliche neue Kühlmittelmischung kann man sich im bereits genannten Verhältnis selber herstellen. Die Gesamtmenge beträgt 6,7 Liter. Bei älteren Fahrzeugen mit größerem Kühler können es bis zu 8,2 Liter sein.

Zum Ablassen der verbrauchten Kühlflüssigkeit wird der Ablaßhahn am Motorblock (Bild 3-31) geöffnet; bei älteren Fahrzeugen auch der Ablaßhahn am unteren Kühlerkasten. Zusätzlich werden die Entlüftungsschrauben auf dem Gehäuse der Wasserpumpe und des Wärmeaustauschers, der Kühlerverschluß und der Hahn des Wärmeaustauschers (Stellung „warm") sowie der Deckel des Ausgleichsbehälters geöffnet. Dabei ist der Kühlerverschluß sowohl beim Öffnen als auch beim späteren Anziehen

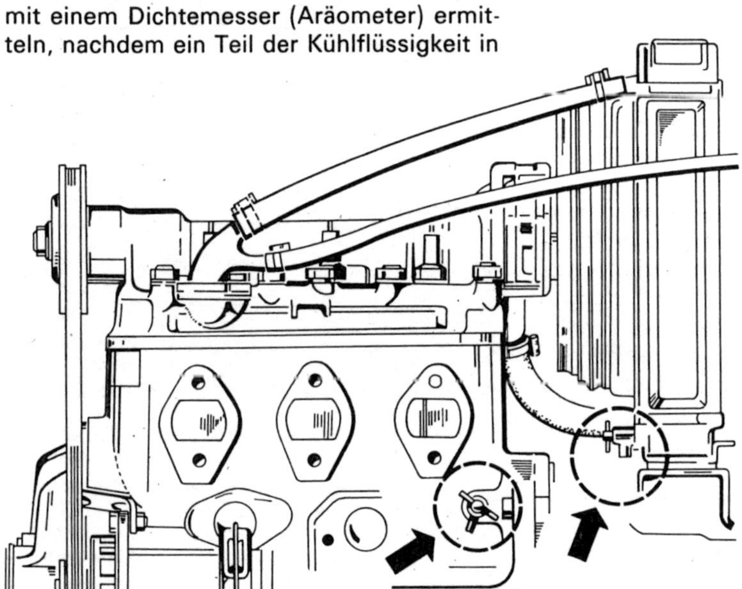

Bild 3-31
Ablaßhähne für Kühlflüssigkeit an Zylinderblock und Kühler

vorsichtig zu behandeln (labiles Blechteil). Das gilt insbesondere bei Verwendung eines Gabelschlüssels anstelle eines 32 mm-Steck- oder Ringschlüssels bzw. einer Wasserpumpenzange.

Während des Auffüllens der neuen Kühlflüssigkeit mittels Trichter werden die Entlüftungsschrauben auf der Wasserpumpe und dem Wärmeaustauscher erst dann geschlossen, wenn die Kühlflüssigkeit hier blasenfrei austritt. Der Verschluß des Ausgleichsbehälters bleibt während des Einfüllvorganges geschlossen. Er wird erst nach dem Schließen der Entlüftungsschrauben leicht geöffnet, damit das Kühlmittel in den Ausgleichbehälter fließen kann. Nach dem Erreichen der unteren Markierungslinie schließt man den Deckel. Dabei darf der Flüssigkeitsstand im Ausgleichbehälter nicht mehr ansteigen. Ist das der Fall, ist das Ventil im Verschlußdekkel defekt. Nach dem Füllen des Kühlers bis zum Rand wird dieser geschlossen.

Zum wichtigsten Teil des Kühl- und Heizsystems, dem Thermostaten, sind im Abschnitt „Kühlwassertemperaturregler defekt" die entsprechenden Ausführungen zu finden.

Keilriemen warten

Der Keilriemen (Bild 3-32) – er treibt nur bei ausreichender Spannung Lichtmaschine, Kühlmittelpumpe und Lüfter zuverlässig an – ist alle 10 000 km, besser alle 5000 km, hinsichtlich seiner Spannung zu kontrollieren und ggf. nachzuspannen. Die Keilriemenspannung stimmt, wenn sich der Riemen in der Mitte zwischen Lichtmaschinen- und Kühlmittelpumpenriemenscheibe mit etwas kräftigem Daumendruck ca. 15 mm durchdrücken läßt. Eine größere Spannung führt zu erhöhtem Verschleiß am Keilriemen und an den Lagern von Lüfterwelle und Lichtmaschine.

Nachspannen: Zum Nachspannen des Keilriemens lockert man die beiden Halteschrauben der Lichtmaschine und die Schrauben am Spannbügel. Danach wird ein größerer Schraubendreher oder auch ein Montierhebel zwischen Motorgehäuse und Lichtmaschine eingesetzt und die Lichtmaschine soweit vom Motor weggedrückt, bis die richtige Riemenspannung erreicht ist. Dabei werden Schraubendreher oder Montierhebel in dieser Stellung festgehalten, bis die Schrauben des Spannbügels sowie der Lichtmaschine gut festgezogen sind.

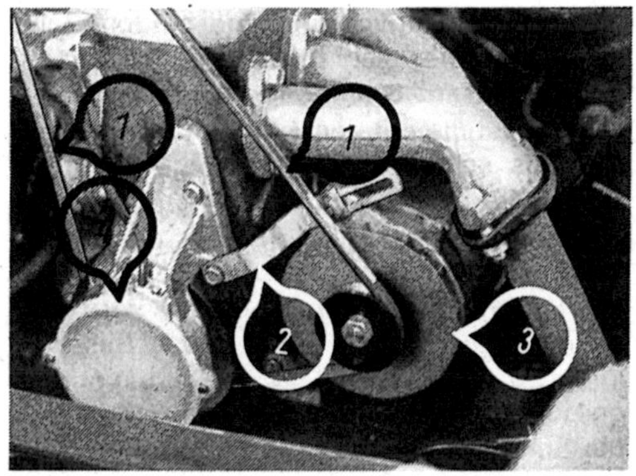

Bild 3-32 Einbaulage des Keilriemens; 1 – Keilriemen, 2 – Spannbügel der Lichtmaschine, 3 – Lichtmaschine, 4 – Unterbrecheranlage

Defekte Keilriemen, d. h. solche, die an der Innenseite oder an den Flanken schon kleine Querrisse zeigen bzw. aufzuspleißen beginnen, werden bei dieser Gelegenheit ausgewechselt. Das verhindert unliebsame Störungen unterwegs.

Ein sicheres Zeichen für einen nicht mehr genügend gespannten Keilriemen ist das Ansteigen der Temperatur der Kühlflüssigkeit. Die Kühlmittelpumpe wird in einem solchen Fall nicht mehr ausreichend angetrieben, so daß der Kühlmittelzwangsumlauf nicht mehr gewährleistet ist. Die Temperatur der Kühlflüssigkeit steigt an, obwohl der natürliche Kühlmittelumlauf noch funktioniert. Die Leitungsquerschnitte sind ganz einfach zu klein.

Ist der Keilriemen infolge hoher Grenznutzungsdauer oder mangelnden Wartens sogar gerissen, macht sich das sofort durch das Aufleuchten der Ladekontrolleuchte bemerkbar. Die Lichtmaschine wird in diesem Fall nicht mehr angetrieben.

Erneuern: Das Erneuern des Keilriemens ist beim Wartburg relativ einfach. Man löst, wie

beim Nachspannvorgang, die beiden Halteschrauben der Lichtmaschine sowie die Schrauben am Spannbügel und drückt die Lichtmaschine mit der Hand in Richtung Motor. Das schafft die notwendige Montagefreiheit für das Abnehmen des alten und das Auflegen des neuen Keilriemens auf die Riemenscheiben von Lüfterwelle, Kurbelwelle und Lichtmaschine. Abschließend wird auch der neue Keilriemen analog der Beschreibung unter dem Stichwort „Nachspannen" gespannt und werden die vorher gelockerten Schrauben wieder gut festgezogen.
Neue Keilriemen längen sich in den ersten Betriebsstunden. Es ist daher zweckmäßig, sie nach 300 bis 500 km Fahrt nachzuspannen.

Abgasanlage warten

Speziell für den Zweitaktmotor ist eine funktionstüchtige Abgasanlage von großer Bedeutung. Sie beeinflußt nicht nur die Leistung des Motors, sondern auch die Umwelt. Wer ihre Funktionsfähigkeit erhält, tut sich und den anderen Verkehrsteilnehmern einen guten Dienst.

Kontrolle: Alle 10 000 km, zumindest aber einmal im Jahr, wird die gesamte Abgasanlage (Bild 3-33) – angefangen beim Hauptdämpfer über das Verbindungsrohr bis zum Nach- und Zusatzdämpfer – zunächst einmal dahingehend kontrolliert, ob sie noch spannungsfrei verlegt ist. Liegen oder schlagen Teile von ihr im Bodenbereich an, kommt es zu unangenehmen Dröhnerscheinungen, deren Ursachen man meist ganz woanders sucht. Bei dieser Kontrolle – am besten mittels einer Hebebühne oder einer Arbeitsgrube – achtet man ferner darauf, ob alle Schraubverbindungen an Halterungen und Schellen, auch die Gummi-Metall-Verbindungen, noch in Ordnung sind bzw. noch fest sitzen. Anderenfalls zieht man sie nach. Mechanische Beschädigungen an den Einzelteilen, meist hervorgerufen durch Steinschlag, Anstoßen an Hindernissen oder Aufsetzen des Fahrzeugs bei voller Beladung auf schlechten Wegstrecken, beseitigt man möglichst bald. Es sind insbesondere der Hauptdämpfer, das Verbindungsrohr und das Rohr unter dem Rahmen hindurch vom Nachdämpfer zum Zusatzdämpfer gefährdet.
Störungen an der Abgasanlage überraschen in der Regel nicht unterwegs. Sie kündigen sich durch entsprechende Geräusche schon lange vorher an. Man wird deshalb im Rahmen der technischen Durchsichten das eine oder andere Bauteil austauschen, sobald ein

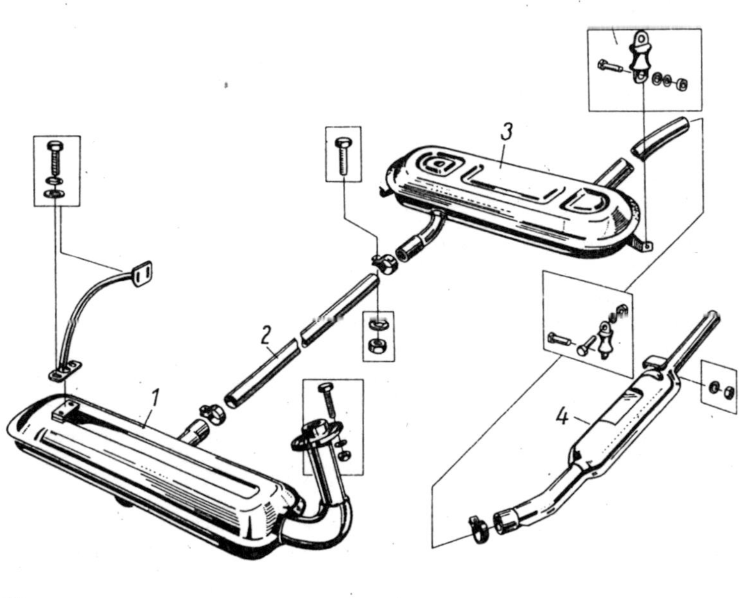

Bild 3-33
Einbaulage der Abgasanlage;
1 – Hauptdämpfer mit Halter (unterschiedlich je nach Vergaser),
2 – Verbindungsrohr,
3 – Nachdämpfer,
4 – Zusatzdämpfer

Schaden entdeckt worden ist. Das ist sowohl beim Haupt- als auch beim Nachdämpfer relativ einfach. Es sind nur die Halterungen und Verbindungsschellen zu lösen, die alten Teile abzunehmen und die neuen Teile einzubauen. Dabei werden die Rohrüberlappungen mit Spachtel abgedichtet.
Beim Austausch des Nachdämpfers, der in der Regel zwei Hauptdämpfer übersteht, löst man zuerst die elastische Aufhängung und danach die Klemmverbindung des Zusatzdämpfers und entfernt den Zusatzdämpfer. Danach läßt sich nach Lockern der Schelle am Verbindungsrohr und Lösen der beiden Schrauben M 8 der elastischen Aufhängung links und rechts der Nachdämpfer vom Verbindungsrohr abziehen.

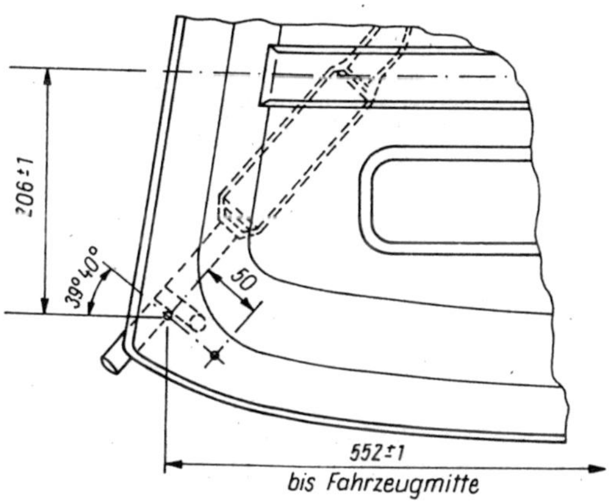

Bild 3-34 Maßskizze zur Verlegung des Zusatzdämpfers mit der Austrittsöffnung nach links hinten

Zur Vereinheitlichung der Abgasanlagen von Limousine und „Tourist" wurde ab September 1978 die Verlegung des Zusatzdämpfers an der Limousine verändert. Das Anbringen erfolgt nunmehr analog der Ausführung am „Tourist" mit der Austrittsöffnung nach hinten links. Beim Anbau eines solchen Zusatzdämpfers an ältere Fahrzeuge ist daher entsprechend Bild 3-34 ein zusätzlicher Befestigungswinkel am Kofferraum notwendig.

Arbeiten an der Kraftübertragung

Im Vordergrund der turnusmäßigen Wartungsarbeiten an den Baugruppen der Kraftübertragung, also an Kupplung, Wechsel- und Ausgleichgetriebe sowie Gelenkwellen und Radantrieben, stehen das Ausgleichen des natürlichen Verschleißes durch Korrektur des Kupplungsspieles sowie die Versorgung von Getriebe, Gelenkwellen und Radantrieben mit neuen Schmiermitteln. Reparaturen jeder Art hieran gehen über die Selbsthilfe hinaus und bleiben der Vertragswerkstatt vorbehalten.

Kupplung warten

Die Lebensdauer der Kupplung, insbesondere der Mitnehmerscheibe, hängt wesentlich davon ab, wie dieselbe durch den Fahrer behandelt wird. Wer sie stets gefühlvoll betätigt und auch so anfährt, wird kaum Schwierigkeiten damit haben. Man rechnet bei normalen Betriebsbedingungen des Fahrzeuges mit Laufleistungen der Mitnehmerscheibe von etwa 60 000 km.

Spiel einstellen: Das Kupplungsspiel wird alle 10 000 km oder einmal jährlich kontrolliert und gegebenenfalls neu eingestellt. Das Neueinstellen dient dem Ausgleich des natürlichen Verschleißes am Reibbelag der Mitnehmerscheibe. Das Kupplungsspiel soll, gemessen am Weg des Kupplungsfußhebels bis zum Druckpunkt, 25 bis 30 mm betragen. Eingestellt wird es an der Stellschraube M 8 des Gewindeendstückes des Kupplungsseiles unterhalb des Fahrzeugs (Bild 3-35). Dabei verringert sich das Spiel beim Aufdrehen der Mutter auf das Gewinde, während es sich vergrößert, wenn die Mutter zurück, also nach links gedreht wird. Kontrolliert wird das neu eingestellte Spiel am Kupplungsfußhebel. Ein weiteres Kriterium ist, ob sich der erste Gang und auch der Rückwärtsgang einwandfrei einlegen lassen.
Nach jedem Einstellen des Kupplungsspieles wird die Einstellschraube gefettet und nach jedem zweiten Einstellen das Kupplungsseil ab-

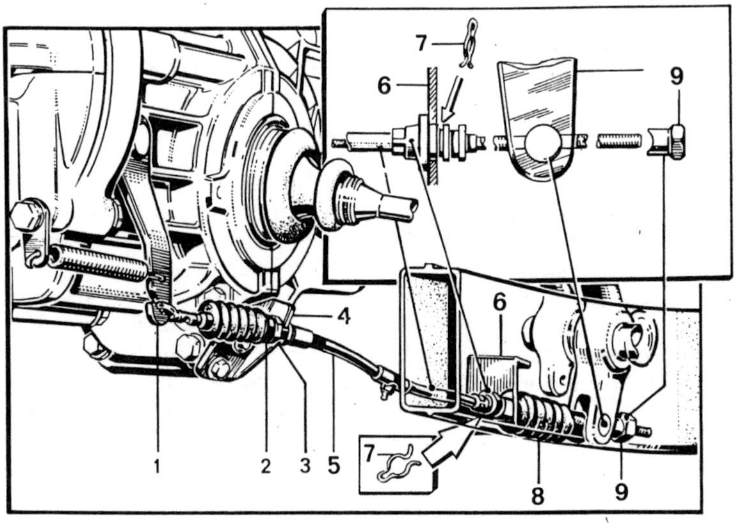

Bild 3-35
Einbaulage der Kupplungsbetätigung;
1 – Ausrückhebel,
2 – vorderer Faltenbalg,
3 – Befestigungsmutter der Seilhülle,
4 – vordere Halterung der Seilhülle,
5 – Kupplungsseil,
6 – hintere Befestigung der Seilhülle,
7 – Federklemme,
8 – hinterer Faltenbalg,
9 – Einstellmutter am Gewindeendstück

geschmiert. Hierbei soll das Fett – verwendet wird hier ebenfalls die Sorte SWC 423 – die beiderseitigen Faltenbälge am Seil gut füllen und so dasselbe vor Feuchtigkeit und Staub und damit Korrosion schützen.

Seil erneuern: Das Kupplungsseil (s. Bild 4-11) – es hat bei richtiger Behandlung eine Lebensdauer von etwa 100 000 km – wechselt man am zweckmäßigsten von einer Grube aus oder unter einer Hebebühne. Wer beides nicht zur Verfügung hat, kann das Fahrzeug linksseitig so weit wie möglich anheben und sichern und sich dann an die Arbeit machen. Die Arbeitsgänge sind folgende:

1. Einstellmutter am Endstück des Kupplungsseiles abdrehen.
2. Faltenbalg und Federklemme vom Hüllenendstück abnehmen und Seil aus dem Kupplungsfußhebel (Pedal) aushängen.
3. Vorderen Faltenbalg zurückschieben und Mutter an der Getriebehalterung mit Gabelschlüssel SW 17 mm lösen.
4. Seil aus dem Schlitz der Halterung herausführen und am Hebel der Kupplungswelle aushängen.

Das Einbauen des neuen Seiles geschieht in umgekehrter Reihenfolge. Dabei wird das neue Seil gut geschmiert und werden die beiden Faltenbälge möglichst voll mit dem Abschmierfett SWC 423 gefüllt.

Getriebe warten

Am Wechsel- und Ausgleichgetriebe – beide werden vom gleichen Öl geschmiert – fällt nur die planmäßige Kontrolle des Ölstandes nach jeweils 10 000 km oder zweimal jährlich sowie das Erneuern des Öles nach jeweils 50 000 km oder drei Jahren an. Eingefüllt ist bei Neufahrzeugen die Ölsorte GL 60 (SAE 80 EP). Sie wird ganzjährig gefahren und darum beim Ölwechsel auch wieder eingefüllt. Das schließt nicht aus, daß Fahrzeuge, die im Sommer bei höheren Außentemperaturen viel laufen, auch mit dem Getrieböl GL 125 (SAE 90 EP) versehen werden können. Dieses Öl wurde früher als sogenanntes Sommeröl empfohlen.
Bei längeren Fahrten ins Ausland nimmt man Getriebeöl der verwendeten Sorte zum evtl. Ergänzen des Ölstandes zweckmäßigerweise mit, denn die Mischbarkeit mit fremden Getriebeölen ist nicht immer gegeben. Lediglich das ungarische Hycomol 60 (Sommer) und 80 (Winter) kann zum Nachfüllen und auch als Austausch verwendet werden. Molybdänzusätze zum Getriebeöl werden nicht empfohlen.

Ölstandskontrolle: Die Kontrolle des Ölstandes im Getriebe erfolgt mittels des Ölmeßstabes, der auf dem Getriebegehäuse im Bereich des Lenkgetriebes sitzt. Der Stand soll sich zwischen den beiden Marken abzeichnen. Ist es erforderlich, den Ölvorrat zu ergänzen, wird die benötigte Menge der im Getriebe befindlichen Ölsorte nachgefüllt.

Kontrolliert wird der Ölstand nach längerem Stehen des Fahrzeugs. Nur dann hat sich das Öl im Bodenbereich des Getriebes angesammelt und markiert seinen Stand gut am Ölmeßstab. Dieser Stab darf übrigens nicht verbogen sein. Er könnte sonst rotierende Getriebeteile beschädigen.

Zeigen sich bei der Kontrolle des Ölstandes Ölspuren an der Dichtfläche des Ölmeßstabes, so ist hier eine Undichtheit zu vermuten. In einem solchen Fall kann ein zweiter Dichtring 20 × 3 zum vorhandenen Dichtring 20 × 2 hinzufügt werden. Zu diesem Zweck muß allerdings die Nut im Ölmeßstab entsprechend Bild 3-36 vergrößert werden. Beim Einsetzen der beiden Rundringe ist zu beachten, daß der Rundring 20 × 3 oben zu liegen kommt (Bild 3-37).

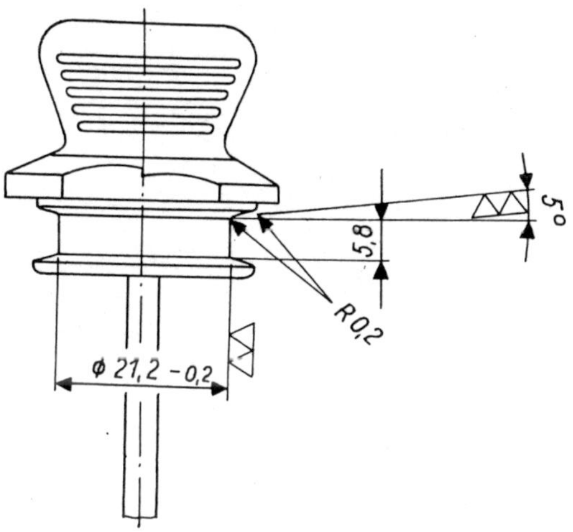

Bild 3-36 Maßskizze zur Vergrößerung der Nut am Ölmeßstab

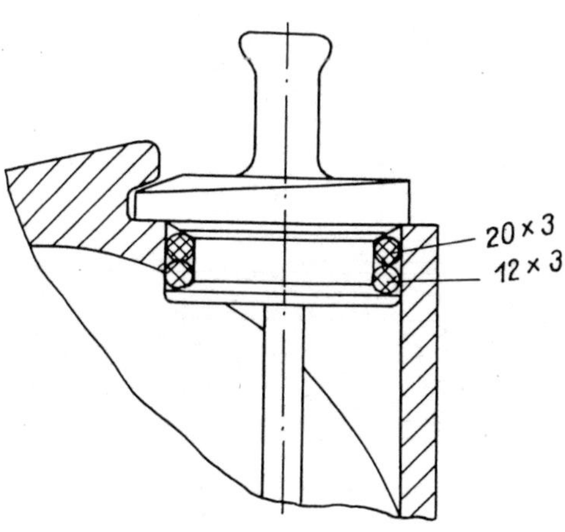

Bild 3-37 Sitz der Rundringe am Ölmeßstab

Ölsorten und Füllmengen: Alle 50 000 km oder alle drei Jahre ist ein Ölwechsel fällig. Hierbei wird das im Getriebe befindliche Öl nach einer längeren Fahrt, wenn es warm und dünnflüssig ist, abgelassen, aufgefangen und der Altölerfassung zugeführt. Ist die am tiefsten Punkt des Getriebegehäuses sitzende Ölablaßschraube mit einem Steck- oder gekröpften Ringschlüssel SW 19 mm herausgedreht, läuft das Altöl mühelos ab. Während dieser Zeit kontrolliert man den Magneten in der Ölablaßschraube. Hier sammelt sich der Abrieb. Sieht dieser so aus wie auf Bild 3–38, ist alles „in Ordnung". Befinden sich unter den feinen Metallspänchen

Bild 3-38 Ölablaßschraube des Getriebes; größere Metallteilchen am Magneten deuten auf sich anbahnende Getriebeschäden hin

jedoch größere Metallstückchen, konsultiert man die Vertragswerkstatt. Diese Metallstückchen könnten Getriebeschäden signalisieren.
Vor dem Auffüllen des neuen Öles – die Füllmenge beträgt ca. 1,8 l (für Getriebe 312/1 ca. 2,5 l) – wird der Magnet gesäubert (in Kraftstoff ausgewaschen) und die Ölablaßschraube wieder fest eingedreht. Ein Spülen des Getriebes ist nicht notwendig. Ebenso werden dem Öl grundsätzlich keinerlei Zusätze beigemischt.

Gelenkwellen warten

Die wichtigste Wartungsarbeit an den Gelenkwellen ist die Kontrolle der Manschetten auf Unversehrtheit. Weisen sie kleine Risse oder mechanische Beschädigungen in Verbindung mit Schmiermittelspuren auf, geht hier relativ schnell das Schmiermittel verloren, und Feuchtigkeit und Straßenschmutz dringen in die Gelenkräume ein. In solch einem Fall ist es dann nur noch eine Frage der Zeit, bis die betreffende Welle ausfällt.
Wir kontrollieren die Manschetten zweimal jährlich. Bei festgestellten Schäden werden die Manschetten sofort erneuert. Unter dem Stichwort „Gelenkwellen ausbauen" sind die Arbeitsgänge beschrieben.

Abschmieren: Ein Nachschmieren der Gelenkwellen ist bei intakten Manschetten erst nach jeweils 50 000 km bzw. 100 000 km erforderlich. Als Schmiermittel werden in die getriebeseitigen Manschetten (Bild 3–39) für die Zapfensterne je 100 g Fett der Sorte SWC 423 und für die radseitigen Manschetten (Bild 3–40) jeweils 100 g Calzium-Komplexfett oder das Sommergetriebeöl GL 125 eingebracht, wobei letzteres empfohlen wird (bessere Schmierwirkung, doppeltes Schmierintervall).
Das Nachschmieren der gut gereinigten Gelenkwellen kann sowohl im eingebauten Zustand der Wellen als auch im ausgebauten Zustand derselben erfolgen. Letzteres wird empfohlen. Man kann hierbei gleichzeitig vorbeugend die Manschetten erneuern.
Beim Nachschmieren der Gelenkwellen im eingebauten Zustand, was die Regel sein dürfte, löst man nach gründlicher Reinigung des getriebeseitigen Schmierbereiches das Spannband (s. Bild 3–39), zieht die Manschette zurück, entfernt das verbrauchte Schmiermittel und bringt das neue Fett ein. Danach wird die Manschette mit dem Spannband wieder gut gesichert.

Bild 3-39 Einbaulage der getriebeseitigen Manschetten; 1 – Spannschraube, 2 – Spannband, 3 – Manschette, 4 – Wurmfeder, 5 – Gelenkwelle

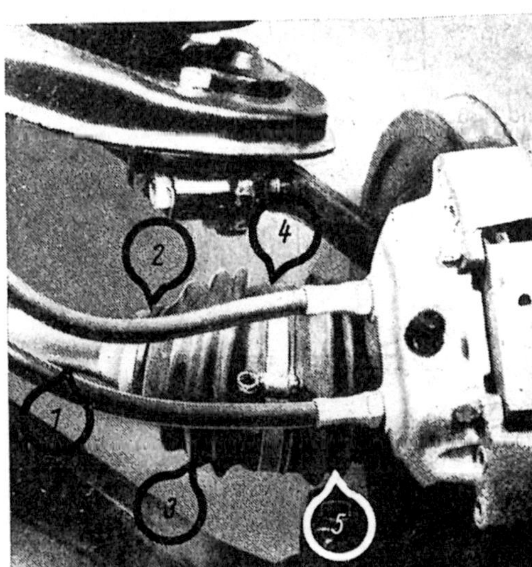

Bild 3-40 Einbaulage der radseitigen Manschetten; 1 – Gelenkwelle, 2 – Seegering, 3 – innere Manschette, 4 – Spannband, 5 – äußere Manschette

Bei den beiden radseitigen Manschetten (s. Bild 3–40) verfährt man nach der Reinigung analog, indem das Spannband gelöst und das Fett mit einem Spatel bzw. das Getriebeöl GL 125 mittels einer Ölspritzkanne oder Ölspritze eingebracht wird.

Gelenkwellen ausbauen: Das Ausbauen der Gelenkwellen zwecks Erneuerung der Manschetten setzt Erfahrung voraus. Wer das noch nicht gemacht hat, sollte sich der Hilfe eines Fachmannes versichern. Dennoch sei es für diejenigen Wartburg-Fahrer hier beschrieben, die dafür die Voraussetzungen mitbringen. Die Arbeitsgänge sind folgende:

1. Kronenmutter der Gelenkwellenbefestigung an der Radnabe entsplinten und mit einem Steck- oder gekröpften Ringschlüssel (SW 24 mm) lösen, aber noch nicht abschrauben.
2. Fahrzeug vorn anheben und sicher aufbocken, gegen Wegrollen an den Hinterrädern sichern und das betreffende Vorderrad abnehmen.
3. Bei Fahrzeugen mit Trommelbremsen vorn Sicherung der Bremstrommel mit einer Radmutter.
4. Entsplinten und Lösen der Kronenmutter am Spurstangenhebel und herausdrücken des Kugelgelenks mit der Abdrückvorrichtung für die Spurstangengelenkbolzen (Bild 3–41).
5. Spannband der Gelenkwellenmanschette (s. Bild 3–39) lösen und Manschette vom Getriebemitnehmer abziehen.
6. Gelenkwelle so weit drehen, daß ein Zapfen des Dreifingergelenkes senkrecht nach unten zeigt.
7. Mutter der Befestigung des Schwenklagers im oberen Kugelgelenk mit einem flachen Ringschlüssel (SW 24 mm) lösen und Kugelbolzen mittels Montierhebel aus dem Schwenklager herausdrücken.
8. Radantrieb nach außen drücken und gleichzeitig die Gelenkwelle aus den getriebeseitigen Mitnehmern herausziehen. Dabei ist das untere am Mitnehmerzapfen sitzende Nadellager sorgfältig mit der Hand zu sichern. Die endgültige Sicherung der drei Nadellager erfolgt anschließend mit einem Gummi-, Isolier- oder Klebeband (Bild 3–42).
9. Nunmehr wird der nur noch am unteren Querlenker und an den Bremsschläuchen hängende Radantrieb (bei Trommel-

Bild 3-41 Abdrückvorrichtung für die Spurstangen-Gelenkbolzen

Bild 3-42 Nadeln und Lagerring des Dreifingergelenkes werden mit einem Gummiband gesichert

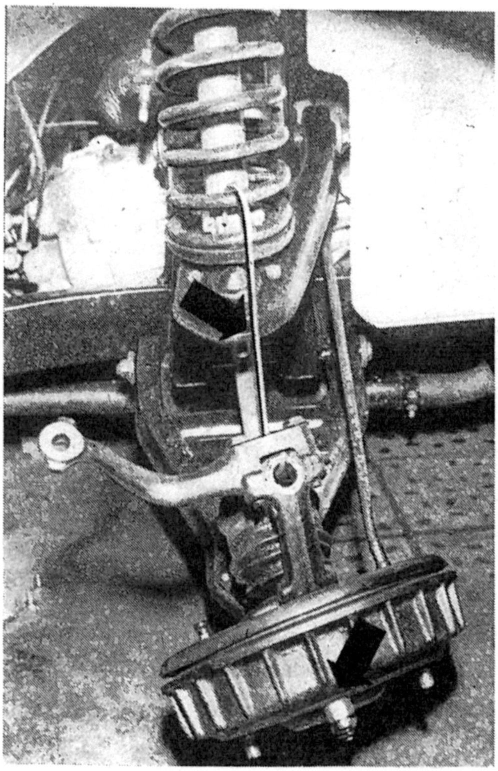

Bild 3-43 Sicherung des Radantriebes mit einem Drahthaken und der Bremstrommel mit einer Radmutter

bremse nur ein Schlauch) durch eine entsprechend hohe Unterlage oder einen Drahthaken (Bild 3–43) gesichert. Letzteren hängt man in die Befestigungsbohrung des Schwenklagers und in eine Windung der Feder ein.

10. In dieser Stellung läßt sich jetzt die Gelenkwelle nach völligem Abschrauben der Kronenmutter der Gelenkwellenbefestigung aus dem Radantrieb herausziehen. Löst sich die Gelenkwelle hierbei nur schwer aus der Mitnehmerverzahnung, hilft man mit Gummihammer oder mit Hammer und Dorn etwas nach, wobei man den Dorn in der Zentrierung ansetzt.

Manschetten wechseln: Zum Wechseln der Manschetten der Gelenkwelle muß sowohl der Spritzring vom Mitnehmerzapfen, als auch der Zapfenstern von der Gelenkwelle abgenommen werden. Beide sitzen manchmal recht fest, so daß man sich vorher sicherheitshalber den Abzieher mit Aufschlagdorn für den Spritzring und die Universal-Ab- und Aufdrückvorrichtung für den Zapfenstern beschafft. Die Arbeitsgänge sind dann folgende:

1. Lösen des Spannbandes, das die beiden Manschetten zusammenhält.
2. Abziehen des Spritzringes vom äußeren Mitnehmerzapfen.
3. Entfernen der äußeren Manschette.
4. Abnehmen des Sicherungsringes für den Zapfenstern von der Welle mittels Seegeringzange.
5. Abdrücken des getriebeseitigen Zapfensternes von der Welle, dabei Lagerringe und -nadeln entsprechend sichern.
6. Abnehmen des zweiten Sicherungsringes des Zapfensternes ebenfalls mit Seegeringzange.
7. Entfernen der Wurmfeder und Abnehmen der getriebeseitigen Topfmanschette.
8. Entfernen des Sicherungsringes der inneren radseitigen Manschette mit Seegeringzange und Abnehmen der Manschette.
9. Gründliches Reinigen der Gelenke mittels Waschbenzin. Dabei dürfen beim Auswaschen der Lager des Zapfensternes auf keinen Fall Nadeln verlorengehen. Werden dann später die Nadellager mit frischem Fett versehen zusammengebaut (27 Nadeln je Zapfen), müssen die Kugelringe, die in ihrer Form unsymmetrisch sind, so aufgesteckt werden, daß die schmalen Stirnseiten nach außen zeigen.
10. Aufbringen und Sichern der neuen Manschetten sowie des Spritzringes und des Zapfensternes in umgekehrter Reihenfolge, wobei vor dem Befestigen des Spannbandes die Manschetten mit 100 g Getriebeöl GL 125 gefüllt werden. Ferner ist beim Aufbringen des Zapfensternes auf die Welle darauf zu achten, daß die kurze Schaftlänge in Richtung Gelenkwellenende zeigt:

Gelenkwelle einbauen: Vor dem Einbauen der Gelenkwelle wird aus dem getriebeseitigen Gelenkraum des Ausgleichkegelrades das verbrauchte Schmiermittel mit den Fingern entfernt. Bei dieser Gelegenheit kontrolliert man gleichzeitig, ob die drei Führungsbahnen im Getriebe nicht etwa verschlissen sind. Weisen sie beispielsweise bereits Einlaufmarkierungen auf, die man deutlich fühlen kann, sind sie Ursache für Schüttelerscheinungen beim Beschleunigen des Fahrzeugs in der Vorderachse. In diesem Falle müssen die Ausgleichkegelräder erneuert werden, was den Ausbau des Getriebes voraussetzt. Sind die Führungsbahnen aber in Ordnung, bringt man in den Gelenkraum etwa 100 g Fett der Sorte SWC 423 ein und fettet die Keilwellenverzahnung des äußeren Gelenkzapfens und die Staubkappe gut ein. Beim Einbau der Gelenkwelle in umgekehrter Reihenfolge wird die Kronenmutter der Gelenkwellenbefestigung an der Radnabe erst dann endgültig festgezogen und versplintet, wenn das Fahrzeug wieder auf seinen Rädern steht.

Kugelgelenke der Schwenklager erneuern

Querlenker und Schwenklager sind durch Kugelgelenke miteinander verbunden, deren Gelenk- und Schmierräume wiederum durch Gummibälge geschützt sind. Gilt es ausgeschlagene und damit klappernde Gelenke oder poröse bzw. eingerissene Gummibälge zu erneuern, geht man ähnlich vor wie beim Aus- und Einbauen der Gelenkwellen: Fahrzeug vorn aufbocken und sichern. Befestigungsmutter des Kugelgelenkbolzens lösen und Kugelgelenk aus dem Schwenklager herausdrücken. Danach läßt sich das Kugelgelenk vom betreffenden Querlenker nach Lösen der beiden Sechskantschrauben M 8 entfernen. Ist das Kugelgelenk ein oberes, ist zusätzlich die Befestigungsschraube des Stoßdämpferhalters zu lösen.
Nach dem gründlichen Reinigen des Kugelgelenkes fällt die Entscheidung, was geschehen soll: Erneuerung des ganzen Kugelgelenkes oder nur des Gummibalges. Ersteres wird bei den schon erwähnten Verschleißerscheinungen (ausgeschlagenes Gelenk) notwendig sein, letzteres dann, wenn zwar die Manschette beschädigt ist, aber Feuchtigkeit und Schmutz infolge der noch voll vorhandenen Fettfüllung nicht in das Gelenk eindringen konnten und dieses sich noch spielfrei saugend bewegen läßt.
Die Arbeitsgänge am ausgebauten Kugelgelenk zum Erneuern der Manschette sind folgende:

1. Kugelgelenk mit dem Kugelbolzen nach oben in einen Schraubstock spannen.
2. Spannband aufbiegen, Federring spreizen und Gummibalg abnehmen.
3. Kugelgelenk gründlich mit Waschbenzin reinigen und möglichst mit Druckluft ausblasen.
4. Gelenkraum mit etwa 25 g frischem Fett der Sorte SWC 423 füllen, neuen Gummibalg aufziehen und mit Spannband sowie Federring sichern. Danach Kugelgelenk umgekehrt zur Demontage wieder einbauen.

Tachometerwelle warten

Die Wartungsarbeit an der Tachometerwelle beschränkt sich ausschließlich auf das Ölen derselben nach etwa 30 000 km oder bei Bedarf. Relativ einfach ist das bei ausgebauter Welle möglich.
Das Ausbauen der Tachometerwelle – auch einer defekten – ist relativ einfach, wenn die Möglichkeit besteht, von einer Montagegrube aus oder unter einer Hebebühne die Überwurfmutter für den Tachometerantrieb am Getriebe zu lösen (Bild 3–44). Steht beides nicht zur Verfügung, ist es zweckmäßig, das Fahrzeug seitlich anzuheben, zu sichern und das linke Vorderrad abzunehmen. Das erspart die relativ umständliche Demontage und Montage des Abdeckbleches am Pedalboden. Der tachometerseitige Anschluß der Welle hinter der Instrumententafel mit Rändelmutter läßt sich leicht lösen und auch wieder befestigen. In die ausgebaute oder auch neue Tachometerwelle bringt man als Schmiermittel am besten Öl ein.
Gibt es bei der Montage einer neuen Tachometerwelle beim Einführen der Seele der Welle in den getriebeseitigen Anschluß

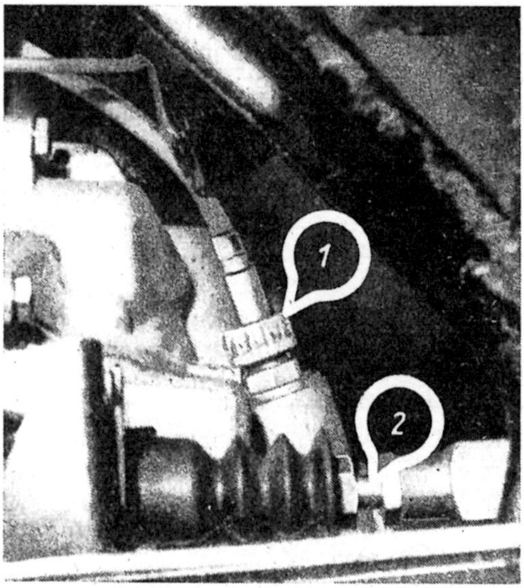

Bild 3-44 Einbaulage des unteren Anschlusses der Tachometerwelle am Getriebe (1) und Einstellmöglichkeiten für das Bremspedalspiel (2)

Schwierigkeiten, „bricht" man die Kanten des Vierkants mit einer Feile. Danach läßt sie sich leicht einführen und anschließen. Nach dem Festschrauben wird die ursprüngliche Einbaulage der Welle wieder hergestellt (kein zu enger Bogen).

Schaltung warten

Lenkradschaltung: Die Wartungsarbeiten an der Lenkradschaltung konzentrieren sich im wesentlichen auf das Abschmieren der einzelnen Lagerstellen und Gelenke in Intervallen von 20 000 km oder zwei Jahren und das gegebenenfalls notwendige Nachstellen der Schaltung. Die Schmierstellen sind die Lagerung der Schaltstange und der Kugelkopf der kleinen Schaltstange (Bild 3–45). Bei älteren Fahrzeugen mit zwei Kugelköpfen an der Schaltstange und mit Längenausgleich sind noch diese Stellen mit abzuschmieren. Verwendet wird das Schmierfett SWC 423.

Schaltung einstellen: Eine exakt funktionierende Schaltung erfordert ein sehr genaues Einstellen der oberhalb des Betätigungshebels senkrecht angelenkten Vorwählstange. Steht dieselbe nicht richtig, kommt es zu Schaltschwierigkeiten bei den einzelnen Gängen. Das Einstellen erfolgt derart, daß durch Verstellen der Schraubverbindung der Vorwählstange eine Übereinstimmung mit den Schaltgassen im Getriebe herbeigeführt wird. Die Höheneinstellung der Vorwählstange geschieht nach dem Abdrücken vom Zapfen des Kipphebels durch Lösen der Sechskantmutter mit einem Gabelschlüssel (SW 8 mm) und entsprechendes Drehen.
Eine einfachere Möglichkeit besteht darin, die Höhenverstellung mittels der Langlöcher des Kipphebelbockes vorzunehmen. Dazu werden die Befestigungsschrauben nur angelöst, der Kipphebelbock durch leichte Hammerschläge in der Höhe verstellt und danach die Schrauben wieder festgezogen. Der Einstellvorgang selbst erfolgt in diesem Falle so, daß die Vorwählstange vom Kipphebel in der unteren Schaltgasse des 3. und 4. Ganges abgedrückt und von Hand durch Einlegen dieser Gänge die exakte

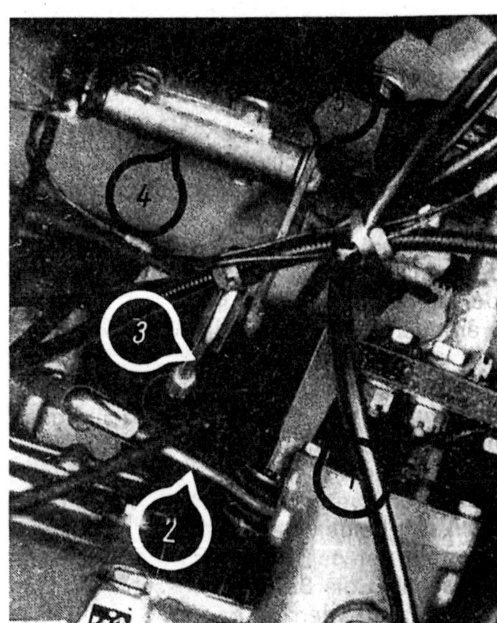

Bild 3-45 Einbaulage der Übertragungselemente der Lenkradschaltung; 1 – Ausleger der Schaltstange, 2 – Schaltstange, 3 – Vorwählstange, 4 – Kipphebelbock, 5 – Kipphebel

Höhe der Getriebeschaltwelle ermittelt wird. In dieser Schaltstellung muß die Bohrung der Gummirolle der Vorwählstange genau mit der Lage des Kipphebelzapfens übereinstimmen, so daß dieser leicht aufgedrückt werden kann. Falls dies nicht geht, muß die Länge der Vorwählstange oder die Kipphebelwellenlagerung in den Langlöchern entsprechend verstellt werden.
Ein Einstellen der Wege in den Schaltgassen ist nicht notwendig, kann jedoch bei älteren Schaltungsausführungen durch das Verändern der Länge der Schaltstange nach Lösen der Sicherungsmutter des Kugelkopfes noch erfolgen.

Knüppelschaltung: Die Wartungsarbeiten an der Knüppelschaltung beschränken sich ausschließlich auf die Kontrolle der Lagerstellen und Gelenke und deren Nachschmieren in Intervallen von gleichfalls 20 000 km oder zwei Jahren. Da die betreffenden Schmierstellen unterhalb des Fahrzeugbodens liegen und hier den mechanischen und chemischen Beanspruchungen von der Straße her stark ausgesetzt sind, ist vor allem eine sorgfältige Kontrolle der Abdichtungen und Manschetten angebracht (Bild 3–46 und 3–47). Bei hieran festgestellten Schäden muß die Vertragswerkstatt konsul-

Bild 3-46 Einbaulage der Schaltelemente der Knüppelschaltung im Bereich des Schaltknüppels unterhalb des Fahrzeugbodens; 1 – Spannband, 2 – Spannschraube, 3 – Manschette, 4 – Schaltstange, 5 – Manschette der Schaltstangenführung

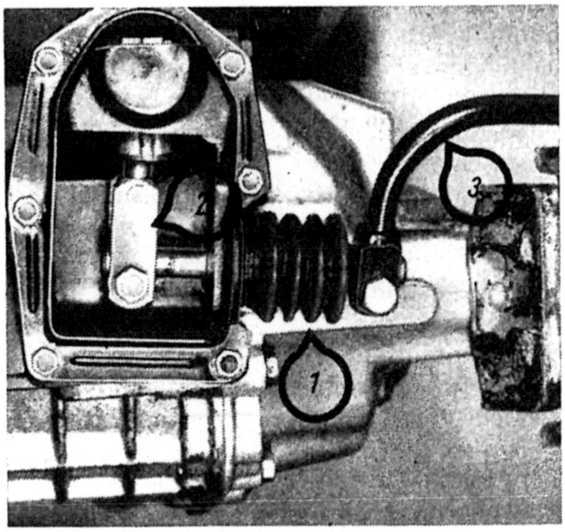

Bild 3-47 Einbaulage der Schaltelemente der Knüppelschaltung im Bereich unterhalb des Getriebes; 1 – Manschette der Schaltwelle, 2 – Schaltübertragung, 3 – Schaltstange

tiert werden. Sie übernimmt dann auch die evtl. notwendigen Einstellarbeiten.
Das Abschmieren der Knüppelschaltung selbst ist problemlos. Nach dem Säubern der Schmierbereiche und dem Lösen der Schellen bzw. Spannbänder sowie dem Entfernen des verbrauchten Schmiermittels werden die Manschetten mit neuem Fett gefüllt und mit den Spannbändern wieder gesichert.

Arbeiten am Fahrwerk

Am Fahrwerk fallen eine ganze Reihe von Wartungsarbeiten an. Sie dienen alle der Aufrechterhaltung der Verkehrssicherheit des Fahrzeugs. Wer diese Arbeiten selber erledigt, muß mit größter Gewissenhaftigkeit arbeiten, denn selbst der kleinste Montagefehler kann sich nachteilig auswirken. Das gilt insbesondere bei Arbeiten an der Lenkung und an der Bremsanlage. In der 3. DB zur StVZO ist in diesem Zusammenhang deshalb auch festgelegt, daß ausgebaute Splinte und Sicherungsbleche nicht wiederverwendet werden dürfen und durch Neuteile zu ersetzen sind, die in Ausführung und Materialgüte dem Original entsprechen.

Schraubverbindungen: Einige Schraubverbindungen am Fahrwerk sind nicht zusätzlich gesichert. Es sind u. a.

- die Kugelgelenke an den Schwenklagern und Querlenkern,
- die Stoßdämpferbefestigungen oben und unten (auch die Halter am Querlenker vorn oben),
- die Befestigung des hinteren Querstabilisators und
- die Radmuttern.

Wir kontrollieren diese Schraubverbindungen alle 10 000 km oder einmal jährlich.

Rahmen warten

Der Rahmen wird bei den turnusmäßigen Durchsichten insbesondere auf Anrisse in den Bereichen von Anschweißstellen und Auslegern kontrolliert. Wird hier ein Schaden entdeckt, ist der Weg zur Fachwerkstatt unerläßlich. Darüber hinaus achtet man auf Korrosionserscheinungen und beseitigt dieselben ggf. nach dem Säubern der betreffenden Stellen mit einer Rostschutzfarbe in mehreren Anstrichen und schützt diese Stellen danach mit Elaskon.

Vorspur einstellen

Zum Kontrollieren und Einstellen der Vorspur wird eine Einstellehre nach Bild 3–48 benötigt, die der Spurbreite des Wartburg entspricht. Für die Vorspur selbst wurden vom Fahrzeughersteller folgende Werte festgelegt:

Diagonalreifen	−1 bis +2 mm
Radialreifen	−3 bis −1 mm

Das heißt, die Felgenhörner müssen um diese Werte vorn näher zueinander stehen als hinten bzw. bei Minuswerten vorn weiter auseinander als hinten.

Voraussetzung für das Kontrollieren und Einstellen der Vorspur sind folgende Fakten:

- Die Reifen müssen den vorgeschriebenen Innendruck aufweisen.
- Die Felgen dürfen insbesondere an den Felgenhörnern nicht beschädigt oder verbogen sein.
- Die Radlager dürfen keine übermäßigen Spiele aufweisen.
- Die Kugelgelenke an Lenkung und Schwenklagern dürfen nicht ausgeschlagen sein.

Weiter ist von Belang, daß

- das Fahrzeug auf einer völlig ebenen Fläche steht,
- sich die Vorderräder in Geradeausstellung befinden (Lenkradspeiche waagerecht),
- das Fahrzeug vor dem Kontrollvorgang etwas vor- und zurückgeschoben wird sowie durch mehrmaliges starkes Einfedern durch Drücken auf die Karosserie die Verspannungen in den Lagern und Gelenken ausgeglichen werden.

Danach beginnt der eigentliche Kontroll- bzw. Einstellvorgang. Die Arbeitsschritte sind folgende:

1. Einstellehre hinter den Vorderrädern in Nabenhöhe mit den Meßspitzen auf die äußeren Ränder der Felgen in Ansatz bringen.
2. Meßpunkte mit Kreide an den Reifen markieren, mittels des verschiebbaren Stiftes

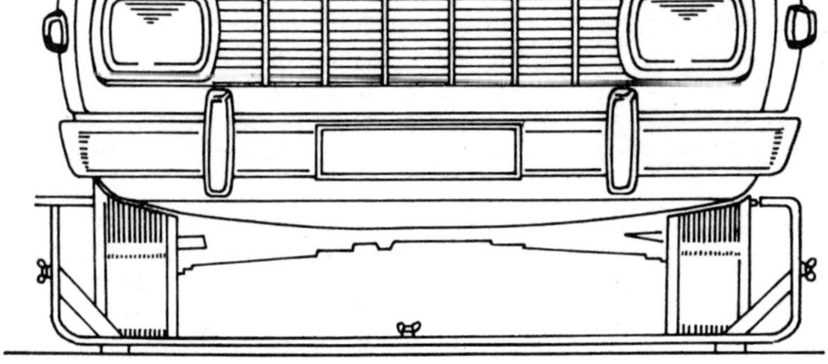

Bild 3-48 Lehre zum Einstellen der Vorspur; ein zweckmäßiges Gerät für Selbsthilfewerkstätten und Garagengemeinschaften

den Meßwert ermitteln und diesen Wert notieren.

3. Spurmaß vorsichtig herausnehmen und Fahrzeug soweit nach vorn schieben, daß sich die Räder um genau 180 ° gedreht haben und die Markierungen nunmehr in Achshöhe nach vorn zeigen.
4. Einstellehre vor den Vorderrädern in Höhe der Markierungen ansetzen, auch hier den Meßwert ermitteln und diesen Wert wieder notieren.

Aus den beiden Meßwerten ergibt sich die Vorspur. Sie muß innerhalb der festgelegten Toleranz für die betreffende Reifenart liegen.

Ist eine Veränderung der Vorspur notwendig, wird eine der Spurstangen verkürzt oder verlängert (Sicherungsblech aufbiegen, Gegenmutter lösen, Spurstange an der Schlüsselfläche entsprechend drehen).Dabei ergibt ein Drehen der Spurstange nach vorn eine Vergrößerung der Vorspur, ein Drehen nach hinten eine Verkleinerung derselben. Danach wird der Meßvorgang in der beschriebenen Weise wiederholt. Liegt jetzt die Vorspur innerhalb der vorgegebenen Toleranz, wird die Gegenmutter wieder festgezogen und gesichert (Bild 3-49).

Sollten sich beim Verändern der Vorspur die Faltenmanschetten der Spurstangen verdreht haben, werden sie wieder in ihre ursprüngliche Lage gebracht.

Beim Einstellen der Vorspur ist zu beachten, daß vom Fahrzeughersteller beide Spurstangen gleich lang bei waagerechter Lage der Lenkradspeiche eingestellt wurden. Sollte nach einer Vorspur-Korrektur die Lenkradspeiche geringfügig schief stehen, kann man durch Versetzen des Lenkrades auf der Verzahnung der Lenksäule die ursprüngliche Lage wieder herstellen:

1. Lösen der beiden Schlitzschrauben des Lenkradpolsters mit kurzem Schraubendreher von hinten und Abnehmen des Polsters.
2. Lösen der Befestigungsmutter auf der Lenksäule mit einem Steckschlüssel (SW 30 mm).
3. Abnehmen und Versetzen des Lenkrades.
4. Lenkradpolster wieder montieren.

Bei größeren Abweichungen muß der Ausgleich durch Verändern der zweiten Spurstange erreicht werden, da sonst das Lenktrapez negativ beeinflußt wird.

Beim neuen PUR-Lenkrad braucht nur noch die in das Lenkradpolster eingepreßte Abdeckkappe entfernt zu werden, um an die Befestigungsmutter heranzukommen.

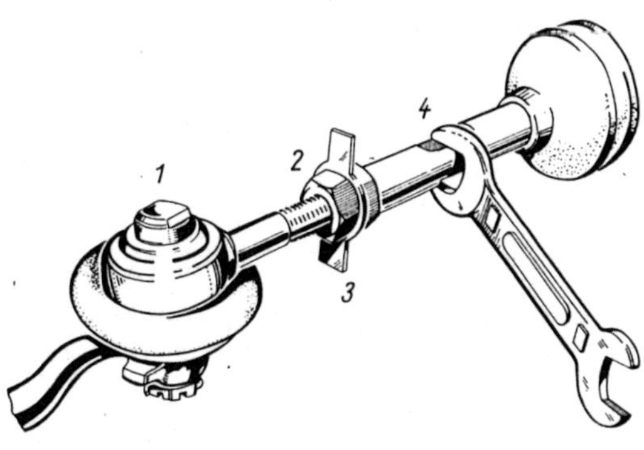

Bild 3-49 Korrektur der Spurstangenlänge; 1 – Spurstangengelenk, 2 – Gegenmutter, 3 – Sicherungsblech, 4 – Schlüsselfläche der Spurstange

Radlager überprüfen

Defekte Radlager machen sich durch mahlende und knackende Geräusche während der Fahrt bemerkbar. Unter Umständen kann sich auch die Felge des betreffenden Rades etwas mehr erwärmen als die andere der gleichen Achse. Stellt man so etwas unterwegs fest, kann man mit herabgesetzter Geschwindigkeit weiterfahren und den Schaden in der Vertragswerkstatt beheben lassen.

Unsere eigene Durchsicht des Fahrzeugs soll solchen Unterwegspannen vorbeugen. Wir kontrollieren deshalb auch die Radlager alle 10 000 km oder einmal jährlich auf ihren Zustand hin.

Radlager vorn: Die beiden Radnaben vorn laufen auf je zwei Rillenkugellagern des Typs 6909 bzw. 6307 2 C (TGL 2981). Um zu prüfen, wie weit ihr natürlicher Verschleiß vorangeschritten ist, wird das Fahrzeug vorn sicher aufgebockt und gegen ein Wegrollen durch die Handbremse oder Vorlegeklötze an den Hinterrädern gesichert, so daß sich

die Vorderräder frei drehen lassen. Hält nunmehr ein Helfer das Lenkrad fest und man selbst versucht, das Rad in horizontaler Ebene hin und her zu bewegen, wobei es gleichzeitig gedreht wird, bemerkt man das in den Radlagern gegebenenfalls vorhandene Spiel. Es darf – natürlich abhängig von der Laufleistung des Fahrzeugs – nur ganz geringfügig sein. Ist es größer, läßt man die Lager zweckmäßigerweise bald erneuern.
Ein Abschmieren der Radlager ist nicht notwendig. Sie sind mit einer Dauerfettfüllung versehen und durch Wellendichtringe gesichert, die in den Radnaben sitzen.

Radlager hinten: Die beiden Radnaben hinten laufen auf den gleichen Rillenkugellagern wie vorn. Es sind hier gleichfalls je zwei Lager vorhanden, die ebenfalls in mit Fett gefüllten Radnaben sitzen und darum wartungsfrei sind, also nicht abgeschmiert werden müssen.
Bei der Kontrolle auf Verschleiß – das Fahrzeug wird dazu hinten aufgebockt und an den Vorderrädern mit Vorlegeklötzern oder Hemmschuhen gesichert – , das analog erfolgt wie bei den vorderen Radlagern, kommt es zusätzlich darauf an festzustellen, ob die an den Rückseiten der Radlager montierten Gummiverschlußscheiben gut sitzen und/oder überhaupt noch vorhanden bzw. nicht defekt (eingerissen) sind. Bild 3-50 zeigt eine solche Gummiverschlußscheibe. Man beugt einem Verlust bzw. Defekt dieser Scheiben vor und kontrolliert ihren Zustand deshalb alle 5000 bis 10 000 km oder zweimal jährlich.

Gummiverschlußscheiben: Das Erneuern der Gummiverschlußscheiben ist in Selbsthilfe möglich, indem man sie so in den Sitz eindrückt, daß rundum eine gleichmäßige Anlage gegeben ist. Sollten durch das Fehlen der Gummiverschlußscheibe bereits Feuchtigkeit und Schmutz in die Lagerräume eingedrungen sein, sind die Lager in der Werkstatt zu erneuern.
Bei der Montage der Gummiverschlußscheibe muß die Kennzeichnungswarze entgegen der Fahrtrichtung – also nach hinten – zeigen.
Ansonsten, also bei normalem Radlagerspiel

Bild 3-50 Einbaulage der Gummiverschlußscheiben der hinteren Radlagerungen

und intakten Gummiverschlußscheiben, wird die Dauerfettfüllung der hinteren Radlager bei der 50 000 km-Durchsicht des Fahrzeugs durch die Vertragswerkstatt mit erneuert.

Lenkung warten

Funktionsprüfung: Bei der Zahnstangenlenkung des Wartburg bewegt ein kleines Zahnrad, das sogenannte Ritzel, das im Lenkgetriebe am unteren Ende der Lenksäule sitzt, die Zahnstange, die wiederum über die Spurstangenhebel das Einschlagen der Vorderräder bewirkt. Der normale Verschleiß, d. h., das Spiel zwischen Ritzel und Zahnstange, wird dabei selbständig ausgeglichen, so daß hier keinerlei Nachstellarbeiten erforderlich sind. Man braucht infolgedessen nur alle 10 000 km oder einmal jährlich zu überprüfen, ob die Lenkung über den gesamten Anschlagbereich (Vorderräder angehoben) gleichmäßig und leicht arbeitet. Ein leichtes Klemmen, schwergängige Stellen oder gar Knacken in der Lenkung deuten auf

Schäden hin, die sofort die Konsultation der Vertragswerkstatt erfordern.
Die übrige Kontrolle erstreckt sich auf den Festsitz aller Lenkungsteile bis hin zu den Spurstangenhebeln sowie auf die Intaktheit der Faltenmanschetten der Spurstangen und der Balgmanschetten der Spurstangenköpfe. Werden hierbei Mängel entdeckt, zieht man die Schraubverbindungen fest und sichert dieselben gegebenenfalls neu bzw. tauscht die defekten Manschetten aus.

Manschetten: Beim Erneuern der Manschetten geht man wie folgt vor:

Balgmanschette am Spurstangenkopf

1. Entsplinten und Lösen der Kronenmutter mit Ringschlüssel SW 17 mm am Spurstangenhebel und Herausdrücken des Spurstangenkopfes mit der Abdrückvorrichtung für die Spurstangengelenkbolzen (s. Bild 3-41).
2. Aufbiegen des Sicherungsbleches, Lösen der Gegenmutter mit Gabelschlüssel SW 19 mm und Spurstangenkopf aus der Spurstange herausdrehen.
3. Gelenk mit Kugelbolzen nach oben in Schraubstock einspannen.
4. Federdrahtring spreizen und entfernen, danach Gummibalg abnehmen.
5. Kugelgelenk gründlich mit Waschbenzin reinigen und Gelenkraum mit frischem Fett SWC 423 (ca. 15 g) füllen.
6. Neue Balgmannschette aufziehen und mit Federdrahtring sichern.
7. Einbau in Spurstangenrohr und Befestigung am Spurstangenhebel analog der Demontage in umgekehrter Reihenfolge. Danach Einstellen der Vorspur.

Faltenmanschette der Spurstange

1. Ausbau des Spurstangenkopfes, wie vorstehend beschrieben.
2. Lösen der Drahtsicherung der Faltenmanschette am Lenkgetriebegehäuse.
3. Manschette von Gehäuse und Spurstange entfernen.
4. Gelenk reinigen und neu fetten.
5. Neue Manschette aufziehen und sichern.
6. Einbau des Spurstangenkopfes und Einstellen der Vorspur, wie bereits beschrieben.

Bild 3-51 Einbaulage der Gummigelenkscheibe; 1 – Lenkgetriebe, 2 – Schraubverbindung, 3 – Lenksäule

Gummigelenkscheibe: Zwischen der Lenksäule und dem Lenkgetriebe sitzt vorn links im Motorraum die Gummigelenkscheibe (Bild 3-51). Ihr kommt hinsichtlich der Betriebssicherheit des Fahrzeugs eine große Bedeutung zu. Man kontrolliert infolgedessen alle 5000 km oder zweimal jährlich ihren Zustand und Festsitz. Dazu dreht ein Helfer das Lenkrad von Anschlag zu Anschlag, und man selbst beobachtet die Scheibe. Dabei läßt sich feststellen, ob beim Bewegungswechsel innerhalb der Befestigungslöcher der Scheibe ein Spiel auftritt, sich die Löcher also vergrößert haben, oder die Scheibe sogar eingerissen ist. In beiden Fällen muß die Scheibe sofort erneuert werden:

1. Entsplinten und Lösen der Kronenmuttern und Entfernen der Schrauben.
2. Austausch der verschlissenen Gummigelenkscheibe gegen die neue Scheibe.
3. Schraubverbindungen wieder festziehen (Anzugsdrehmoment 18 Nm oder 1,8 kpm) und Versplinten.

Stimmen die Splintlöcher mit den Aussparungen in den Kronenmuttern nicht überein, werden die Kronenmuttern noch etwas nachgezogen; auf keinen Fall dürfen dieselben zurückgedreht werden!

Abschmierarbeiten: Abschmierarbeiten an der Lenkung fallen nur am oberen Lenksäulenlager an. Es erhält nach Abnehmen der Plasteverkleidung einmal jährlich oder bei Bedarf (Geräusche, Schwergängigkeit) einige Tropfen Öl.
Lenkgetriebe und Innengelenke sind mit Dauerfettfüllungen versehen. Ihr Schmiermittel wird bei der 50 000 km-Durchsicht durch die Vertragswerkstatt mit erneuert.

Reifen und Felgen warten

Reifen: Bei der Kontrolle der Reifen – es sollte alle ein bis zwei Wochen geschehen – kommt es darauf an festzustellen, ob in den Profilen nicht etwa Fremdkörper stecken, die entfernt werden müssen, und ob die Reifen in Abhängigkeit von der Belastung noch den notwendigen Innendruck aufweisen. Dazu säubert man sie und prüft die Innendrücke mit einem Luftdruckprüfer. Die entsprechenden Werte für die Innendrücke enthält Tabelle 3-2.

Profilhöhe und Zustand: Profilhöhe und Zustand der Reifen werden alle 5000 km oder zweimal jährlich überprüft. Die Mindesthöhe der Profile muß nach der 3. DB zur StVZO noch 1 mm betragen. Besser ist, dieselben bereits runderneuern zu lassen oder auszutauschen, wenn die Profilhöhe noch 2 mm beträgt. Ansonsten werden grundsätzlich immer die Reifen mit den besten Profilen auf den Vorderrädern gefahren.

Innendrücke: Die in Tabelle 3-2 angegebenen Reifeninnendrücke beziehen sich grundsätzlich auf kalte Reifen. Wer die Innendrücke während einer Fahrtpause kontrolliert, muß wissen, daß dieselben insbesondere bei hohen Geschwindigkeiten auf der Autobahn und entsprechend hohen Außen-

Tabelle 3–2; Reifengrößen für den Wartburg 353/353 W

Reifentyp	Innendruck (kPa/kp/cm^2) vorn	hinten	Bemerkungen
Limousine 353/353 W			
6.00–13 70 P	160/1,6	170/1,7	Vorspur –1 bis +2 mm
155/80 R 13	170/1,7	180/1,8	Vorspur –3 bis –1 mm Tachoabw. +2 %
165/80 R 13 82 S „Textil"	160/1,6	170/1,7	Vorspur –3 bis –1 mm
165/80 R 13 82 S „Stahl"	160/1,6	170/1,7	Vorspur –3 bis –1 mm
175 SR 13	150/1,5	160/1,6	Vorspur –3 bis –1 mm Tachoabw. –2 %
185/70 R 13	150/1,5	160/1,6	Vorspur –3 bis –1 mm
6.45–13	150/1,5	160/1,6	Vorspur –1 bis +2 mm
„Tourist" 353/353 W			
6.00–13 70 P	170/1,7	210/2,1	Vorspur –1 bis +2 mm
155/80 SR 13	170/1,7	210/2,1	Vorspur –3 bis –1 mm Tachoabw. –2 %
165/80 R 13 82 S „Textil"	160/1,6	190/1,9	Vorspur –3 bis –1 mm
165/80 R 13 82 S „Stahl"	160/1,6	170/1,7	Vorspur –3 bis –1 mm
175 SR 13	160/1,6	180/1,8	Vorspur –3 bis –1 mm Tachoabw. –2 %
185/70 R 13	160/1,6	170/1,7	Vorspur –3 bis 1– mm
6.45–13	160/1,6	200/2,0	Vorspur –1 bis +2 mm

temperaturen zwangsläufig um etwa 20 kPa (0,2 kpm) ansteigen. Die Überdrücke abzulassen wäre falsch, beim Erkalten der Reifen pegeln sich die ursprünglichen Innendrücke automatisch wieder ein.

Reifengrößen: Die Tabelle 3-2 enthält die vom Fahrzeughersteller in Zusammenarbeit mit dem Reifenwerk Riesa für den Wartburg zugelassenen Reifenarten und -größen. Zu bemerken ist hierzu, daß sich bei Neubereifung des Fahrzeugs in Abhängigkeit von der Reifenbauart gegebenenfalls die Vorspurwerte verändern und die Vorspur darum neu eingestellt werden muß. Im Abschnitt „Vorspur einstellen" ist beschrieben, wie das gemacht wird.

Felgen: Bei der Kontrolle der Felgen kommt es darauf an festzustellen, ob dieselben nicht verformt und auch noch alle Ausgleichgewichte an den Felgenhörnern – auch an den Innenseiten der Felgen – vorhanden sind. Man sieht infolge des Schmutzes an den Felgen bei Verlust der Ausgleichgewichte, wo dieselben ursprünglich saßen und läßt die gleichen Größen hier wieder befestigen (Neuauswuchten des betreffenden Rades). Ferner kontrolliert man die Konen der Befestigungslöcher auf Verformung. Letzteres geschieht sehr leicht, wenn die Radmuttern statt mit dem Radmutternschlüssel aus dem Bordwerkzeug, mit dem die vorgeschriebenen Anzugsdrehmomente von 60 bis 70 Nm (6 bis 7 kpm) sicher aufzubringen sind, mit einem Steckschlüssel mit viel längerem Hebelarm und damit auch größerem Anzugsdrehmoment angezogen werden. In solch einem Falle „ziehen" sich die Konen ganz einfach nach innen durch, und die Felgen haben ihren Festsitz verloren.

Stoßdämpfer warten

Die Kontrolle der Stoßdämpfer beschränkt sich neben der Kontrolle auf Austritt von Stoßdämpferöl auf den Festsitz ihrer Halterungen. Dazu müssen bei den beiden vorderen Dämpfern zwecks Überprüfung der oberen Befestigungen die Plastekappen auf den Kotflügeln im Motorraum abgenommen werden. Bei den unteren Befestigungen ist auf die Schraubverbindungen an den Stoßdämpferaugen und den Festsitz der Halter am oberen Querlenker zu achten.
Zur Kontrolle der hinteren Stoßdämpfer werden im Kofferraum im Bereich des Kraftstoffbehälters rechts und links die beiden Gummiverschlußscheiben entfernt. Die unteren Befestigungen befinden sich in den Schräglenkern und müssen von unten geprüft werden. Sind die Halteschrauben kontrolliert bzw. nachgezogen, werden die Abdeckungen wieder montiert.
Die einwandfreie Funktion der Stoßdämpfer ist normalerweise gegeben, wenn sie außen trocken sind, also nicht von ausgetretenem Stoßdämpferöl verschmutzt, im Fahrbetrieb nicht klappern und die Straßenlage des Fahrzeugs besonders auf welliger Fahrbahn nicht verschlechtert ist. Dennoch sehen wir uns die Stoßdämpfer und deren Befestigung einmal im Jahr oder alle 10 000 km genau an.

Dämpfer erneuern: Voraussetzung für das Erneuern der Stoßdämpfer ist, daß die jeweils richtigen Dämpfer erworben werden, denn ihre Dämpfwerte sind auf den Einsatz im Fahrzeug abgestimmt und darum für vorn und hinten unterschiedlich. Ist das beachtet worden, kann es an die Arbeit gehen. Dabei genügt es, das jeweilige Rad auf eine Holz- oder sonstige Unterlage von etwa 10 cm Höhe zu fahren. Das verbessert einmal die Montagefreiheit und ermöglicht es zum anderen, die defekten Dämpfer herauszuziehen.

Vordere Dämpfer: Ist das Fahrzeug mit dem betreffenden Rad auf die schon erwähnte Unterlage gefahren, setzen folgende Arbeitsgänge ein:

1. Lösen und Abnehmen der unteren Befestigungsmutter mit Federring des in der Schraubenfeder sitzenden Halters an der Unterseite des oberen Querlenkers bei entsprechend eingeschlagenem Rad mit gekröpftem Ringschlüssel (SW 17 mm).
2. Abnehmen der Plastekappe auf dem Kotflügel im Motorraum.
3. Lösen und Entfernen der oberen Stoßdämpferbefestigung mit gekröpftem Ring-

schlüssel (SW 19 mm). Dabei dürfen die beiden Abstandshülsen nicht in den Schacht fallen.
4. Stoßdämpfer nach oben herausziehen.
5. Lösen des Stoßdämpfers unten vom Halter ebenfalls mit gekröpftem Ringschlüssel (SW 19 mm).
6. Befestigen des Stoßdämpferhalters am neuen Stoßdämpfer unten im Winkel von 18 bis 20 Grad zur Dämpferlängsachse.
7. Stoßdämpfer voll auseinander ziehen und Dämpfer zusammen mit dem Halter durch den Schacht in die Bohrung des oberen Querlenkers einführen; Auflageflächen vorher gut reinigen.
8. Befestigen des Stoßdämpfers unten und oben und Aufsetzen der Plastekappe.

Hintere Dämpfer: Hierbei wird ähnlich verfahren wie beim Erneuern der vorderen Stoßdämpfer:
1. Gummiverschlußscheibe im vorderen Teil des Kofferraumes entfernen.
2. Befestigungsschraube des Dämpfers vom Kofferraum aus mit einem Steckschlüssel (SW 19 mm) lösen und entfernen.
3. Untere Befestigungsschraube mit gekröpftem Ringschlüssel (SW 19 mm) lösen und entfernen.
4. Stoßdämpfer nach unten herausziehen, dabei ggf. etwas zusammendrücken.

Das Einführen des neuen Dämpfers erfolgt in umgekehrter Reihenfolge von unten nach oben, wobei man zum Einführen der oberen Befestigungsschraube unbedingt einen Helfer braucht, der die Schraube mit etwas Geschick in die Halterung und das Stoßdämpferauge einfädelt. Die untere Befestigungsschraube wird, von der Fahrzeugmitte aus gesehen, in Richtung nach außen eingeführt. Dabei sind die Abstandshülsen nicht zu vergessen. Ansonsten sind die Schraubverbindungen gut festzuziehen.

Bremsanlage warten

Alle Wartungsarbeiten an der Bremsanlage müssen, wie schon eingangs betont, mit größter Gewissenhaftigkeit ausgeführt werden, denn vom einwandfreien Funktionieren der Betriebsbremse hängt die Verkehrssicherheit des Fahrzeugs ganz entscheidend ab. Man überlegt somit besser zweimal, ob man sich an die damit verbundenen und oftmals recht kniffligen Arbeiten heranwagt oder diese besser der Vertragswerkstatt überläßt.

Bremsflüssigkeit: Der Vorratsbehälter für Bremsflüssigkeit muß stets bis wenige Millimeter unterhalb des Randes gefüllt sein. Der Stand verringert sich normalerweise nur langsam, und zwar abhängig von der Zunahme des Verschleißes der Bremsbeläge. Wird Bremsflüssigkeit nachgefüllt, dann jeweils nur die in der Anlage befindliche Sorte. Beim Wartburg sind das die Sorten „Globo blau" für Fahrzeuge mit Trommelbremsanlage und „Karipol grün" für Fahrzeuge mit Scheibenbremsanlage, wobei letztere auch für die Fahrzeuge mit Trommelbremsanlage verwendet werden kann. Bremsflüssigkeit altert. Außerdem ist sie hygroskopisch (wasseraufnehmend). Das setzt ihren Siedepunkt im Laufe des Fahrzeugbetriebes immer mehr herab. Infolgedessen muß sie in regelmäßigen Abständen erneuert werden; und zwar bei Fahrzeugen mit Trommelbremsanlage alle 2 Jahre, bei Fahrzeugen mit Scheibenbremsanlage jährlich. Es werden dafür bei der Trommelbremsanlage 0,37 l und bei der Scheibenbremsanlage 0,55 l benötigt. Das Erneuern der Bremsflüssigkeit überläßt man zweckmäßigerweise der Vertragswerkstatt, da hiernach das Bremssystem entlüftet werden muß. Wer sich letzteres jedoch in Selbsthilfe zutraut, handelt nach den unter dem Stichwort „Bremsanlage entlüften" gegebenen Hinweisen.

Spiel des Bremsfußhebels: Damit der Kolben des Hauptbremszylinders nicht bereits im Ruhezustand beaufschlagt bzw. angesteuert wird, muß zwischen dem Bremskolben und der Druckstange, die vom Bremsfußhebel betätigt wird, ein Spiel von mindestens 0,5 mm vorhanden sein. Durch die Hebelübersetzung beträgt dieses Spiel an der Fußplatte des Bremsfußhebels 10–20 mm und kann dort auch ermittelt werden.
Korrektur bzw. Einstellen des Spieles erfolgen nach Lösen der Gegenmutter am Gabel-

kopf des Bremsfußhebels (SW 17 mm) mittels eines Gabelschlüssels und entsprechendes Verdrehen der Druckstange an deren Sechskant (SW 17 mm). Danach wird mit der Gegenmutter wieder gut gesichert (s. Bild 3-44).

Bremsleitungen und -schläuche: In Bremsleitungen und -schläuchen wird mittels der Bremsflüssigkeit die Bremskraft vom Hauptbremszylinder auf die Radbremszylinder übertragen. Bei der kleinsten Undichtheit in diesem System fällt die Bremsanlage aus. Deshalb müssen Bremsleitungen und -schläuche alle 10 000 km oder einmal jährlich, besser alle 5000 km oder zweimal im Jahr, sorgfältig auf Dichtheit und Beschädigung kontrolliert werden. Dabei sucht man die Leitungen zunächst auf feuchte Stellen hin ab, danach erfolgt die Reinigung mit Waschbenzin und die Überprüfung auf Korrosionserscheinungen – vor allem auf Rostansätze und Narbenbildung. Sind die Leitungen dicht und auch rostfrei, werden sie wieder konserviert; am besten mit Elaskon, indem sie mehrmals damit eingestrichen werden. Anderenfalls sind die schadhaften Leitungsabschnitte zu erneuern.

Bei den Bremsschläuchen wird vor allem auf angescheuerte und rissige Stellen geachtet. Wird derartiges festgestellt, müssen auch sie unverzüglich erneuert werden. Bei der Montage der neuen Schläuche ist darauf zu achten, daß sie nicht in sich verdreht eingebaut werden und dann irgendwo scheuern. Man braucht hier nur auf den Verlauf der farbigen Strichmarkierung in Längsrichtung zu achten, dann sieht man auf Anhieb, ob sie richtig montiert wurden.

Beim Austausch von Bremsleitungen und -schläuchen drückt man zur Vermeidung von unnötigem Flüssigkeitsverlust den Bremsfußhebel etwa 50 mm in Richtung Bodenblech und arretiert ihn in dieser Stellung mit einem Holzklotz. Dadurch wird die Verbindung zum Vorratsbehälter unterbrochen.

Nach 100 000 km Laufleistung des Fahrzeugs oder alle fünf Jahre müssen die Bremsschläuche erneuert werden.

Bremskreisausfallanzeige: Die ab Juli 1982 im Deckel des Vorratsbehälters für Bremsflüssigkeit installierte Bremskreisausfallanzeige (Bild 3-52) signalisiert den Ausfall des einen oder anderen Bremskreises mittels einer roten Kontrolleuchte in der Armaturentafel. Sie beginnt zu leuchten, sobald der Bremsflüssigkeitsstand unter einen bestimmten Wert abgefallen ist. Ein in den Deckel des Vorratsbehälters integrierter Füllstandskontrollschalter mit einem Schwimmerwerk betätigt beim Absinken des Flüssigkeitspegels unter die Minimalgrenze den Kontakt für die Kontrolleuchte. Dieses System funktioniert auch bei starkem Belagverschleiß und damit Absinken des Flüssigkeitsstandes im Vorratsbehälter. In beiden Fällen wird der Fahrer somit auf evtl. Mängel in der Bremsanlage aufmerksam gemacht und kann entsprechend handeln.

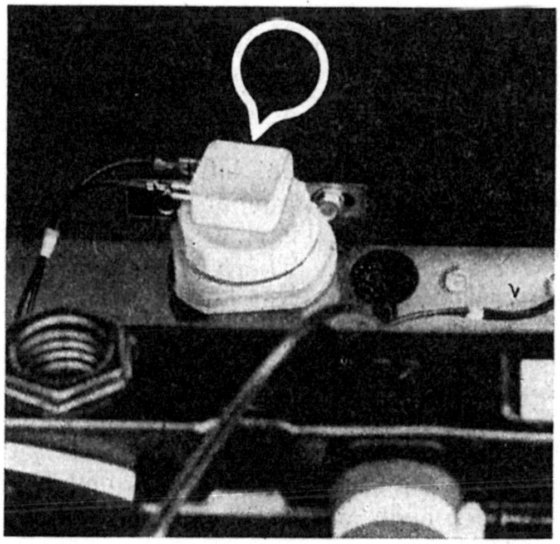

Bild 3-52 Einbaulage der Bremskreis-Ausfallanzeige

Eine Funktionskontrolle der Bremskreisausfallanzeige ist folgendermaßen möglich:

1. Beim Überbrücken der beiden seitlichen Kontaktfahnen am Deckel des Vorratsbehälters mittels eines Schraubendrehers oder sonstigen Leiters muß die rote Kontrolleuchte im Instrumenteneinsatz der Armaturentafel rechts oben aufleuchten.
2. Nimmt man den Deckel vom Vorratsbehälter zusammen mit den beiden Anschlüssen ab und drückt den Schwimmer leicht vom Deckel weg, muß die rote Kontrollleuchte gleichfalls leuchten.

3. Leuchtet in beiden Fällen die Kontrollleuchte nicht, kann nur die Glühlampe defekt oder die Leitungsverbindung unterbrochen sein. In einem solchen Fall untersucht man das näher und erneuert ggf. zunächst die Glühlampe. Hilft das nicht, werden die Leitungsklemmen auf Intaktheit überprüft und ggf. repariert.

Bremslichtschalter: Das Funktionieren des Bremslichtschalters überprüft man normalerweise vor jeder Fahrt durch Betätigen des Bremsfußhebels (Bremspedal), indem man auf das Aufleuchten der Bremsleuchten achtet. Darüber hinaus ist es von Zeit zu Zeit – vielleicht alle 5000 km oder zweimal jährlich – angebracht, die Steckverbindungen an den Kontaktfahnen auf Korrosion zu kontrollieren. Letzteres ist insbesondere bei Fahrzeugen mit Trommelbremsanlage notwendig. Hier sitzt der Schalter auf dem Hauptbremszylinder und ist somit den chemischen und mechanischen Einflüssen besonders stark ausgesetzt. Arbeitsreihenfolge: Abdeckkappe abnehmen, Kontakte und Kontaktfahnen reinigen und mit neuem Kontaktfett versehen.

Der Bremslichtschalter der Scheibenbremsanlage, der auf dem Haltebock des vorderen Federträgers am Zentralverteiler sitzt, ist zwar nicht so stark den Belastungen ausgesetzt, wird aber dennoch gleichfalls alle 5000 km gereinigt und mit neuem Kontaktfett versehen.

Bei Ausfall der Bremsleuchten überprüft man zuerst die beiden Kontakte durch Überbrücken derselben mit einem Schraubendreher oder sonstigem Leiter. Leuchten die Bremsleuchten hierbei auf, ist erfahrungsgemäß der Schalter defekt, vorausgesetzt, keine Leitung ist unterbrochen und auch die Glühlampen in den Bremsleuchten sind in Ordnung.

Bremsbeläge Scheibenbremsen: Bei hoher Beanspruchung der Bremsanlage (z. B. Anhängerbetrieb, viel Stadtverkehr u. a. m.) kontrolliert man die Bremsbeläge nicht erst im 10 000 km-Rhythmus, sondern möglichst schon nach jeweils 5000 km:

1. Fahrzeug aufbocken, sichern und Vorderräder abnehmen.

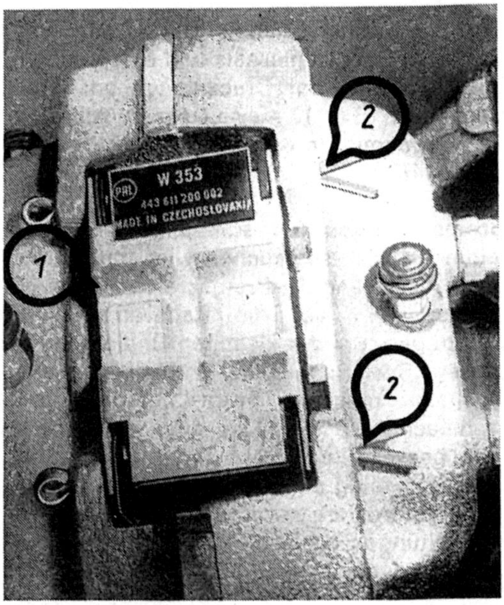

Bild 3-53 Bremssattel mit Haltebügel für die Bremsbacken (1) und den beiden Sicherungssplinten (2)

2. Bremssättel reinigen.
3. Sicherungen am Bremssattel entfernen (Bild 3-53).
4. Belag-Haltebügel abnehmen.
5. Bremsbeläge herausziehen und kontrollieren. Hierbei ist es zweckmäßig, die Beläge vor dem Herausnehmen entsprechend ihrer Einbaulage zur Bremsscheibe zu kennzeichnen. Das verhindert, daß dieselben bei der Montage vertauscht in den Bremssattel wieder eingebaut werden. Letzteres darf auf keinen Fall geschehen; die Bremswirkung leidet erheblich.

Die Gesamtdicke der Bremsbeläge (Bild 3-54) einschließlich Belagplatte beträgt im Neuzustand 15 mm, davon 5 mm Belagplatte und 10 mm Bremsbelag. Ist die zulässige Belagabnutzung von 8 mm erreicht, verbleiben noch Belagträger von 5 mm plus Restbelagdicke von 2 mm = 7 mm; die Bremsbeläge müssen erneuert werden. Gleiches gilt für verölte Beläge, für Beläge mit tiefen Rillen und für Beläge, die sich teilweise vom Belagträger gelöst haben, auch wenn deren Verschleißgrenze noch nicht erreicht ist.

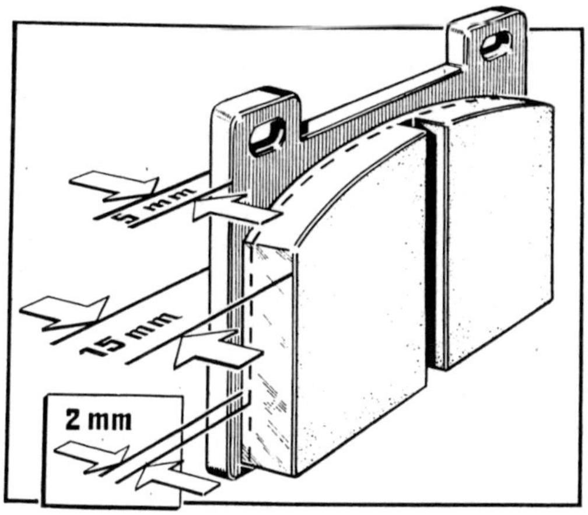

Bild 3-54 Neu- und Verschleißmaße des Bremsbelages der Scheibenbremsen

Weiterhin ist wichtig zu wissen:

- Beim Erneuern eines beschädigten Bremsbelages sind alle anderen Bremsbeläge, auch die der anderen Radbremse, mit zu erneuern. Nur das gewährleistet eine gleichmäßige Bremswirkung an der Vorderachse.
- Nach dem Erneuern der Bremsbeläge braucht das Bremssystem nicht entlüftet zu werden. Beim Einsetzen der neuen Beläge ist jedoch darauf zu achten, daß der Deckel des Ausgleichsbehälters für Bremsflüssigkeit gelöst und – falls noch vorhanden – die hier sitzende Hermetisierungskappe bzw. der -balg entfernt worden ist.
- Die Bremskolben, die entsprechend dem Verschleiß der Beläge nachgewandert sind, müssen vor dem Einsetzen der neuen Beläge in die Bremszylinder – am besten mit einem Hammerstiel – vorsichtig zurückgedrückt werden. Dabei steigt die Flüssigkeit im Vorratsbehälter an; sie muß evtl. abgesaugt werden.
- Die neuen oder wieder eingebauten Bremsbeläge sind durch das Aufbringen des Belaghaltebügels und das Einführen der Splinte wieder zu sichern.

Bremsbeläge Trommelbremsen: Bei den Wartungsarbeiten an den Trommelbremsen – auch sie sollten mindestens einmal jährlich durchgeführt werden – gibt es prinzipiell keine Unterschiede zwischen den einzelnen Bremsenausführungen. Das gilt sowohl für die Hinterradbremsen mit 30 mm sowie 50 mm Bremshackenbreite, als auch für die vorderen Duplex-Bremsen.
Die Bremsbeläge müssen bei den Trommelbremsen noch eine Mindestdicke von 1,5 mm vorn und von 3 mm hinten aufweisen. Sind diese Werte erreicht, ist es erforderlich, die Bremsbacken zu erneuern. Dies ist recht aufwendig. Außerdem ist diese Arbeit weit komplizierter als das Erneuern der Scheibenbremsbeläge. Infolgedessen überlassen wir die Arbeit besser der Vertragswerkstatt. Wir selbst können lediglich die Bremstrommeln abziehen und die noch vorhandene Dicke der Bremsbeläge messen.

Bremsanlage entlüften: Zum Entlüften der Bremsanlage sind zwei Personen notwendig. Ferner werden eine Flasche Bremsflüssigkeit, gekröpfte Ringschlüssel (SW 9 mm bzw. SW 10 mm), ein etwa 50 cm langer Gummi- oder Plasteschlauch mit einem Innendurchmesser von etwa 6 mm und ein sauberes Glas benötigt.

Scheibenbremsen: Das Entlüften der Scheibenbremsen erfolgt nach dem gleichen Prinzip wie das Entlüften der Trommelbremsen, ist jedoch etwas aufwendiger. Auch die Reihenfolge der Arbeiten ist etwas anders; zusätzliche Entlüftungsstellen kommen hinzu. Darüber hinaus ist zu beachten, daß sich bei Fahrzeugen ohne Bremskreisausfallanzeige im Vorratsbehälter für Bremsflüssigkeit eine sogenannte Hermetisierungskappe befindet. Sie muß nach dem Entlüftungsvorgang und Auffüllen des Vorratsbehälters wieder eingesetzt werden. Bei älteren Fahrzeugen befindet sich hier ein Hermetisierungsbalg, der beim Wiedereinsetzen in den Vorratsbehälter wieder zusammenzufalten ist.
Die Reihenfolge des Entlüftens der Scheibenbremsanlage geht aus Bild 3-55 hervor. Die Bilder 3-56 und 3-57 informieren über weitere Einzelheiten.
Der Arbeitsablauf ist folgender:

1. Vorratsbehälter mit Bremsflüssigkeit auffüllen.

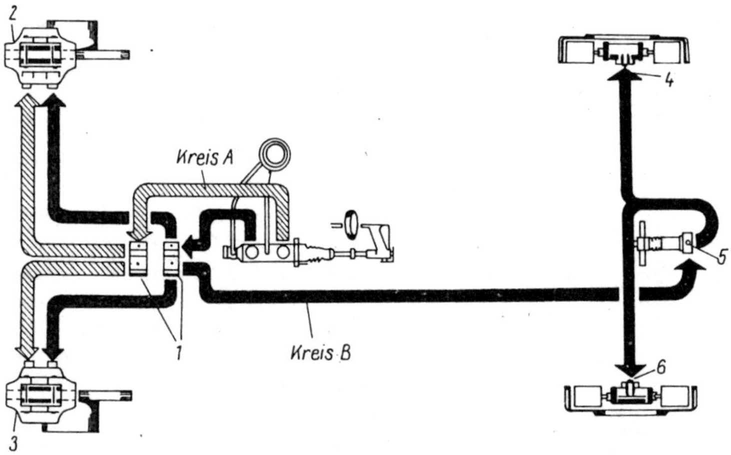

Bild 3-55 Reihenfolge des Entlüftens der Scheibenbremsanlage;
1 – Zentralverteiler,
2 – Bremssattel rechts,
3 – Bremssattel links,
4 – Radbremszylinder hinten rechts,
5 – Druckübersetzer,
6 – Radbremszylinder hinten links

Bild 3-56 Zentralverteiler mit Entlüftungsventilen; 1 – Ventil für Bremskreis A (Scheibenbremsen vorn), 2 – Ventil für Bremskreis B (Scheibenbremsen vorn und Trommelbremsen hinten)

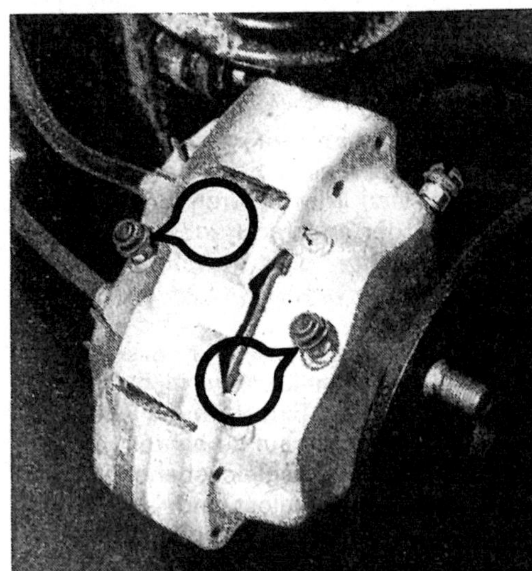

Bild 3-57 Einbaulage der Entlüftungsventile am Bremssattel; das linke hintere Ventil ist verdeckt. Das obere Ventil wird zuerst entlüftet

2. Schutzkappe vom Zentralverteiler bzw. Entlüftungsventil des betreffenden Rades abnehmen.
3. Entlüftungsschlauch auf das Entlüftungsventil stecken und das andere Ende des Schlauches in das bis zur Hälfte mit Bremsflüssigkeit gefüllte Glas tauchen und das Glas höher als das Entlüftungsventil halten (Bild 3-58).
4. Bremsfußhebel vom Helfer niedertreten lassen, dabei gleichzeitig das Entlüftungsventil um eine knappe Umdrehung öffnen und wieder schließen, Bremsfußhebel auf Kommando kommen lassen. Diesen Vorgang solange wiederholen, bis aus dem Entlüftungsschlauch keine Luftbläschen mehr austreten. Bei der letzten Betätigung wird der Bremsfußhebel so lange im niedergetretenen Zustand festgehalten, bis das Entlüftungsventil geschlossen ist.

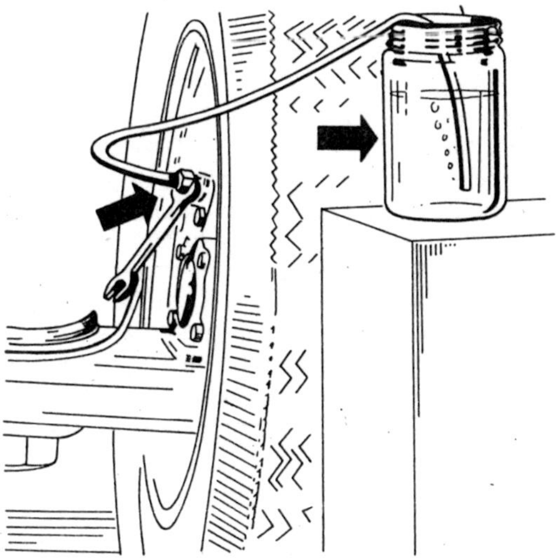

Bild 3-58 Das Entlüftungsgefäß muß höher stehen als das Entlüftungsventil, anderenfalls wird beim Entlüften immer wieder Luft in die Bremsleitung gesaugt

Beim lastabhängigen Druckübersetzer wird die Entlüftungsschraube (Bild 3-59) eine Umdrehung geöffnet, danach der Bremsfußhebel durchgetreten und bei niedergetretenem Fußhebel die Entlüfungsschraube wieder geschlossen.

5. Entlüftungsschlauch abnehmen und Schutzkappe aufsetzen.

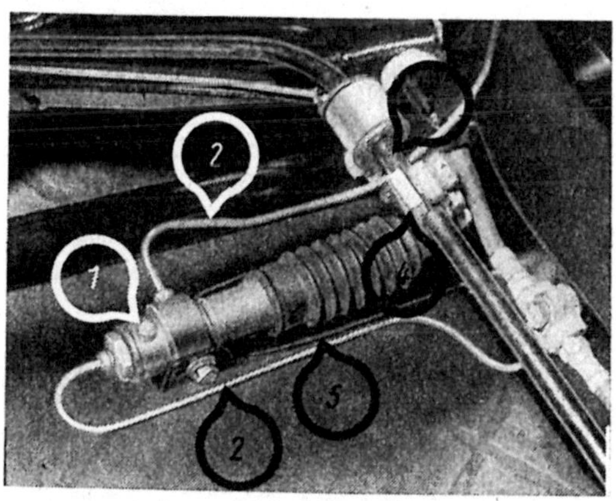

Bild 3-59 Einbaulage des lastabhängigen Druckübersetzers; 1 – Druckübersetzer mit Entlüftungsschraube, 2 – Bremsleitungen, 3 – Stabilisator, 4 – Betätigungshebel des Druckübersetzers, 5 – Befestigungskonsole

Während des Entlüftungsvorganges muß der Helfer darauf achten, daß sich im Vorratsbehälter immer genügend Bremsflüssigkeit befindet, er dieselbe also rechtzeitig nachfüllt. Geschieht das zu spät, kann über den Vorratsbehälter erneut Luft in das Bremssystem gelangen, und der Entlüftungsvorgang muß wiederholt werden.

Die anderen Radbremszylinder entlüftet man auf die gleiche Weise nacheinander, wobei lediglich bei den Vorderrädern ein Schlüssel mit der Schlüsselweite 10 mm benötigt wird.

Trommelbremsen: Das Entlüften der Trommelbremsen wird an dem Radbremszylinder begonnen, der am weitesten vom Hauptbremszylinder entfernt ist; also hinten rechts. Dann folgen die Radbremszylinder hinten links, vorn rechts und vorn links. Der Arbeitsablauf ist im Prinzip der gleiche wie bei der Scheibenbremsanlage.

Dichtheitsprüfung: Nach dem Entlüften der Bremskreise wird die Bremsanlage auf richtiges Entlüften und Dichtheit geprüft. Hierzu wird der Bremsfußhebel mit einer Kraft von etwa 800 Nm (80 kp) etwa eine Minute lang betätigt und dabei mit dem Fuß festgehalten. Federt der Bremsfußhebel dabei nicht und gibt er auch nicht langsam nach, ist „alles in Ordnung". Federt er aber und läßt sich die Bremse somit „aufpumpen", ist noch Luft im System, und der Entlüftungsvorgang muß wiederholt werden. Gibt er langsam nach, ist das Bremssystem irgendwo undicht und muß überprüft werden. Stellen sich dabei Leitungen, Bremsschläuche und deren Anschlüsse als intakt heraus, könnte beim Entlüftungsvorgang ein Ventil nicht fest genug geschlossen worden sein.

Handbremse: Arretiert die Handbremse das Fahrzeug beim Abstellen nicht mehr sicher, obwohl der Handbremshebel bis zur 5. Raste angezogen ist, muß die Handbremse überprüft und nachgestellt werden. Das macht man alle 10 000 km oder einmal jährlich so:

1. Fahrzeug vorn mit Vorlegeklötzern oder Hemmschuhen sichern und hinten anheben, damit sich die Hinterräder frei drehen lassen.

Bild 3-60 Einstellelemente der Handbremse; 1 – Zahnsegment, 2 – Handbremshebel, 3 – Einstellmuttern, 4 – Waagebalken

2. Handbremshebel bis zur 4. Raste anziehen.
3. Beide Nachstellmuttern an den Gewindeendstücken der Handbremsseile am Waagebalken unterhalb des Fahrzeugs (Bild 3-60) so weit anziehen, bis bei einem Drehversuch an den Hinterrädern bei beiden Rädern die Bremsbacken an den Bremstrommeln gleichmäßig anliegen bzw. schleifen. Wird zur Kontrolle der Handbremshebel jetzt bis zur 5. Raste angezogen, dürfen sich in dieser Stellung der Bremse die beiden Hinterräder nicht mehr drehen lassen.

Bei den Einstellarbeiten an der Handbremse werden gleichzeitig ihre Gelenke, die Gelenke des Waagenbalkens und die Gewindeendstücke geschmiert. Man verwendet dazu das Abschmierfett SWC 423.

Seile erneuern: Das Erneuern der Seile der Handbremse ist verhältnismäßig umständlich. Es läßt sich noch am besten von einer Montagegrube aus oder unter einer Hebebühne machen. Dabei ist das Fahrzeug hinten aufzubocken, mittels Vorlegeklötzern an den Vorderrädern gut zu sichern und sind die beiden Hinterräder einschließlich Bremstrommeln abzunehmen. Nunmehr werden die beiden Nachstellmuttern an den Endstücken der Seile am Waagebalken gelöst, die Gummischutzkappen entfernt und die Seile durch die Widerlager am Rahmen nach hinten herausgezogen. Danach lassen sie sich mit etwas Geschick hinter den Radmitnehmern aus den Hebeln der Auflaufbakken aushängen und aus den Bremsträgern sowie den Befestigungsschellen der Halbachsen herausziehen. Das Einbauen der neuen Seile geschieht in umgekehrter Reihenfolge. Abschließend ist die Handbremse, wie vorstehend beschrieben, neu einzustellen.

Arbeiten an der Karosserie

Die Karosserie als teuerste Baugruppe des Kraftfahrzeugs bedarf zum Erreichen einer hohen Lebensdauer einer regelmäßigen Wartung. Das beginnt mit der Pflege des Lackes und endet bei der Hohlraumkonservierung. Danach müssen die Scharniere nachgeschmiert und die Schließmechanismen nachgestellt werden.

Abschmierarbeiten

Wer sein Fahrzeug täglich benutzt, sollte ab und an zu Ölkanne und/oder Fettbüchse greifen und folgende Schmierstellen versorgen:
1. Scharniere der Türen, Motorhaube und Kofferdeckel; einige Tropfen Öl einbringen.
2. Schließsysteme der Türen und Schließkeile an der Karosserie; dünne Fettschicht auftragen.
3. Motorhauben- und Kofferdeckelschloß; einige Tropfen Öl einbringen.
4. Betätigungszüge für Motorhaube und Kühlerjalousie; einige Tropfen Öl einbringen.
5. Stäbe der Teleskopantenne; leicht mit Vaseline überziehen.
6. Vordersitze; Führungsschienen leicht fetten.
7. Stahlschiebedach; Gleitschienen und

Schließmechanismus leicht mit Vaseline bzw. Fett überziehen oder ölen.

Die Schließzylinder der Schlösser an Türen und Kofferdeckel erhalten vor Beginn der Frostperiode das in kleinen Flaschen erhältliche Schloßöl-Spray. Die Kurbelapparate in den Türen werden alle 2 Jahre gefettet; dazu sind die Türinnenverkleidungen abzunehmen.

Stahlschiebedach: Am Stahlschiebedach fallen an Wartungsarbeiten vor allem das Schmieren der Schließmechanismen und Gleitelemente, das Freimachen der vier Wasserablauflöcher in den Ecken sowie evtl. das Erneuern der Dichtung im Deckel an, wenn diese porös geworden sein sollte. Nach Abnehmen des Schiebedachdeckels sind alle Elemente gut zugänglich:

1. Betätigungsgriff auf „Öffnen" drehen, Dach absenken und um etwa 40 mm zurückschieben
2. Lösen der in dieser Lage zugänglichen beiden vorderen Zylinderschlitzschrauben M 5 vom Fahrzeuginnenraum aus, danach Schiebedachdeckel in Stellung „Geschlossen" bringen
3. Schiebedachdeckel vorn nach oben anhe-

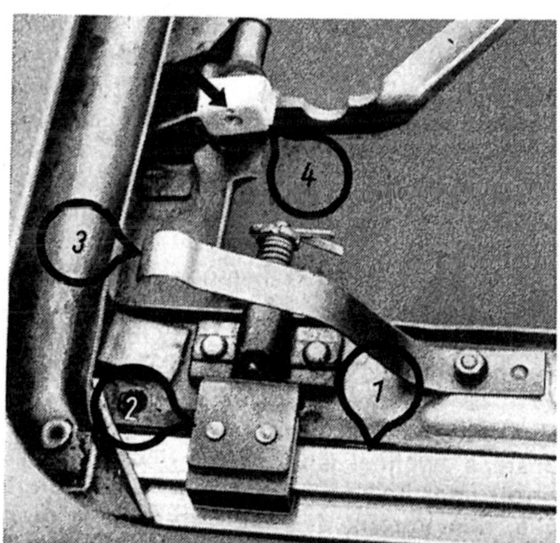

Bild 3-61 Schiebedachmechanismus hinten rechts; 1 – Führungsschiene, 2 – Gleitelement, 3 – Deckelfeder, 4 – Gleitstück. Beim Einschieben des Deckels muß die Punktmarkierung (Pfeil) oben sein.

Bild 3-62 Schiebedachmechanismus vorn rechts; 1 – Gleitelement, 2 – Führungsschiene, 3 – Gummianschlag der seitlichen Arretierung der Schließeinrichtung, 4 – Befestigungslasche für den Deckel

Bild 3-63 Schiebedach-Schließeinrichtung; 1 – Schließstange rechts, 2 – Einstellschrauben, 3 – Schließstange links, 4 – Schließelement, 5 – Arretierungsfeder

ben, in eine Winkellage von etwa 30° bringen und nach vorn aus den hinteren Gleitstücken herausziehen.

Jetzt können Gleitkrallen, Gleitschienen und Schließmechanismen mit Vaseline geschmiert werden. Der Schließmechanismus erhält etwas Fett. Die vier Wasserablauflöcher in den Ecken werden gegebenenfalls mit einem Stückchen Draht aufgestoßen (Bilder 3-61 bis 3-63).

Das Erneuern der Deckeldichtung ist relativ einfach:

1. Alte Dichtung aus der Nut des Prägerandes des Deckels herausziehen.
2. Führungsnut und Dichtung mit Fit-Wasser benetzen.
3. Neue Dichtung mit dem Daumen oder einem stumpfen Werkzeug in die Nut eindrücken und für gleichmäßiges Anliegen sorgen.

Der Einbau des Schiebedachs erfolgt in umgekehrter Reihenfolge des Ausbaus.

Fahrzeugpflege

Obwohl sich der Wartburg relativ leicht pflegen läßt, ist es dennoch ratsam, auch hierbei systematisch vorzugehen. Der Erfolg ist um so größer.

Fahrzeugwäsche: Neufahrzeuge bzw. neulackierte Fahrzeuge werden in den ersten Monaten nur mit viel klarem Wasser gewaschen. Das beschleunigt das Aus- und Nachhärten des Lacks. Waschmittelzusätze werden erst später verwendet, vor allem im Winterhalbjahr, wo es ja gilt, die Laugen- und Salzreste von der Karosserie zu entfernen.

Lackpflege: Ebenso wie bei der Fahrzeugwäsche wird bei Neufahrzeugen bzw. neulackierten Fahrzeugen in der ersten Zeit kein Lackpflegemittel benutzt. Danach können dann Lackpflegemittel ohne schleifende Wirkung, z. B. Autobalsam, Glanzkonservierer oder Lackbalsam, verwendet werden. Erst wenn der Lack anfängt stumpf und spröde zu werden, setzt man Lackpflegemittel mit schleifender Wirkung ein, z. B. Globo-Autopolish.
Ein sicheres Zeichen dafür, daß man für den Lack des Fahrzeugs etwas mehr tun muß, ist, wenn das Wasser nicht mehr in kleinen Tropfen vom Lack abperlt, sondern sich z. B. auf der Motorhaube flächige Pfützen bilden.
In Industriegebieten läßt sich der Industriestaub mit verdünnter Oxalsäure sicher entfernen. Dazu wird Oxalsäure im Verhältnis von 5 bis 6 Prozent zum Wasser bei einer Wassertemperatur von 20 bis 25 °C aufgelöst und diese Lösung mit einem Lappen gleichmäßig auf die Karosserie aufgetragen. Nach einer Einwirkzeit von etwa 10 Minuten wird dieser Vorgang wiederholt. Der Industriestaub hat sich in der Regel nach 20 Minuten gelöst und kann jetzt abgewaschen und durch Nachspülen mit viel klarem Wasser restlos entfernt werden. Alle Chrom- und Leichtmetallteile des Fahrzeugs werden vorher mit Hartwachs oder Elaskon geschützt.

Lackschäden: Kleinere Lackschäden, z. B. durch Steinschlag hervorgerufen, werden sofort mit dem in Handel erhältlichen Reparaturlack ausgebessert (mit Tuschpinsel). Größere Steinschlagschäden oder Kratzer schleift man vorsichtig an, grundiert sie, schleift sie nochmals leicht an und behandelt sie abschließend mit Reparaturlack.
Das Nachbehandeln der Kanten und Pfalze mit Reparaturlack – hier setzt sich der Rost zuerst fest – ist wenig wirksam. Der Rost dringt hier infolge der Überlappung der Blechteile von innen nach außen vor. Ein Schutz kann nur durch das Konservieren dieser Teile von innen erfolgen. Als Mittel bieten sich Antirostspray und Elaskon an.

Chrompflege: Die verchromten und/oder eloxierten Anbauteile werden in den Sommermonaten mit Chrom- oder Elsterglanz gepflegt. Vor Winterbeginn erhalten sie eine Schutzschicht aus Elaskon, Schutzwachs oder Chromschutzlack. Alle drei Mittel lassen sich im Frühjahr mit Waschbenzin wieder entfernen.
Die Stoßstangen rosten innen recht stark. Infolgedessen ist es insbesondere bei Neufahrzeugen zweckmäßig, sie abzubauen und innen mehrmals mit Elaskon zu streichen.

Gummiteile: Alle Gummiteile werden mindestens zweimal jährlich mit Glyzerin (Glyzerol) oder Talkum eingerieben. Das bringt u. a. den Vorteil, daß die Türen im Winter nicht an den Gummidichtungen anfrieren. Ferner werden gelöste Gummidichtungen möglichst sofort wieder angeklebt; mit Chemisol.

Fahrzeuginnenraum: Mindestens zweimal

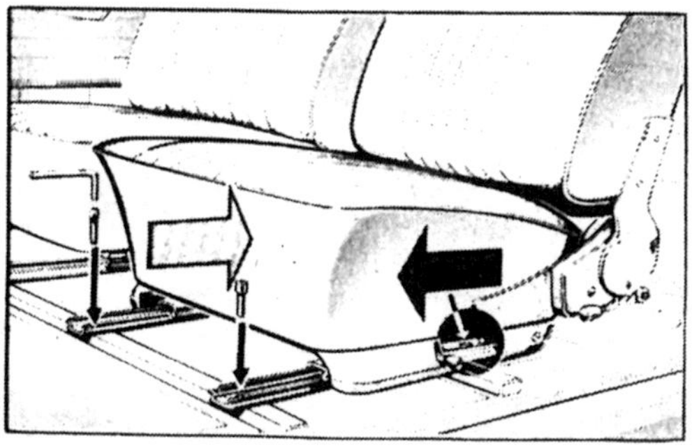

Bild 3-64 Technologie zum Ausbauen der Vordersitze

im Jahr – und zwar vor und nach dem Winter – werden Sitze und Matten herausgenommen, um den Fahrzeugboden gründlich reinigen (mit Drahtbürste und Sandpapier) und wieder konservieren zu können (mit Farbe).

Die Vordersitze (Bild 3-64) lassen sich wie folgt herausnehmen:

1. Sitze in die hinterste Stellung schieben.
2. Vordere Innensechskantschraube M 8 mit Innensechskantschlüssel (SW 6 mm) lösen.
3. Sitze in die vorderste Stellung bringen und hintere Befestigungsschrauben lösen.

Beim Ausbau der Hintersitze gilt bei Fahrzeugen ab Juli 1980 folgendes:

1. Lösen der beiden Muttern der Gewindestifte der Rückenlehne vom Kofferraum aus mit Gabelschlüssel (SW 10 mm).
2. Rückenlehne nach vorn drücken, bis die Gewindestifte aus den Bohrungen der Ablage herausgetreten sind.
3. Rückenlehne unten nach hinten drücken, mit einer Hand in der Mitte zwischen Lehne und Sitz durchgreifen, Haken nach vorn biegen und Lehne aushängen.
4. Rückenlehne herausnehmen.
5. Beide Befestigungsschrauben der Sitzfläche am unteren Querträger lösen.
6. Sitzfläche hinten anheben und dabei gleichzeitig etwas nach hinten drücken, bis die Schrauben aus den Bohrungen des Querträgers herausgetreten sind.
7. Sitzfläche herausnehmen.

Der Einbau der Sitze erfolgt in umgekehrter Reihenfolge.

Fahrzeugunterseite: Die Fahrzeugunterseite wird, nachdem sie gründlich gereinigt worden ist, mit Elaskon geschützt. Man läßt das Elaskon am besten in einem Kfz-Pflegebetrieb auftragen. Wer das selber macht, trägt auf dem trockenen Fahrzeugboden einen möglichst dicken Film auf, indem er zwei- bis dreimal sprüht. Die Abdunstzeit zwischen den einzelnen Arbeitsgängen sollte zwei bis drei Stunden betragen. Der Grund für die Behandlung des trockenen Fahrzeugbodens: Elaskon ist zwar in der Lage, einen Wasserfilm zu unterwandern, haftet und trocknet auf einem trockenen Untergrund aber viel schneller und besser.

Kantenschutz: An Kanten und Falze (Motor- und Kofferhaube, Regenrinnen, Türen) sowie an den punktgeschweißen Überlappungen der Karosserie werden bei Unaufmerksamkeit in der Fahrzeugpflege recht bald Unterrostungen sichtbar. Zum Schutz dieser Stellen verwendet man am besten Antirost-Spray. Dieses Mittel „kriecht" viel besser in die Zwischenräume als Elaskon. Der beim Einbringen des Mittels auf den Sichtflächen verbleibende Film läßt sich mit Waschbenzin oder Kraftstoff leicht beseitigen. Abschließend werden die geschützten Spalten mit Karosseriewachs versiegelt.

Hohlraumkonservierung

Neufahrzeuge sollten das erste Mal möglichst bald und danach nach etwa einem Jahr erneut hohlraumkonserviert werden. In Selbsthilfe ist das nicht zu empfehlen. Der Grund: Das Elaskon muß zur Gewährleistung eines allseitigen Schutzes mit einem Druck von 400 kPa (40 kp/cm^2) in die Hohlräume eingebracht werden, wozu der einzelne Fahrzeugbesitzer kaum die Voraussetzungen besitzen dürfte. Dennoch sei für den, der sich vor dieser aufwendigen und auch nicht ganz sauberen Arbeit nicht scheut, die Technologie der Hohlraumkonservierung wiedergegeben. Die Bilder 3-65 und 3-66 sowie die Tabellen 3-3 und 3-4 nennen die Einzelheiten.

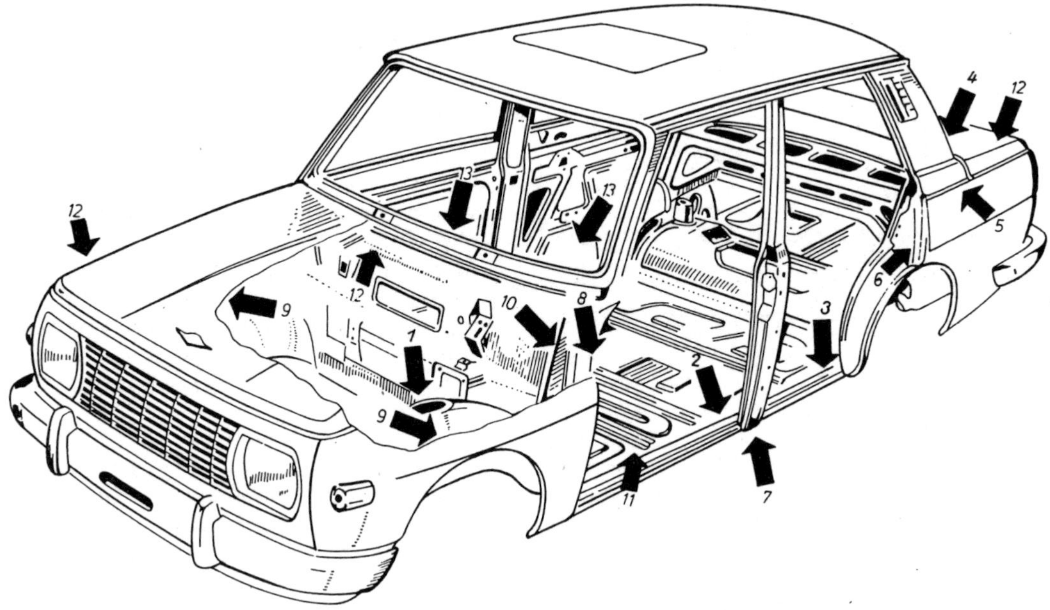

Bild 3-65 Schwerpunkte der Hohlraumkonservierung bei der Limousine

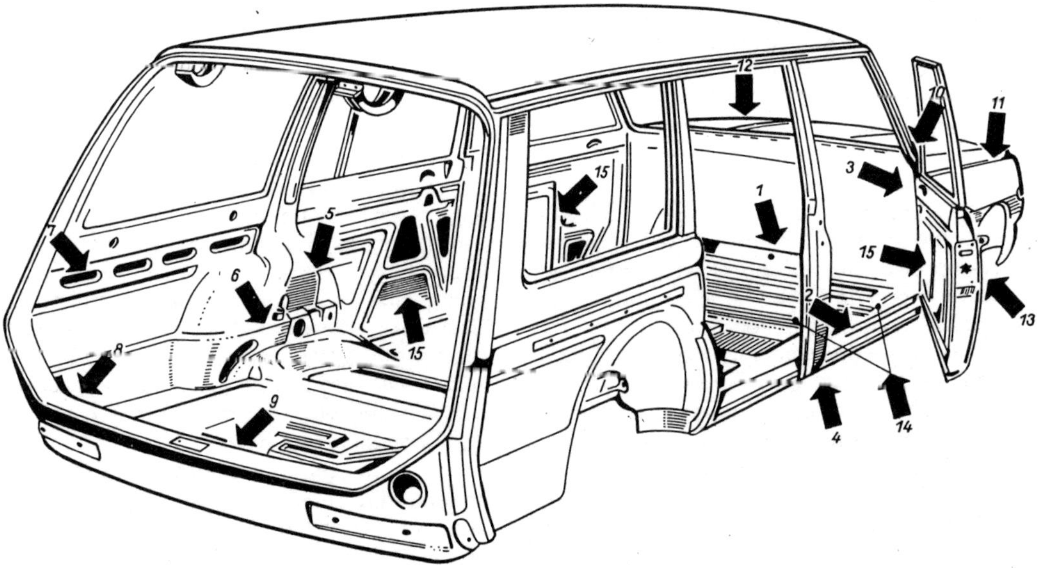

Bild 3-66 Schwerpunkte der Hohlraumkonservierung beim „Tourist"

Vorbereitung: Für die Hohlraumkonservierung sucht man sich einen möglichst trockenen und warmen Tag aus. An solch einem Tag ist das Elaskon – zumal, wenn es vorher in die Sonne gestellt worden ist – von sich aus schon so dünnflüssig, daß es relativ leicht mittels eines üblichen Kompressors und einer Sprühdüse bzw. Spritzpistole in die Hohlräume eingebracht werden kann.

Ferner werden vor Beginn der Konservierung zweckmäßigerweise alle Matten und Sitze aus dem Fahrzeug heraus- sowie die Türinnenverkleidung einschließlich Schutzfolien abgenommen. Außerdem räumt man den Kofferraum aus und entfernt die Einstiegschienen in den Türbereichen, die die Löcher in den Karosserielängsträgern teilweise verdecken.

Tabelle 3–3: Konservierungstechnologie Wartburg 353 W – Limousine

Hohlraum-Nr.	Hohlraumbezeichnung	Einsprüh- bzw. Einführungsöffnungen	Sprührichtung nach	Vorbereitungsarbeiten bzw. Bemerkungen
1	Vorderer Querträger (Anschluß Boden/ Stirnwand)	vorh. Löcher unterhalb Pedalbodenblech	links, rechts	Bodenmatten entfernen
2	Längsträger links und rechts	vorh. Langlöcher links und rechts	hinten, vorn	Bodenmatten und Einstiegschienen vorn entfernen
3	Boden/Radhaus hinten, links und rechts	vorh. Langlöcher links und rechts	hinten, vorn	Sitzbank, Rückenlehne und Bodenmatten entfernen
4	Hecksäulen links und rechts	Kofferraum (über Radhaus) links u. rechts	oben	Flüssigkeitsablauf über Radhaus in Innenraum
5	Verstärkung im hinteren Radkasten	Schlitz über Hinterrad	vorn	Fahrzeug anheben, Hinterräder demontieren
6	Schraubverbindungen Hinterkotflügel	vom Radkasten aus	vorn und oben	Fahrzeug anheben, Hinterräder demontieren
7	Mittelsäulen links und rechts	vorh. Ablauflöcher links und rechts	oben	Aufdornen auf 13 mm ∅
8	Vordersäulen links und rechts	Öffnungen unterhalb Instrumententafel oder Lichtschalteröffnungen	unten, oben	ggf. Lichtschalter ausbauen
9	Vorderkotflügel/ Radhaus links und rechts sowie Falzverbindungen (Haubenauflage)	Motorraum von unten, hinten oben und unten, links und rechts	allseitig	Motorhaube öffnen
10	Windlauf/Radhaus/Vorderkotflügel links und rechts	Motorraum hinten, links und rechts	oben, unten	Motorhaube öffnen
11	Querschienen für Sitzbefestigung	vorh. Öffnungen an den Stirnseiten der Schienen	links oder rechts	Bodenmatten entfernen
12	Kofferklappe und Motorhaubenversteifung	vorh. Öffnungen	allseitig	
13	Türinnenbleche	vorh. Durchbrüche	allseitig	Türverkleidungen und Folien entfernen

Tabelle 3–4: Konservierungstechnologie Wartburg 353 W – „Tourist"

Hohl-raum-Nr.	Hohlraumbezeichnung	Einsprüh- bzw. Einführungsöffnungen	Sprührichtung nach	Vorbereitungsarbeiten bzw. Bemerkungen
1	Vorderer Querträger (Anschluß Boden/Stirnwand)	vorh. Löcher unterhalb Pedalbodenblech	links, rechts	Bodenmatten entfernen
2	Längsträger links und rechts	vorh. Langlöcher links und rechts	hinten, vorn	Bodenmatten und Einstiegschienen vorn entfernen
3	Vordersäulen links und rechts	Öffnungen unterhalb Instrumententafel oder Lichtschalteröffnungen	unten, oben	Sprühkopf ab Säulenmitte nach unten führen
4	Mittelsäulen links und rechts	vorh. Ablauflöcher links und rechts	oben	Aufdornen auf mm Ø Sprühkopf ab Säulenmitte nach unten führen
5	Kastensäulen links und rechts, Verstärkung und Schließblech	Bohrung in Radhausverstärkung sowie erste Öffnung der Brüstungsverstärkung	unten, oben, vorn	Bohrung 13 mm Ø in Radhausverstärkung anbringen
6	Radhausverstärkung/Bodenanschluß links und rechts	Öffnung vor Stoßdämpferaufnahme	vorn	Heckbodenmatten und Zwischenboden herausnehmen
7	Brüstungsverstärkung links und rechts	vorh. Öffnungen	hinten	–
8	Hecksäulen links und rechts	vorh. Öffnungen innen unten	oben	Vorbereitung wie 6, Sprühkopf ab Säulenmitte nach unten führen
9	Heckschweller innen	vorh. Öffnung unterhalb Schloß	links, rechts	Vorbereitung wie 6, Sprühkopf ab Säulenmitte nach unten führen
10	Windlauf/Radhaus/Vorderkotflügel links und rechts	Motorraum hinten, links und rechts	unten	Motorhaube öffnen
11	Vorderkotflügel/Radhaus links und rechts	Motorraum von unten, links und rechts	unten	Vorbereitung wie 10
12	Motor- und Kofferhaubenversteifung	vorh. Öffnungen	allseitig	–
13	Schraubverbindungen Vorderkotflügel	vom Radkasten aus	hinten und oben	Fahrzeug anheben
14	Querschienen für Sitzbefestigung	Öffnungen an Stirnseiten der Schienen	links oder rechts	Bodenmatten entfernen
15	Türinnenbleche links und rechts	vorh. Durchbrüche	allseitig	Türverkleidungen und Folien entfernen

Konservierungspraxis: Eine ganze Reihe der in den Tabellen 3-3 und 3-4 genannten Fahrzeugpartien läßt sich recht gut mit der bereits erwähnten Sprühpistole üblicher Bauart oder einer Sprühdüse mit Schlauch behandeln. Schwierigkeiten gibt es aber bei der Konservierung der engen Hohlräume, beispielsweise der Längsträger. Der Sprühnebel tritt hier zwar aus den Öffnungen aus, ein geschlossener Schutzfilm aber wird nicht erreicht. Das schaffen eben nur Sprühgeräte, die mit dem schon erwähnten hohen Druck arbeiten. Infolgedessen kann man sich bei der Eigenkonservierung des Fahrzeugs nur so helfen, daß man beispielsweise die Karosserielängsträger rechts und links einschließlich ihrer Querverbindungen flutet. Dabei ist allerdings hinsichtlich des Umweltschutzes einiges zu beachten.
Zuerst werden die vier unteren Ablauflöcher in den Karosserielängsträgern (∅ 11 mm) mit entsprechenden Gummistopfen verschlossen. Danach bedeckt man den Boden unter dem Fahrzeug mit alten Zeitungen. Sie sollen das durch die Punktschweißnähte der Bodengruppe hindurchsickernde Elaskon aufnehmen. Ist diese Sicherung geschaffen, wird das Elaskon mittels eines Trichters langsam in die Hohlräume eingefüllt. Merkt man hierbei, daß durch die Schweißnähte Elaskon heraustropft, unterbricht man erst einmal das Einfüllen, bis sich diese Nähte durch das Verdunsten des Lösungsmittels des Elaskon von selbst geschlossen haben. Das Elaskon verteilt sich dabei in den Hohlräumen um so besser, wenn das Fahrzeug in Längsrichtung etwas geneigt steht (mit den Vorder- bzw. Hinterrädern auf eine kleine Erhöhung fahren). In der Neigung nach vorn entfernt man dann später die Gummistopfen der vorderen Ablauflöcher und läßt das nicht haftengebliebenen Elaskon in die untergestellten Gefäße ablaufen. Danach ist es zweckmäßig, das Fahrzeug über Nacht in normaler Lage stehen zu lassen, hierbei auch die hinteren Ablauflöcher zu öffnen und das restliche Elaskon aufzufangen. Abschließend werden die untergelegten Zeitungen verbrannt.

Arbeiten an der Beleuchtungs- und Signalanlage

Für das Warten der Beleuchtungs- und Signalanlage ist vom Fahrzeughersteller ein recht bescheidenes Programm vorgegeben. Wir erweitern es im eigenen Interesse, erhalten wir doch so die Gewißtheit, daß an unserem Fahrzeug auch auf diesem Gebiet „alles stimmt".

Anlage durchschalten

Diese Arbeit dient der bewußten Kontrolle aller Leuchten und ihrer Schalter auf Funktion. Betätigt werden nacheinander die Schalter für Standlicht, Abblendlicht, Fernlicht, Rückfahrscheinwerfer, Lichthupe, Blinkleuchten, Warnblinkanlage, Signalhorn, Scheibenwischer und Bremslicht. Durch einen Helfer läßt man sich die korrekte Funktion der vom Fahrersitz aus nicht einsehbaren Leuchten bestätigen.
Defekte Glühlampen werden sofort erneuert, ebenfalls die, deren Glaskolben bereits geschwärzt sind.

Batterie warten

Die Lebensdauer der Starterbatterie wird von ihrer Behandlung mitbestimmt. Dazu gehört das Sauber- und Trockenhalten der Oberfläche einschließlich der Pole und Klemmen. Anderenfalls entstehen Übergangswiderstände durch Oxidbildung an den Kontaktflächen und damit Startschwierigkeiten. Abhilfe schafft hier ein dünner Film Polfett, der ein- bis zweimal jährlich auf Pole und Klemmen aufgebracht wird.

Flüssigkeitskontrolle: Der Stand der Batterieflüssigkeit (Elektrolyt) wird im Sommerhalbjahr alle zwei Wochen, im Winterhalbjahr alle vier Wochen kontrolliert. Ist er abgesunken, füllt man destilliertes Wasser nach, und zwar soweit, daß die Flüssigkeit 10 bis 15 mm über den Oberkanten der Platten bzw. bei den durchsichtigen Gehäusen bis an den Säurestandsmarkierungen steht. Wer diese Kontrolle und damit das Ergänzen der Batterieflüssigkeit vernachlässigt, muß in Kauf nehmen, daß die Batterie vorzeitig ausfällt. Der Grund dafür ist, daß die oberen Teile der Platten schließlich freiliegen und infolge der Einwirkung des Luftsauerstoffs sulfatieren, was sie zerstört.

Reinigung: Die ausgebaute Batterie reinigt man am besten mit Seifenwasser. Aber Vorsicht, es darf dabei kein Wasser in die Zellen hineingelangen. Die Verschlußstopfen müssen also fest eingedreht sein.
An einer sauberen und trockenen Batterie lassen sich Gehäuse und Vergußmasse sehr gut auf evtl. Schäden kontrollieren. Werden solche ermittelt, setzt man sich mit dem Batteriedienst in Verbindung. Hier kann ein defektes Batteriegehäuse instand gesetzt werden.

Ladezustand: Geprüft wird der Ladezustand der Batterie mittels eines im Fachhandel erhältlichen Säurehebers (Aräometer). Steht seine Spindel nach Ansaugen von Batterieflüssigkeit im gelben Feld, ist die Batterie voll geladen (Säuredichte 1,28 g/cm^3). Ein Verharren der Spindel im blauen Feld signalisiert, daß sie nur halb geladen ist (Säuredichte 1,20–1,25 g/cm^3). Im Winter können möglicherweise schon Startschwierigkeiten auftreten. Pegelt sich die Spindel im roten Feld ein, ist die Batterie weitgehend entladen (Säuredichte 1,12–1,15 g/cm^3). In der Praxis ist mit einer solchen Starterbatterie kein Motor mehr in Gang zu bringen. Die Batterie muß neu aufgeladen werden. Speichert sie dabei keine Energie mehr, ist sie defekt und muß erneuert werden.

Nachladen: Ein Nachladen der Starterbatterie ist infolge der leistungsstarken Drehstromlichtmaschine des Wartburg erst nach längerer Standzeit des Fahrzeugs oder bei einem Mißverhältnis zwischen Lademöglichkeiten im Fahrbetrieb (häufige Kaltstarts, kurze Fahrtstecken) und laufende Energieentnahme (durch die Beleuchtung) notwendig. Im Fachhandel werden Kleinladegeräte angeboten. Sie unterscheiden sich im wesentlichen nur durch die Höhe des Ladestromes. Bedienungsanleitungen dieser Geräte sagen, wie man sie an Batterie und Netz anschließt.

Batteriekabel: Analog zu den fest sitzenden und sauberen Anschlüssen der Batteriekabel an den Batteriepolen müssen auch die Gegenanschlüsse der Batteriekabel am Getriebe (Minus) und Magnetschalter des Anlassers (Plus) sauber und ansonsten in Ordnung (nicht geknickt, sicher befestigt) sein. Gegebenenfalls vorhandene Schmutz- und Oxidschichten beseitigt man. Dazu wird vorher das Minuskabel von der Batterie abgeklemmt, um einen Kurzschluß zu vermeiden. Insbesondere zu beachten ist bei der Kontrolle das dünne rot/schwarze Kabel am Magnetschalter des Anlassers, das von Klemme 50 des Zündanlaßschalters kommt. Seine Schlitzschraube am Magnetschalter lockert sich im Laufe der Zeit durch die dynamischen Beanspruchungen recht gern, und dann funktioniert der Anlasser nicht.
Bei den Leichtmetall-Batteriekabeln erhöhen sich im Laufe der Zeit die Übergangswiderstände an den Quetschverbindungen der Kabelklemmen, was zu Startschwierigkeiten führen kann. Man erneuert die Kabel nach etwa 5 Jahren.

Sonstiges: Einige Erfahrungen erleichtern den Umgang mit der Batterie. Man sollte sie sich merken:

1. Beim Ausbauen der Batterie wird zuerst das Kabel vom Minuspol der Batterie gelöst und abgenommen, danach das Kabel zum Pluspol.
2. Beim Einbauen der Batterie befestigt man zuerst das Kabel am Pluspol der Batterie und danach das Kabel am Minuspol.
3. Sind über Nacht größere Minustemperaturen zu erwarten und das Fahrzeug steht im Freien, baut man die Batterie zweckmäßigerweise aus und bewahrt sie über Nacht in einem geheizten Raum auf. Das erhält ihre Kapazität und Leistungsfähigkeit. Nach dem Einbau kurz vor dem Start springt der Motor mit Sicherheit an.
4. Das Starten des Motors bei extrem niedrigen Wintertemperaturen kann dadurch unterstützt werden, daß man während des Startvorgangs den Kupplungsfußhebel

niedertritt, damit der Anlasser nicht das kalte Getriebe mit durchdrehen muß.

Lichtmaschine warten

Drehstromlichtmaschine: Bei der Drehstromlichtmaschine liegen die Wartungsintervalle sehr hoch. Sie hängen von der Wirkung des Schmiermittels und der Standzeit der Erregerbürsten ab und können bis 100 000 km betragen. Mängel hieran sollte nur der Fachmann beseitigen. Sie machen sich lagerseitig durch Geräusche und elektrisch durch Ausfall der Batterieladung (rote Kontrolleuchte leuchtet auf) bemerkbar.

Gleichstromlichtmaschine: Bei der Gleichstromlichtmaschine unterliegen die Kohlebürsten und der Kollektor einem relativ hohen Verschleiß. Man rechnet mit einer Standzeit von 20 000 bis 30 000 km. Der Austausch der Kohlebürsten ist in Selbsthilfe möglich. Schäden am Kollektor und andere Schäden in der Lichtmaschine sollte nur der Fachmann beheben. Sie machen sich gleichfalls durch den Ausfall der Lichtmaschine (rote Ladekontrolleuchte leuchtet auf) bemerkbar.

Kohlebürsten erneuern: Die Lichtmaschine wird ausgebaut und zwecks Austausch der Kohlebürsten am besten an der riemenscheibenseitigen Befestigungsmutter in einen Schraubstock gespannt. Danach geht man wie folgt vor:

1. Lockern der Zylinderkopfschlitzschraube D+ im Anschlußstück.
2. Lösen der beiden Muttern M 5 der langen Stiftschrauben des Schildlagers mit einem Gabelschlüssel SW 8 mm und Abnehmen der Federringe.
3. Schildlager aus dem Gehäuse herausdrükken.
4. Lösen der Schlitzschrauben M 4, die die Zuführungslitzen halten, und Entfernen der Kohlebürsten nach dem Zurückdrükken der Haltefedern.

Der Einbau der neuen Kohlebürsten und die Montage des Schildlagers erfolgen in umgekehrter Reihenfolge. Beim Einführen des Schildlagers werden die Kohlebürsten in ihren Führungen etwas zurückgedrückt. Das ermöglicht das Aufschieben des Schildlagers auf den Kollektor. Vor dem Einbauen der Lichtmaschine in das Fahrzeug ist es zweckmäßig, dieselbe dahingehend zu überprüfen, ob sie als Motor läuft: Gehäuse mit Masse verbinden, DF und D+ überbrücken und Spannung entsprechend der Spannung des Bordnetzes zuführen. Dadurch laufen sich die neuen Kohlebürsten etwas ein. Das ist insofern von Vorteil, weil die Leistungsfähigkeit der Lichtmaschine in erster Linie von gut tragenden Kohlebürsten abhängt. Werden die Kohlebürsten nicht eingeschliffen, liegen sie erst nach etwa 10 Stunden Laufzeit gleichmäßig am Kollektor an. Das heißt, die Lichtmaschine erreicht erst von diesem Zeitpunkt ab ihre volle Leistung.
Verwendet werden selbstverständlich nur die vom Lichtmaschinenhersteller vorgeschriebenen Kohlebürsten. Zu harte Bürsten führen zu hohem Verschleiß am Kollektor, zu weiche Bürsten verschmieren ihn.

Beide Lichtmaschinenarten: Bei beiden Lichtmaschinenarten konzentriert man sich bei der Wartung auf folgendes:

Keilriemenspannung
Besonders bei der Drehstromlichtmaschine ist immer auf einen gut gespannten Keilriemen zu achten. Ist seine Spannung zu gering, kommt es vor allem beim Beschleunigen des Fahrzeugs und auch bei hoher Belastung der Lichtmaschine infolge des Durchrutschens des Keilriemens zu Heulgeräuschen, nach deren Ursachen dann meist lange vergeblich und ohne Erfolg gesucht wird.

Kabelanschlüsse
Fester Sitz und Sauberkeit der Kabelanschlüsse an Lichtmaschine und Spannungsregler sind für die sichere Funktion beider Lichtmaschinenarten unerläßlich. Besondere Aufmerksamkeit ist bei der Gleichstromlichtmaschine den verzinnten Kabelenden unter den Kontaktklemmfedern zu schenken; sie neigen zum Oxydieren. Stellt man hier Oxide fest, werden dieselben abgekratzt und die Kabel wieder sicher befestigt. Anderenfalls reicht die Federspannung der

Klemmen nicht aus, um den Übergangswiderständen gewachsen zu sein.
Bei der Drehstromlichtmaschine ist vor allem auf gut und fest sitzende Steckkontakte sowohl an der Lichtmaschine als auch am Regler zu achten. Bei nicht ausreichendem Festsitz können Kontakt- und damit Funktionsschwierigkeiten durch die dynamische Beanspruchung auftreten.

Scheinwerfer einstellen

Die Scheinwerfer sind zumindest vor Beginn des Winterhalbjahres – hier wird wieder viel mit Licht gefahren – neu einzustellen. Man kann das selbst tun, läßt es aber besser von einer Werkstatt oder von den gesellschaftlichen Kräften machen, die sich an bestimmten Tagen dafür bereithalten. Innerhalb der Selbsthilfe ist der Einstellvorgang nach Bild 3-67 folgender:

1. Fahrzeug (unbelastet und mit den vorgeschriebenen Reifeninnendrücken) in einer Entfernung von 10 m vor einer senkrechten Wand auf einer ebenen Fläche rechtwinklig zur Wand aufstellen und vorn und hinten durchfedern.
2. An der Wand in Höhe der Scheinwerfermitten zwei Kreuze anbringen und diese Kreuze mit einer waagerechten Linie verbinden.

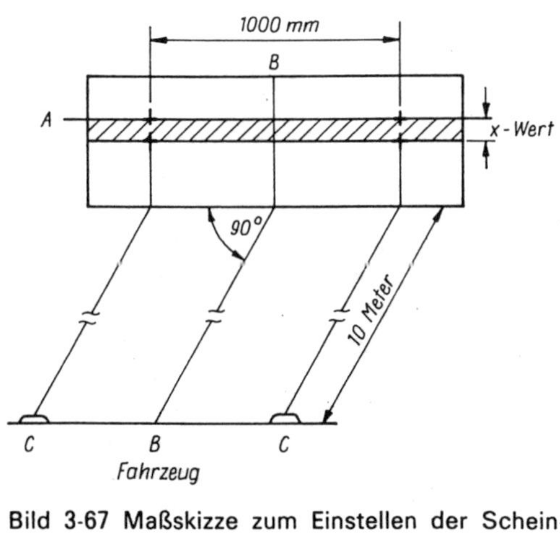

Bild 3-67 Maßskizze zum Einstellen der Scheinwerfer

Bild 3-68 Mittels der gekennzeichneten Schrauben werden die Scheinwerfer eingestellt (H-4-Ausführung)

3. Unterhalb der waagerechten Linie, die durch die beiden Kreuze verläuft, im Abstand von 14 cm (Limousine) bzw. 17 cm (Tourist) – das sind die für beide Fahrzeugausführungen geltenden X-Werte bei leerem Kraftstoffbehälter – eine zweite waagerechte Linie ziehen und auch diese Linie genau unterhalb der bereits vorhandenen Kreuze mit zwei Kreuzen versehen. Abschließend die beiden übereinanderliegenden Kreuzpaare mit senkrechten Linien verbinden.
4. Abnehmen der Scheinwerferringe und Einstellung der Reflektorverstellung auf „Hoch".
5. Einschaltung des Abblendlichtes; dabei muß die rote Kontrolleuchte für die Höhenverstellung leuchten, und die Hell-Dunkel-Grenzen der beiden Scheinwerfer müssen auf den unteren Linien liegen. Die Knickpunkte der Hell-Dunkel-Grenzen können von den Scheinwerfermitten (Kreuze) jeweils maximal um 20 cm nach rechts abweichen.
6. Einschalten des Fernlichtes. Die Lichtbündelmitten müssen auf den oberen Kreuzen liegen.
7. Entspricht die vorhandene Einstellung der Scheinwerfer nicht diesen Werten, werden die Scheinwerfer nacheinander mittels der horizontalen bzw. vertikalen Einstellschrauben entsprechend ausgerichtet. Letztere sind – vertikal oben rechts,

horizontal unten links – mit einem erhabenen V bzw. H auf dem Plasterahmen gekennzeichnet (Bild 3-68).

Diese Einstellvorschrift gilt für alle Scheinwerferausführungen, unabhängig davon, ob mit H 4- oder konventionellen Glühlampen bestückt, oder ob die Reflektorverstellung vom Motorraum aus oder von außen erfolgt. Bei den Scheinwerfern mit H 4-Lampenbestückung ist dabei jedoch zu beachten, daß die rechte untere Einstellschraube (von vorn gesehen) nicht bewegt werden darf. Sie dient der vom Werk aus vorgenommenen Grundeinstellung der Scheinwerfer.

Arbeiten an der Scheibenwisch- und -waschanlage

An der Scheibenwisch- und -waschanlage fällt hauptsächlich das Erneuern der Wischergummis, das Einstellen der Wisch- und Waschbereiche und das Ölen der Wischerarmgelenke an. Man führt diese Arbeiten mindestens einmal jährlich, am zweckmäßigsten vor Beginn des Winterhalbjahres, durch.

Wischergummis erneuern: Das Erneuern der Wischergummis ist relativ einfach. Man drückt lediglich das Plastegelenkstück der Wischerschiene aus dem Wischerarmhaken heraus, entfernt die Federschienen aus den Krallen der Führungen und setzt die neuen Gummis zusammen mit den Federschienen wieder ein.

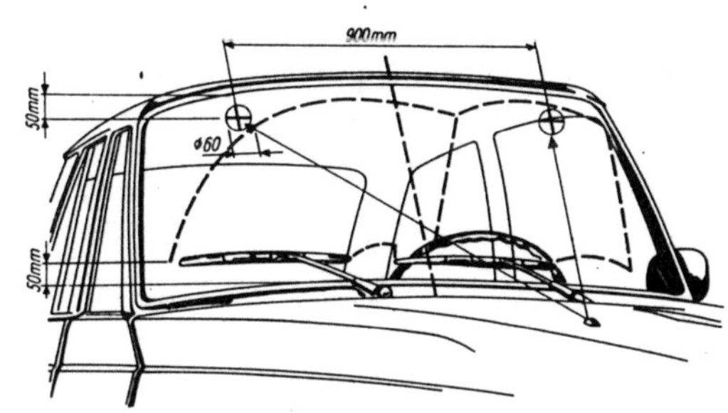

Bild 3-69 Einstellmaße für Scheibenwischer und Spritzdüse der Waschanlage

Ölen der Wischer: Schwergängige Scheibenwischer – im Winterhalbjahr durch das Einwirken von Lauge und Salz auf die Gelenke möglich – beeinträchtigen die Qualität des Wischerbildes. Bei starker Belastung ist es zweckmäßig, die Scheibenwischer des öfteren mit warmem Seifenwasser zu reinigen und ihre Achsen sowie die Gelenke anschließend zu ölen. Dazu bringt man einige Tropfen Öl auf die Achsen der Wischerarme und die Gelenke der Scheibenwischer.

Einstellen der Wischer: Das Einstellen der Scheibenwischer zeigt Bild 3-69. Dabei sollen die Wischerarme im Abstand von 50 mm parallel zum unteren Rand der Winschutzscheibe zu liegen kommen.

Waschstrahldüse einstellen: Das Einstellen der Waschstrahldüse geht aus Bild 3-69 mit hervor. Sie muß so eingestellt sein, daß die beiden Strahlen im Stand im oberen Bereich der Winschutzscheibe auftreffen. Die Kugeldüse läßt sich mit einem dünnen Stahldraht oder einer Nadel entsprechend ausrichten.

Störungssuche und -beseitigung

Wer mit der Kfz-Instandsetzung beruflich nicht zu tun hat, dem fällt es in der Regel nicht leicht, selbst kleinere Störungen am Fahrzeug aus eigener Kraft zu beheben. Dennoch geht der allgemeine Trend dahin, auch den Nichtfachmann in die Lage zu versetzen, kleinere Reparaturen am eigenen Fahrzeug selbst zu erledigen. Das ergibt sich insbesondere aus § 8 der Straßenverkehrs-Ordnung (StVO). Hier heißt es bekanntlich, daß Fahrzeuge nur in Betrieb genommen werden dürfen, wenn sie verkehrs- und betriebssicher sind bzw. Mängel, die während der Fahrt auftreten und die die Verkehrssicherheit beeinträchtigen, unverzüglich beseitigt werden. Befreunden wir uns deshalb mit den Möglichkeiten der Selbsthilfe am eigenen Wartburg.

Notwendige Voraussetzungen

Verantwortung und Sicherheit, wie im Kapitel „Technische Durchsicht" bereits nachdrücklich betont, müssen auch bei der Störungssuche und -beseitigung in Selbsthilfe Leitmotiv des Handelns sein. Zu groß sind die Gefahren für das eigene Leben und das anderer, wenn wir unsere Fähigkeiten zur Selbsthilfe leichtfertig überschätzen.

Prüfeinrichtungen: Zur Funktionskontrolle der Kfz-Elektrik einschließlich der Stromverbraucher ist eine Prüflampe entsprechend der Bordspannung des Wartburg von 12 Volt erforderlich. In den IFA-Fachgeschäften ist sie erhältlich.

Der Umgang mit der Prüflampe zur Spannungsprüfung ist recht einfach. Eine Klemme wird irgendwo an Masse (Motorblock, Karosserie, Masseringleitung) gelegt, und mit der anderen Klemme wird bei eingeschalteter Zündung bzw. eingeschaltetem Verbraucher, und zwar ausgehend von der Stromquelle, der gestörte Stromkreis Stück für Stück abgetastet und so schließlich die Störung entdeckt. An den Spannung führenden Klemmen leuchtet die Prüflampe, an den spannungslosen Klemmen bleibt sie dunkel. Das ist dann das Zeichen dafür, daß sich im davorliegenden Bereich der Fehler befindet. Weitere Einzelheiten dazu enthält der Abschnitt „Störungen an der elektrischen Anlage".

Mit dem Prüf-Fix, einer Prüflampe mit Eigenstromversorgung, lassen sich gleichfalls Leitungsunterbrechungen suchen, aber auch spannungslose Leitungen auf Durchgang kontrollieren. Bei der Durchgangsprüfung muß die jeweils zu überprüfende Leitung spannungslos sein. Man klemmt sie deshalb an einem Ende ab. Leuchtet bei der Druchgangsprüfung die Glühlampe des Prüf-Fix, ist die Leitung in Ordnung. Leuchtet sie nicht, ist dieselbe unterbrochen.

Einen Luftdruckprüfer sollte man auch unterwegs zur Hand haben, um den riohti gen Reifeninnendruck gegebenenfalls wieder herstellen zu können; bei einer Reifenpanne von unschätzbarem Wert.

Die handelsübliche Fühllehre im Bordwerkzeug ist in zweierlei Hinsicht nützlich. Es lassen sich damit die Elektrodenabstände der Zündkerzen (0,6 mm) und die Abstände der Unterbrecherkontakte (0,4 mm) kontrollieren.

Ersatzteile: Erfahrungsgemäß sind es meist Kleinteile, bei deren Ausfall der Wartburg nicht mehr einwandfrei funktioniert. Und da sich Störungen dieser Art gewöhnlich auf größeren Fahrten einstellen, ist es ratsam, aus dem Ersatzteilbestand zu Hause folgende Teile mitzuführen:

3 Zündkerzen	– Sicherungen
3 Kerzenstecker	– Ventileinsätze

1 Zündspule	– Zündkabel	
1 Unterbrecher-platte, komplett	– Kabel (1,5 mm²)	
	– Isolierband	
1 Keilriemen	– Spannbänder	

Störungen am Triebwerk

Störungen am Triebwerk – wir verstehen hierunter wieder den kompletten Motor mit Ansaug- und Abgasanlage, Kraftstoffanlage, Startanlage und Zündanlage – können die unterschiedlichsten Ursachen haben. Im nachfolgenden Text sind die wesentlichsten behandelt, wobei jeweils auch dargelegt ist, was bei den einzelnen Störungen unternommen werden kann.

Vorweg sei betont, daß an demontierten Baugruppen oder -teilen nur selten festzustellen ist, warum sie nicht mehr funktionierten. Infolgedessen ist es sinnvoll, *vor* jeder Demontage zu versuchen, die Ursache für die Störung aufzufinden und danach die Instandsetzungsmaßnahmen auszurichten. Weiter soll gelten, daß mit den am einfachsten auszuführenden Arbeiten begonnen wird. Daraus ergibt sich dann auch die Reihenfolge: *Startanlage* mit Batterie, Zündanlaßschalter, Magnetschalter, Anlasser und Leitungen, *Zündanlage* mit Batterie, Zündanlaßschalter, Zündspulen,

Tabelle 4-1: Mögliche Störungen am Triebwerk

Erscheinung	Abhilfe
Anlasser läuft beim Starten nicht an bzw. läuft an und bleibt schließlich stehen	Ladezustand der Batterie sowie Steuerstromkreis des Anlassers überprüfen; s. Abschn. „Batterie warten" und „Anlasser läuft nicht an"
Anlasser heult beim Starten, dreht aber den Motor nicht durch	Anlasser defekt, Fahrzeug anschieben; s. Abschn. „Anlasser dreht den Motor nicht durch" und „Anlasser heult beim Starten auf"
Anlasser macht beim Starten Geräusche bzw. läuft nach dem Anspringen des Motors weiter	Mechanische Schäden am Anlasser; s. Abschnitt. „Anlasser läuft nach dem Starten weiter" und „Geräusche im Anlasser
Motor springt nicht an bzw. läuft nicht einwandfrei	Zündanlage überprüfen; s. Abschn. „Mögl. Störungen an der Zündanlage" und „Zündstörungen unabhängig von der Zündanlage"
Motor läuft unregelmäßig bzw. hat zu geringe Leistung	Zündeinstellung und Kraftstoffversorgung überprüfen; s. Abschn. „Mögl. Störungen an der Zündanlage" und „Mögl. Störungen an der Kraftstoffanlage"
Motor macht unnormale Geräusche	Werkstatt aufsuchen; s. Abschn. „Motor macht unnormale Geräusche"
Motor wird zu heiß bzw. klingelt bei Belastung	Thermostat sowie Vergaser- und Zündeinstellung überprüfen; s. Abschn. „Motor wird zu heiß" und „Motor klingelt bei Belastung"
Motor verbraucht zu viel Kraftstoff	Vergaser- und Zündeinstellung überprüfen; s. Abschn. „Kraftstoffverbrauch zu hoch"
Motor bleibt plötzlich stehen	Mechanische Schäden möglich; s. Abschn. „Motor bleibt plötzlich stehen"

Unterbrecheranlage, Zündkerzensteckern und Zündkerzen; Kraftstoffanlage mit Ansaugsystem, Vergaser, Kraftstoffleitung, Kraftstoffpumpe, Kraftstoffbehälter.
Alle vorstehend genannten Baugruppen bzw. -teile können in ihrem funktionellen Zusammenwirken gestört oder auch mechanisch beschädigt sein. Unsere Störungssuche richtet sich infolge der Vielzahl der hieran möglichen Schäden deshalb auch nach den Anzeichen, mit denen sich die Störung bemerkbar machte. Wer sein Fahrzeug während der Fahrt stets aufmerksam beobachtet, wird darum auch hellhörig, sobald irgendwo „etwas nicht mehr stimmt". Und das ist dann auch schon der erste Schritt zum Auffinden und Beseitigen der sich so ankündigenden Störung. Tabelle 4-1 enthält die wesentlichsten.

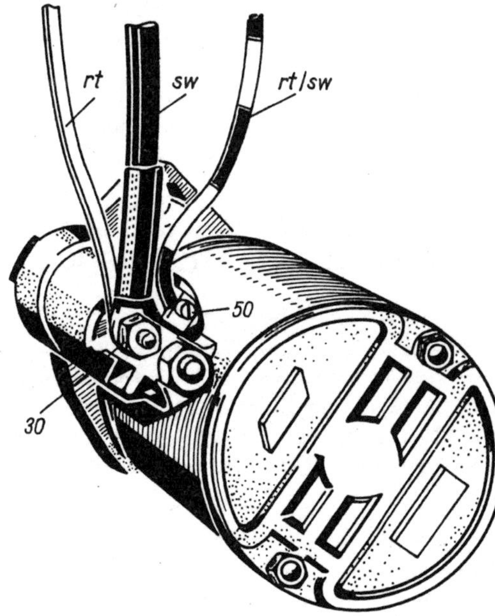

Bild 4-1 Magnetschalter des Anlassers mit Kabelanschlüssen und Klemmenbezeichnungen

Motor springt nicht an

Startschwierigkeiten stellen auch für den versierten Wartburg-Fahrer ein Problem dar. Sie können in der Startanlage, in der Zündanlage, aber auch in der Kraftstoffanlage ihre Ursache haben. Und da bei unserer Störungssuche ja gilt, daß wir dort damit beginnen, wo uns das am einfachsten möglich ist, beginnen wir mit der Startanlage, nachdem wir uns vorher davon überzeugt haben, ob nicht etwa Kraftstoffmangel (leerer Tank) die Ursachen für das Nichtanspringen des Motors ist.

Mögliche Störungen an der Startanlage

Beim Einschalten der Stellung „Starten" am Zündanlaßschalter muß ein Strom von der Batterie über den Magnetschalter zum Anlasser und wieder zurück zur Batterie fließen. Kommt das nicht zustande, kann man bei den möglichen Mängeln, die sich auf diesem Gebiet eingestellt haben könnten, die Störung nur systematisch suchen. Dabei geht man von den jeweils vorliegenden Gegebenheiten aus.

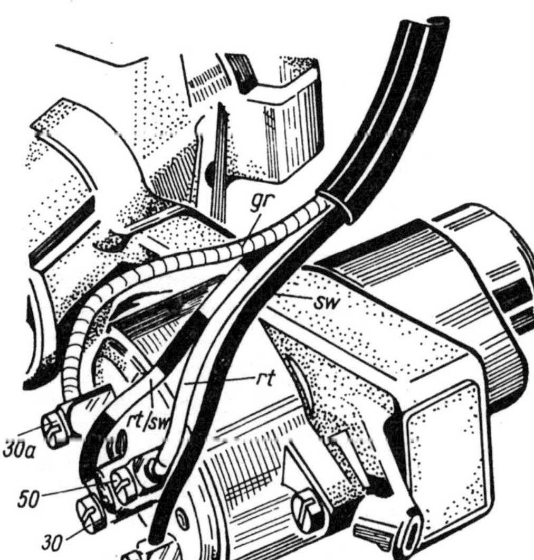

Bild 4-2 Zündanlaßschalter (von rückwärts gesehen) mit Kabelanschlüssen und Klemmenbezeichnungen

Anlasser läuft nicht an
Läuft der Anlasser beim Startvorgang nicht an, wird zunächst der Ladezustand der Bat-

terie überprüft, indem das Fernlicht eingeschaltet und ein Startversuch gemacht wird. Leuchtet das Fernlicht während des Startversuchs hell, ist der Ladezustand der Batterie in Ordnung. Leuchtet es während des Startversuches merklich dunkler oder verlöscht ganz, ist die Batterie leer. In einem solchen Fall läßt sich der Motor nur durch Anschieben oder Anschleppen des Fahrzeugs starten. Die Restspannung der Batterie reicht für den Zündstrom meist noch aus.

Steuerstromkreis: Ergibt die Überprüfung des Ladezustandes der Batterie, daß dieser in Ordnung ist, der Anlasser aber dennoch nicht reagiert, wird der sogenannte Steuerstromkreis für den Anlasser – das sind Zündanlaßschalter, Magnetschalter und die entsprechenden Kabelverbindungen – überprüft. Dazu löst man am Magnetschalter das dünne rot/schwarze Kabel – es kommt von Klemme 50 des Zündanlaßschalters – und schließt hieran die Prüflampe an. Der zweite Anschluß der Prüflampe wird an Masse gelegt. Wird jetzt die Stellung „Starten" eingeschaltet, muß die Prüflampe leuchten. Leuchtet sie, sind Zündanlaßschalter und Kabelverbindung in Ordnung. Vermutlich ist in diesem Falle der Magnetschalter defekt und muß erneuert werden. Ein Starten des Motors ist nur durch Anschieben oder Anschleppen des Fahrzeugs möglich (Bild 4-1).
Leuchtet die Prüflampe bei diesem Prüfvorgang nicht, liegt die Störung im Zündanlaßschalter, an den Kabelklemmen oder im Kabel selbst. In einem solchen Fall ist zu vermuten, daß hohe Übergangswiderstände an den Kabelklemmen oder eine gebrochene Klemme den Stromfluß verhindert. Man beseitigt die Oxide bzw. erneuert die Klemme. Der Anlasser müßte nach dieser Reparatur positiv reagieren. Reagiert er nicht entsprechend, kann nur noch der Zündanlaßschalter überprüft werden. Hierzu legt man die Prüflampe mit einem Anschluß an Klemme 50 des Schalters und mit dem anderen Anschluß an Masse. Wird jetzt die Stellung „Starten" eingeschaltet, muß die Prüflampe leuchten. Ist das nicht der Fall, liegt der Fehler im Schalter (Bild 4-2).
Knackt es während des Startvorgangs im Anlasser, ohne daß dieser anläuft, ist entweder der Magnetschalter defekt oder der Hauptstromkreis im Anlasser unterbrochen. Ursachen für letzteres können verschlissene Kohlebürsten sein. Man läßt den Anlasser in der Werkstatt überholen.

Anlasser dreht den Motor nicht durch
Läuft der Anlasser beim Einschalten der Stellung „Starten" an, ohne den Motor mit durchzudrehen, spurt in der Regel das Ritzel des Anlassers nicht in den Zahnkranz der Schwungscheibe des Motors ein. Ursache können beschädigte Zähne am Zahnkranz, aber auch ein beschädigtes Ritzel (Bild 4-3) sein. In einem solchen Fall – der Anlasser

Bild 4-3 Anlasserritzel; links = verschlissen; rechts = in Ordnung /2/

heult hierbei recht laut – schiebt man das Fahrzeug bei ausgeschalteter Zündung und Sperren des Freilaufes sowie eingelegtem Gang ein Stückchen vor. Hierdurch erhalten Zahnkranz und Ritzel eine andere Stellung zueinander, und der Anlasser funktioniert dann auch meist wieder bis zum nächsten Zwischenfall. Abhilfe: Zahnkranz des Schwungrades und Ritzel in der Werkstatt erneuern lassen. Anders ist dieser Mangel nicht zu beheben.

Anlasser heult beim Starten auf

Heult der Anlasser beim Starten des Motors auf, ohne denselben durchzudrehen, ist mit Sicherheit der Freilauf des Anlassers defekt und das Ritzel klemmt auf der Welle. Tritt diese Störung unterwegs auf, hilft man sich durch Anschieben oder Anschleppen des Fahrzeugs. Zu Hause angekommen, wird der Schaden in der Vertragswerkstatt behoben.

Anlasser läuft nach dem Starten weiter

Läuft der Anlasser nach dem Starten des Motors weiter, besteht höchste Gefahr für den Anlasser. Er wird zerstört, wenn nicht sofort die Zündung ausgeschaltet und das Minuskabel von der Batterie abgenommen wird. Die Gründe für diese zwar seltene, aber dennoch mögliche Störung liegen meist im Magnetschalter (ermüdete Feder, Ritzel wird nicht zurückgezogen), können aber auch im Anlasser selbst liegen (defekter Freilauf, Gratbildung an den Zähnen von Ritzel und/oder Zahnkranz des Schwungrades).

Auf keinen Fall darf bei einer solchen Störung versucht werden, das Batteriekabel vom Magnetschalter gewaltsam zu lösen. Durch den hierbei immer möglichen Kontakt des unter Spannung stehenden Kabels mit Masse entsteht sehr leicht ein Kurzschluß, welcher u. U. bis zum Brand des Fahrzeugs führen kann. Beim Wartburg wird diese Brandgefahr bei einer solchen Störung noch dadurch erhöht, daß sich oberhalb des Magnetschalters der Vergaser befindet und auf dessen Tropfblech fast immer Kraftstoffreste zu finden sind.

Geräusche im Anlasser

Geräusche im Anlasser sind gar nicht so selten. Sie treten beim Starten des Motors auf. Zuerst wird geprüft, ob sich der Anlasser nicht etwa gelockert hat. Wenn ja, werden die beiden Flanschmuttern nachgezogen. Wer den dazu erforderlichen Ringschlüssel SW 19 mm nicht besitzt, kann sich mit einem Gabelschlüssel SW 19 behelfen, dessen Außenseiten etwas abgeschliffen sind, da besonders bei der unteren Befestigung wenig Platz zum Schrauben ist. Zu beachten ist dabei, daß der Anlasser mit seinem Flansch richtig in der Aufnahme des Motors sitzt.

Wird den Geräuschen im Anlasser nicht Beachtung geschenkt, muß zwangsläufig mit Folgeerscheinungen gerechnet werden. Diese können bis zur Zerstörung des Anlassers und des Zahnkranzes auf der Schwungscheibe des Motors führen.

Mögliche Störungen an der Zündanlage

Von der Zündanlage muß man wissen, daß sie die Hochspannung für das Entzünden des Kraftstoff-Luft-Gemisches in den drei Zylindern zu den von der Zündeinstellung vorgegebenen Zündzeitpunkten liefert. Funktioniert das Zusammenspiel zwischen Batterie, Zündanlaßschalter, Unterbrecheranlage, Zündspulen, Zündkabeln, Kerzensteckern und Zündkerzen nicht, springt der Motor nicht an oder läuft nicht auf allen Zylindern. In einem solchen Fall suchen wir den Fehler systematisch. In der Praxis hat sich hierbei folgende Reihenfolge bewährt:

1. Sichtprüfung
   Kontrolle aller Teile der Zündanlage auf festen Sitz, einwandfreie Kontaktgabe und Isolation der Kabel. Insbesondere beachtet man hierbei die Kabelklemmen. Sie müssen oxydfrei sein. Ein leichtes Wackeln an den Anschlüssen macht Brüche sichtbar. Sauberkeit der Zündanlage erleichtert diesen Vorgang bzw. läßt Mängel schneller erkennen.

2. Zündkerzen – 1. Prüfung
   Zündkerzen – sie müssen betriebswarm sein – nacheinander herausschrauben und auf Zustand kontrollieren. Sind sie verölt, können hier keine Zündfunken entstehen. Die Zündkerzen werden gereinigt,

getrocknet und wieder eingeschraubt, nachdem der Motor zuvor mittels des Anlassers bei herausgeschraubten Zündkerzen und geschlossenem Starterzug mehrer Male durchgedreht worden ist. Danach wird der Motor gestartet. Springt er nicht an, erfolgt der nächste Kontrollschritt.

3. Zündkerzen – 2. Prüfung
   Zündkerzen erneut herausschrauben, in die Stecker einführen, die Zündkerzen zusammen mit den Steckern nacheinander auf den Zylinderkopf (Masse) legen (Bild 4–4), den Motor von einem Helfer starten lassen und dabei beobachten, ob zwischen den Elektroden der Zündkerzen kräftige Zündfunken überspringen. Ist das der Fall, sind die Zündkerzen in Ordnung. Andernfalls werden die defekten Zündkerzen erneuert.

4. Zündkerzenstecker und Zündkabel
   Zündkabel nacheinander von den Zündkerzensteckern abziehen, in einer Entfernung von 5 bis 6 mm gegen Masse (Zylinderkopf) halten und den Motor starten lassen (Bild 4–5). Springen von den Zündkabeln zur Masse kräftige Zündfunken über, ist das betreffende Zündkabel in Ordnung, mit Sicherheit aber der dazugehörige Zündkerzenstecker (meist der festeingebaute Entstörwiderstand) defekt und muß erneuert werden. Reparieren läßt er sich nicht.

5. Zündspulen
   Ist trotz der neuen Zündkerzenstecker noch immer kein Erfolg zu verzeichnen, können nur noch die Zündspulen defekt sein, d. h. ihre Plaste-Anschlußseiten feinste Haarrisse aufweisen (Bld 4–6). Durch diese feinen Risse, die man kaum sieht bzw. fühlt, springen insbesondere bei feuchtem Wetter die Zündfunken zur Masse über, was den Motor naturgemäß nicht anspringen oder schlecht laufen läßt. In einem solchen Falle behilft man sich dadurch, daß man die Plastemasse säubert und die feinen Risse sorgfältig mit einem Messer oder kleinen Schraubendreher auskratzt, bis wieder „gesundes Fleisch" zu sehen ist. Das hilft meist vorübergehend. Am Fahrtziel angekommen, muß die defekte Zündspule jedoch erneuert werden.

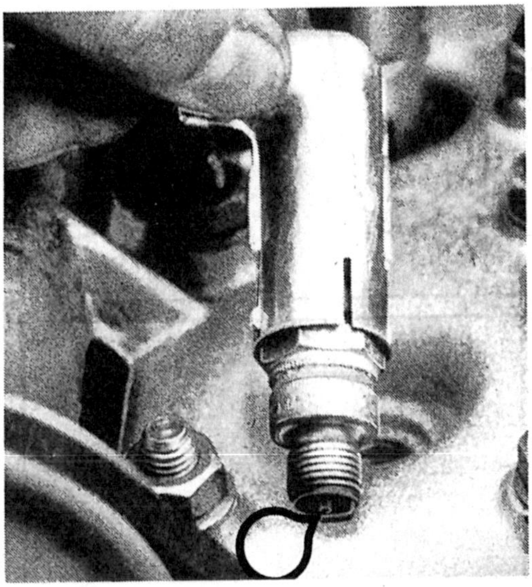

Bild 4-4 Überprüfen der Zündkerzen auf Funktionsfähigkeit; zwischen den Elektroden müssen kräftige Zündfunken überspringen

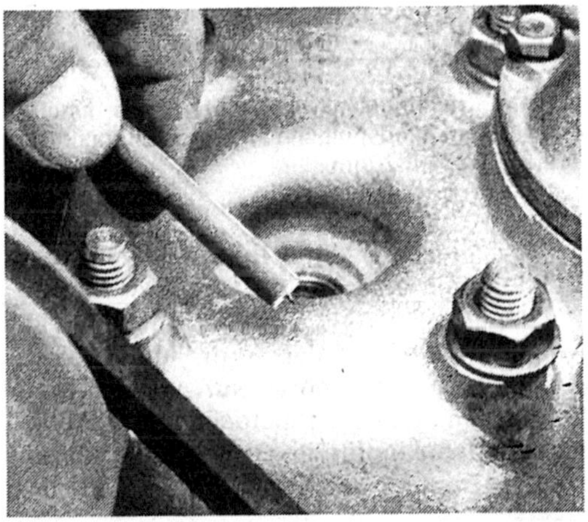

Bild 4-5 Springen bei dieser Prüfung kräftige Zündfunken vom Zündkabel zur Masse (Zylinderkopf) über, ist mit Sicherheit der betreffende Zündkerzenstecker defekt und muß erneuert werden

6. Kabelverbindungen
   Als nächstes folgt ggf. die Kontrolle der Kabelverbindungen an den Zündspulen

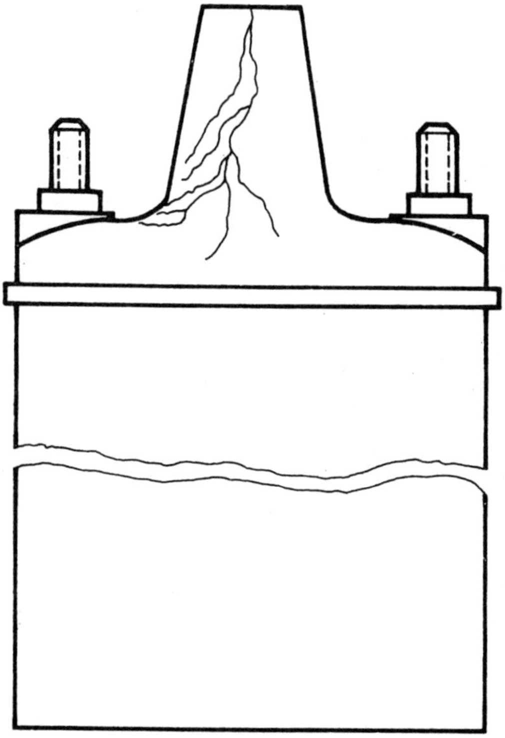

Bild 4-6 Kriechfunkenstrecken in Form feinster Haarrisse am Zündspulenhals, dargestellt nach /2/ an einer Trabant-Zündspule

(Anschlüsse 1, 4 und 15) auf Festsitz und Intaktheit, auch die des braunen Massekabels.

Damit hören wir mit der Kontrolle der Zündanlage zunächst einmal auf, denn wenn Zündkerzen, Zündkerzenstecker, Zündkabel und Zündspulen für in Ordnung befunden bzw. in Ordnung gebracht wurden, liegt die Ursache für das Nichtanspringen bzw. schlechte Laufen des Motors voraussichtlich in der Kraftstoffanlage (Kraftstoffmangel). Erweist sich aber auch die Kraftstoffanlage als intakt, nachdem die im nächsten Abschnitt beschriebenen Kontrollschritte gegangen worden sind, bleibt uns nichts weiter übrig, als auch die weiteren Teile der Zündanlage, insbesondere die Unterbrecheranlage, näher zu untersuchen. Notwendig ist das insbesondere dann, wenn die Kontrollschritte 1 bis 6 keinen Erfolg brachten, d. h. an den Zündkerzen noch immer keine Zündfunken entstehen, hier also keine Zündspannung ankommt. Die Arbeitsschritte sind folgende:

7. Unterbrecheranlage
   Die Unterbrecheranlage nach den im Abschnitt „Zündanlage warten" gegebenen Hinweisen freilegen und öffnen. Das kostet zwar einige Mühe, ist aber möglich.
8. Unterbrecherkontakte
   Ist die Unterbrecheranlage freigelegt, den Motor durch einen Helfer starten lassen und die Unterbrecherkontakte dahingehend beobachten, ob sie überhaupt abheben. Man sieht das an den kleinen Abreißfunken zwischen den Kontakten. Sind dabei an dem einen oder anderen Kontakt keine Abreißfunken zu entdekken, hebt a) der betreffende Kontakt infolge lange Zeit unterbliebener Versorgung des Schmierfilzes mit Öl und damit verstäkter Abnutzung der Anlaufnase nicht mehr ab, oder b) die Stromschiene dieses Kontaktes ist gebrochen (Bild 4–7). Im ersten Fall müssen Kontaktabstände und Zündung, wie im Abschnitt "Zündanlage warten" beschrieben, neu eingestellt, im zweiten Fall die Stromschiene erneuert werden.

Bild 4-7 Gebrochene Stromschiene an der Unterbrecheranlage; Störungen dieser Art sind am leichtesten zu ermitteln, wenn man die Schienen zu bewegen versucht

9. Kondensatoren
   Zeigen sich bei der Kontrolle der Unterbrecher an dem einen oder anderen Kontakt größere bläuliche Abreißfunken, d. h. ein regelrechtes Funkenfeuer, ist mit Sicherheit der Kondensator dieses Kontaktes defekt und muß erneuert werden. Reparieren läßt sich ein Kondensator nicht. Bei den neueren Unterbrecherplatten mit eingepreßten Kondensatoren muß die Platte komplett ausgetauscht werden. Danach sind Kontakte und Zündung neu einzustellen.

10. Zündleitung
   Einen letzten Blick werfen wir schließlich noch auf den Kabelbaum, der von der Unterbrecheranlage zu den Zündspulen führt. Er kann insbesondere dann durch den Keilriemen durchgescheuert sein und an Masse liegen, wenn er unsachgemäß verlegt worden ist. Abhilfe ist bei einer Unterwegsstörung durch Nachisolieren der Durchschlagstelle mittels Isolierband möglich. Dazu wird die Umhüllung ggf. aufgetrennt und jedes der drei hierin verlaufenden Kabel neu abisoliert.

11. Zündspulen
   Führten alle bisher beschriebenen Kontrollmaßnahmen nicht zum Erfolg, können eigentlich nur noch die Zündspulen die Ursache für das Nichtanspringen oder schlechte Laufen des Motors sein. Die Zündspulen überprüft man wie folgt:
   a) Kabel von den Klemmen 1 der Zündspulen nacheinander lösen.
   b) An die gelösten Kabelklemmen und an die Klemmen 1 der Zündspulen nacheinander die Prüflampe legen.
   c) Jeweils Zündung einschalten.

   Ist der betreffende Unterbrecherkontakt geschlossen – Bild 3–27 gibt darüber Auskunft, welcher Kontakt das ist –, leuchtet die Prüflampe auf. Das ist dann das Zeichen dafür, daß die Primärwicklung der betreffenden Zündspule in Ordnung ist. Leuchtet die Prüflampe bei geschlossenem Unterbrecherkontakt nicht auf, ist die Primärwicklung mit größter Wahrscheinlichkeit defekt. In diesem Falle hilft nur eines: Die Zündspule muß erneuert werden.

   Zur Sicherheit und damit Bestätigung des Prüfergebnisses legt man die Prüflampe vor dem Erneuern der Zündspule jedoch noch zwischen Klemme 1 der betreffenden Zündspule und Masse. Leuchtet dieselbe auch jetzt nicht auf, ist die Zündspule mit Sicherheit ausgefallen. Leuchtet die Prüflampe bei dieser Schaltung aber auf, schließt der betreffende Unterbrecherkontakt nicht ordnungsgemäß und muß instand gesetzt bzw. erneuert werden. Im Abschnitt „Zündanlage warten" ist beschrieben, wie das gemacht wird.

   Das Überprüfen der Sekundärwicklung der einzelnen Zündspulen ist identisch mit dem unter Punkt 4 beschriebenen und in Bild 4–4 gezeigten. Springt hierbei ein kräftiger Zündfunke zwischen den Elektroden der Zündkerze über, kann man annehmen, daß die Sekundärwicklung der Zündspule funktionstüchtig ist. Anderenfalls kann die Zündspule, sofern das Zündkabel in Ordnung ist, nur erneuert werden.

Abschließend sei noch darauf verwiesen, daß es bei der Kontrolle der Zündkabel, -stecker und -kerzen zweckmäßig ist, Lederhandschuhe zu tragen oder dieselben beim Festhalten nur mit einem mehrmals zusammengelegten Lappen anzufassen. Das verhindert Spannungsüberschläge auf den Körper.

Zündstörungen unabhängig von der Zündanlage

Der Wartburg ist nicht ganz frei von Zündstörungen, die außerhalb der Zündanlage ihren Ursprung haben. Betroffen sein können von diesen Störungen die Zylinder 3 und 1. In einem solchen Fall macht man folgendes:

Zylinder 3: Ist die Zündanlage in Ordnung bzw. in Ordnung gebracht (mehrmals kontrollieren) und es verölt dennoch ständig die Zündkerze dieses Zylinders, so hat in der Regel die Membran der Kraftstoffpumpe einen kleinen Riß. Durch ihn sickert dann laufend Kraftstoff in den Kurbelraum, der naturgemäß, bedingt durch das Prinzip der Vorverdichtung bei Zweitaktmotoren, mit angesaugt wird. Und das führt dann, besonders bei Leerlauf des Motors, zur Überfettung des Kraftstoff-Luft-Gemisches, wodurch die Zündkerze zwangsläufig verölt, obwohl die Zündung an sich in Ordnung ist und auch kräftige Zündfunken gebildet werden. Abhilfe ist durch Erneuern der Membran der Kraftstoffpumpe möglich. Im Abschnitt „Kraftstoffpumpe warten" sind die dazu erforderlichen Arbeitsgänge beschrieben.

Zylinder 1: Eine ähnliche Störung kann bei älteren Fahrzeugen, die überwiegend im Kurzstreckenbetrieb laufen und deren Motoren noch mit Zündkerzen M 18 bestückt sind, trotz einwandfreier Zündanlage zum Ausfall der Zündkerze des 1. Zylinders führen. Der Grund: Der Motor erhält unter diesen Bedingungen einmal ein zu fettes Kraftstoff-Luft-Gemisch, zum anderen wird er nicht richtig warm, wodurch die Zündkerze nicht die Selbstreinigungstemperatur erreicht und sich nicht freibrennen kann. Abhilfe ist dadurch möglich, daß hier eine Zündkerze mit niedrigerem Wärmewert, z. B. 18 × 225 statt 18 × 240 oder 18 × 175 statt 18 × 225 eingesetzt wird.
Eine weitere Möglichkeit, diese wenig erfreuliche Erscheinung zu beseitigen, besteht darin, den Leerlauf des Motors zu knapp wie möglich einzustellen, was ja zwangsläufig ein ärmeres Gemisch zur Folge hat. Und das geschieht bei den einzelnen Vergasertypen (40 F 1-11, 40 F 2-11) so, wie im Abschnitt „Leerlauf der Motors einstellen" dargelegt.

Mögliche Störungen an der Kraftstoffanlage

Kraftstoffmangel ist, wenn Start- und Zündanlage in Ordnung sind, die hauptsächlichste Ursache für Startschwierigkeiten bzw. schlechten oder unrunden Motorlaufes. Wir suchen die Ursache dafür auch wieder systematisch, wobei gilt, daß wir mit den am einfachsten auszuführenden Arbeiten beginnen.

1. Kraftstoffbehälter
   Urnegelmäßiger Motorlauf bis hin zum Stehenbleiben des Motors deutet auf ein zugesetztes Belüftungsloch im Deckel des Kraftstoffbehälters hin. Die Kraftstoffpumpe ist in einem solchen Falle nicht in der Lage, den entstandenen Unterdruck im Behälter zu überwinden und die jeweils notwendige Menge Kraftstoff kontinuierlich zum Vergaser zu befördern. Öffnet man jedoch sofort nach Motorstillstand den Deckel (der Unterdruck macht sich durch ein saugendes Geräusch bemerkbar) und macht dabei das kleine Loch frei, läuft der Motor in der Regel wieder ohne Beanstandung. Läuft er kurze Zeit danach aber wieder nicht, war dies nicht die Ursache der Störung. Es erfolgt der nächste Kontrollschritt.

2. Kraftstoffleitung
   Die Kraftstoffleitung vom Kraftstoffbehälter zur Kraftstoffpumpe setzt sich recht selten zu. Ist das dennoch einmal zu vermuten, wird der Kraftstoffschlauch von der Kraftstoffpumpe abgezogen und die Leitung von hier aus, d. h. von vorn nach hinten, mittels einer Luftpumpe durchgeblasen. Ist bei abgenommenem Deckel das Wallen des Kraftstoffes im Kraftstoffbehälter zu hören, ist alles in Ordnung. Die Störungsursache muß also in der nächsten Baugruppe gesucht werden.

3. Kraftstoffpumpe
   Zwecks Überprüfung der Funktion der Kraftstoffpumpe wird der Kraftstoffzuführungsschlauch vom Eingangsstutzen des Vergasers abgezogen, das offene Ende des Schlauches in ein Gefäß geführt und die Kraftstoffpumpe mittels des Anlassers betätigt. Es muß stoßweise Kraftstoff aus dem Schlauch austreten. Erfolgt überhaupt keine oder nur eine geringe Kraftstofförderung, könnten das Filtersieb der Pumpe zugesetzt (s. Bilder 3–16 und 3–17) oder auch ein Ventil „kleben" bzw. die Membran der Pumpe (s. Bilder 3–18 und 3–19) mechanisch beschädigt sein. Über Reinigung und Reparatur der Kraftstoffpumpe informiert der Abschnitt „Kraftstoffpumpe warten".

4. Vergaser
   Fördert die Kraftstoffpumpe ausreichend Kraftstoff, kann die Ursache für die Motor-

störung eigentlich nur noch im Vergaser liegen. Es könnten beim Registervergaser das Sieb im Kraftstoffeingangsstutzen, aber auch das Schwimmernadelventil und/oder eine der Düsen zugesetzt sein. Ähnliches gilt für die beiden anderen beschriebenen Vergasertypen. Abhilfe: Vergaser reinigen. Im Abschnitt „Vergaser reinigen und einstellen" ist beschrieben, wie das gemacht wird.

Ist bis hierher alles in Ordnung bzw. in Ordnung gebracht, müßte der Motor anspringen bzw. wieder störungsfrei laufen. Tut er das nicht, besteht eigentlich nur noch die Möglichkeit, daß er zuviel Kraftstoff bekommt, also „ersoffen ist". Aber das hätten wir schon bei der Kontrolle der Zündkerzen, wie im Abschnitt „Mögliche Störungen an der Zündanlage" beschrieben, festgestellt. Dennoch sei betont, daß ein „ersoffener" Motor keinesfalls mehr gestartet werden darf, auch nicht durch Anschieben oder Anschleppen. Es könnte zum sogenannten Benzinschlag durch die nicht mögliche Komprimierung des hereingelaufenen Kraftstoffes kommen. Und das würde die Zerstörung des Motors, zumindest aber die des Kurbeltriebes (Verbiegen der Pleuelstangen) bedeuten.

Die Ursachen für ein „Ersaufen" des Motors können folgende sein:

a) Schwimmernadelventil „hängt" und reguliert deshalb die Kraftstoffzufuhr zum Vergaser nicht in genügendem Maße. Anlaß kann Schmutz im Ventil oder auch ein mechanischer Schaden sein. Abhilfe: Vergaserdeckel abnehmen und Schwimmernadelventil reinigen bzw. erneuern. Das gilt für alle drei beschriebenen Vergasertypen.

b) Schwimmer undicht. Dieser Mangel kann nur bei den Vergasertypen 40 F 1–11 und 40 F 2–11 auftreten (der Schwimmer des Registervergasers ist aus Plast). Nach dem Abnehmen des Vergaserdeckels und Herausnehmen des Schwimmers läßt sich durch Schütteln desselben feststellen, ob sich Kraftstoff im Schwimmer befindet. Wenn ja, muß der Schwimmer erneuert und das Schwimmersystem neu eingestellt werden. Im Abschnitt „Vergaser reinigen und einstellen" ist beschrieben, wie das gemacht wird.

Der Plasteschwimmer des Registervergasers kann sich mit Kraftstoff vollsaugen, so daß er ebenfalls zu schwer wird. Ist das zu vermuten, wird der Schwimmer gewogen. Das Gewicht darf 17,2 ± 1,9 g betragen.

Motor läuft unregelmäßig

Ein unregelmäßiger Motorlauf kann sowohl auf Mängel in der Zündanlage als auch in der Kraftstoffanlage zurückzuführen sein. Macht sich diese Erscheinung sowohl im Leerlauf als auch während der Fahrt bemerkbar, bleibt einem nichts weiter übrig, als die Ursache für die Störung zu suchen und die Mängel zu beheben. Erfahrungsgemäß sind es Kleinigkeiten, die zu diesem Erscheinungsbild führen. Man untersucht darum zunächst auch folgendes:

1. Sind alle Kabel- und Schlauchverbindungen in Ordnung?
   An den Kabelklemmen ggf. die Oxide beseitigen und daran wackeln. Dabei sieht man, ob die eine oder andere Klemmverbindung vielleicht gebrochen ist. Ferner sind ggf. die Schraubverbindungen an Kraftstoffpumpe und Vergaser (Nebenluft) nachzuziehen.

2. Bekommt der Motor genügend Kraftstoff?
   Kraftstoffpumpe und Vergaser kontrollieren, wie im Abschnitt „Mögliche Störungen an der Kraftstoffanlage" beschrieben. Dabei ist insbesondere auf die Tankbelüftung (das kleine Loch im Deckel), das Filtersieb in der Kraftstoffpumpe und beim Registervergaser auf das Sieb im Kraftstoffeingangsstutzen (zugesetzt) sowie bei allen drei beschriebenen Vergasertypen auf die Düsen (Sauberkeit) zu achten.

3. Sind alle drei Zündkerzen intakt?
   In den Abschnitten „Mögliche Störungen an der Zündanlage" sowie „Zündstörungen unabhängig von der Zündanlage" sind die notwendigen Hinweise für die Kontrolle gegeben.

Sind nach diesen relativ leicht auszuführenden Kontrollen die Störungen im Motorlauf nicht behoben, kann man in die Tiefe gehen und insbesondere die Zündanlage in ihrer

Gesamtheit näher in Augenschein nehmen. Dabei kommt es auf folgendes an:

a) Ist die Zündung überhaupt richtig eingestellt?
Der Abschnitt „Zündanlage warten" gibt die notwendigen Hinweise für die Neueinstellung der Zündung. Zusätzlich muß man wissen, daß bei Spätzündung der Motor an Leistung verliert und zu heiß wird und es dadurch zu Überhitzungserscheinungen an den Zündkerzen sowie zu Brücken zwischen den Elektroden der Zündkerzen mit der Auswirkung kommen kann, daß die betreffende Zündkerze nicht mehr arbeitet.

b) Setzt etwa eine Zündspule zeitweise aus?
Dies kann sowohl im Leerlauf als auch bei Vollast des Motors der Fall sein. Man ergründet das näher mittels der Hinweise im Abschnitt „Mögliche Störungen an der Zündanlage".

c) Arbeiten die Unterbrecherkontakte richtig?
Unterbrecheranlage öffnen und die Kontakte unter Beachtung der Hinweise in den Abschnitten „Zündanlage warten" sowie „Mögliche Störungen an der Zündanlage" auf Zustand und Funktionstüchtigkeit kontrollieren. Dabei ist mit auf die Kondensatoren und die Stromschienen zu achten (ggf. erneuern).

Motor hat zu geringe Leistung

Die Leistung des Zweitaktmotors hängt von der technischen Intaktheit ganz bestimmter Baugruppen und -teile ab. Im einzelnen sind das folgende

1. Abgasanlage
Die Abgasanlage muß in allen ihren Teilen frei von größeren Verbrennungsrückständen sein, die besonders dann auftreten, wenn das Fahrzeug überwiegend im Kurzstreckenbetrieb gefahren wird. Abhilfe: Motor regelmäßig auf der Autobahn freifahren. Ferner sind mechanische Schäden (Rohrverengung durch Steinschlag oder Aufsetzen teilweise zugeprellt) so schnell wie möglich zu beseitigen.

2. Zündeinstellung
Die Zündeinstellung muß stets „stimmen". Sowohl Früh- als auch Spätzündung mindern die Leistung. Im Abschnitt „Zündanlagen warten" ist beschrieben, wie die Zündung eingestellt wird.

3. Vergasereinstellung
Dem Motor muß in Abhängigkeit von seiner Belastung stets das Kraftstoff-Luft-Gemisch in der richtigen Menge zugeführt werden. Eine zu magere Vergasereinstellung (s. Abschn. „Vergaser reinigen und einstellen") sowie falsche Einstellung der Drosselklappe (öffnet nicht voll) müssen ganz einfach die Leistung mindern.

4. Zylinderkopfdichtung
Eine auch nur geringfügig durchgebrannte Zylinderkopfdichtung führt zu Zündstörungen infolge der Kühlflüssigkeit in den Brennräumen der Zylinder (nasse Zündkerzen). Im Abschnitt „Zylinderkopfdichtung erneuern" ist beschrieben, wie die Dichtung ausgewechselt wird.

5. Fahrerfehler
Ein zu geringer Reifeninnendruck, eine nicht voll gelöste Handbremse sowie Schwergängigkeit des Betätigungszuges für den Fahrfußhebel (Gaspedal) tragen gleichfalls zur Leistungsminderung bei.

Motor macht unnormale Geräusche

Auch der Wartburg-Motor hat im kalten sowie im warmen Zustand eine ganz bestimmte Geräuschkulisse. Der aufmerksame Kraftfahrer kann darum schon aus diesen Geräuschen, wenn sie sich verändert haben, schließen, ob sich im Bereich des Motors irgendwelche Schäden anbahnen.

1. Rasselndes Geräusch
Ein Geräusch dieser Art, zumal, wenn es im kalten Zustand des Motors lauter zu vernehmen ist als im warmen Zustand, läßt darauf schließen, daß ein Kolben unbemerkt „klemmte". Abhilfe: In der Vertragswerkstatt den Mangel beurteilen und gegebenenfalls die Kolben erneuern lassen.

2. Heulende Geräusche
Starke heulende Geräusche, besonders beim Gasgeben, deuten darauf hin, daß der Keilriemen nicht mehr richtig gespannt ist. Abhilfe: Keilriemen nachspannen oder erneuern. Im Abschnitt „Keilriemen warten" ist beschrieben, wie das gemacht wird.

3. Klirrende Geräusche
Klirrende oder schwirrende Geräusche im Motorraum, die sich über den gesamten Drehzahlbereich des Motors erstrecken, haben als Ursache gewöhnlich die Lichtmaschine. Eine genauere Lokalisierung der Geräuschquelle ist dadurch möglich, daß man den Motor kurzzeitig ohne Keilriemen laufen läßt. Bleibt jetzt das Geräusch aus, wurde das Geräusch von der Lichtmaschine verursacht (Lager, Lüfterscheibe).

4. Rauher Motorlauf
Ein rauher Motorlauf, besonders im Leerlauf, kündigt Lagerschäden an der Kurbelwelle an. Man läßt den Mangel in der Vertragswerkstatt beurteilen und beheben.

Motor wird zu heiß

Wird der Motor im Fahrbetrieb zu heiß – zu bemerken am Temperaturanzeiger für die Kühlflüssigkeit und der höheren Klingelneigung –, liegen die Ursachen dafür im Kühlsystem. Im Abschnitt „Störungen an der Kühl- und Heizanlage" sind dieselben beschrieben. Hier sollten uns darum lediglich die weiteren Ursachen für diese Störungsart interessieren.

1. Keilriemen
Ist der Keilriemen nicht mehr genügend gespannt, wird die Pumpe für die Kühlflüssigkeit nicht ausreichend angetrieben. Die Folge: Das Ansteigen der Temperatur der Kühlflüssigkeit. Abhilfe: Keilriemen nachspannen, wie im Abschnitt „Keilriemen warten" beschrieben.

2. Zündeinstellung
Insbesondere Spätzündung führt zu einer höheren Motor- und damit Kühlmitteltemperatur. Abhilfe: Zündung neu einstellen. Im Abschnitt „Zündanlagen warten" sind entsprechende Hinweise für das Neueinstellen der Zündung zu finden.

3. Vergaser
Eine zu magere Einstellung und auch ein zu niedriger Schwimmerstand des Vergasers erhöhen gleichfalls die Motor- und damit die Kühlmitteltemperatur. Zusätzlich besteht die Gefahr, daß es infolge Überhitzung des Motors zu Kolbenklemmern kommt. Abhilfe: Vergasereinstellung korrigieren. Der Abschnitt „Vergaser reinigen und einstellen" enthält die notwendigen Hinweise.

4. Thermostat
Öffnet der Thermostat nicht, steigt die Motor- und damit die Kühlmitteltemperatur sehr schnell an. Bevor es infolge der Überhitzung des Motors zu Kolbenklemmen kommt, tauscht man den Thermostaten sofort aus oder fährt ohne diesen Regler. Mehr dazu im Abschnitt „Störungen an der Kühl- und Heizanlage".

Motor klingelt bei Belastung

Der Wartburg-Motor neigt bei intakter Ansauganlage sowie richtiger Vergaser- und Zündeinstellung recht wenig zum Klingeln. Ein gelegentliches Klingeln im 4. Gang bei 80 bis 90 km/h ist ohne Belang. Zurückzuführen ist das darauf, daß der Motor in diesem Bereich ein relativ mageres Kraftstoff-Luft-Gemisch erhält und darum hier auch recht sparsam läuft. Man gleicht das leichte Klingeln durch die Wahl der Fahrgeschwindigkeit aus. Das gilt auch bei Anhängerbetrieb, wo im 4. Gang bei 70 bis 80 km/h ein leichtes Klingeln auftreten kann. Klingelt der Motor jedoch beim Beschleunigen des Fahrzeugs über größere Drehzahlbereiche, so ermittelt man dafür die Ursachen:

1. Kraftstoff
Ist die Qualität des Kraftstoffes (besonders bei Auslandsfahrten möglich) ungenügend, überbrückt man das Klingeln des Motors durch Hinzutanken von Kraftstoff mit höherer Oktanzahl.

2. Zündeinstellung
   Zu viel Frühzündung führt zwangsläufig zum Klingeln des Motors. Abhilfe: Zündung neu einstellen. Die Einzelheiten des Neueinstellens der Zündung sind im Abschnitt „Zündanlage warten" beschrieben.
3. Vergaser
   Hier gilt das im Abschnitt „Motor wird zu heiß" zum Vergaser Gesagte. Abhilfe: Vergasereinstellung überprüfen bzw. korrigieren. Im Abschnitt „Vergaser reinigen und einstellen" sind die Arbeitsgänge beschrieben.

Kraftstoffverbrauch zu hoch

Den Kraftstoffverbrauch des Motors kann der Fahrer durch seine Fahrweise ganz erheblich beeinflussen. Abhängig von seinem mehr oder weniger überlegten Fahren wird er sich in den Bereichen einpegeln, die im Abschnitt „Wirtschaftliche Fahrbereiche" genannt sind. Übersteigt der Verbrauch jedoch diese Werte, sollte man die Ursachen dafür ermitteln und die Mängel beheben.

1. Luftfiltereinsatz
   Ein mit Staub gesättigter und darum lange Zeit nicht erneuerter Luftfiltereinsatz erhöht den Kraftverbrauch bis zu 3 l/100 km. Abhilfe: Einsatz erneuern (s. Abschn. „Luftfiltereinsatz erneuern").
2. Kraftstoffverlust
   Bei Undichtheiten an Leitungen und Schläuchen geht Kraftstoff meist unbemerkt verloren. Abhilfe: Anschlüsse, Leitungen und Schläuche (porös) kontrollieren und ggf. neu sichern. Infrage kommen die Anschlüsse sowie Schläuche an der Kraftstoffpumpe, am Vergaser und am Kraftstoffbehälter.
3. Vergasereinstellung
   Ein zu hoher Schwimmerstand im Vergaser bringt einen höheren Kraftstoffverbrauch mit sich. Abhilfe: Einstellung des Schwimmers korrigieren. Im Abschnitt „Vergaser reinigen und einstellen" sind die notwendigen Hinweise für diese Arbeit zu finden.
4. Zündeinstellung
   Hier gilt ähnliches wie für den Vergaser: Eine nicht „stimmende" Zündung erhöht den Kraftstoffverbrauch, indem der Kraftstoff nicht voll ausgenutzt wird. Abhilfe: Zündeinstellung korrigieren. Der Abschnitt „Zündanlage warten" beschreibt, wie das gemacht wird.
5. Fahrerfehler
   Nicht stimmende Reifeninnendrücke, schwergängige Radbremszylinder (schleifende Bremsbacken) sowie nicht voll gelöste Handbremse vermindern die Rollfähigkeit des Fahrzeugs und erhöhen darum infolge des in kürzeren Abständen immer wieder notwendigen Gasgebens den Kraftstoffverbrauch. Abhilfe: Fahrzeug gründlicher warten. Die Einzelheiten enthält das Kapitel „Technische Durchsicht".
6. Dachgepäckträger
   Viele glauben es nicht, aber es ist wahr: Ein beladener Dachgepäckträger erhöht den Kraftstoffverbrauch um 2 bis 4 l/100 km. Sogar das „Spazierenfahren" eines unbeladenen Dachgepäckträgers kostet Kraftstoff (s. Abschn. „Dachlasten").

Motor bleibt plötzlich stehen

Das plötzliche Stehenbleiben des Motors während der Fahrt kann zündseitige, aber auch kraftstoffseitige Ursachen haben; es kann aber auch auf mechanische Ursachen zurückzuführen sein. Vom Erscheinungsbild des Stehenbleibens läßt sich – vorausgesetzt, man hat das bewußt wahrgenommen – ableiten, welcher Schaden eingetreten sein könnte:

1. Ist eine Kabelklemme gebrochen?
   Bei einem Verdacht dieser Art – das Fahrzeug rollte mühelos weiter, aber die Zündung ist plötzlich ausgefallen –, untersucht man die Klemmen des Massekabels der Batterie am Getriebe sowie des Plus-Kabels am Anlasser und erneuert ggf. diese Kabel.
2. Hat sich die Hauptkraftstoffdüse zugesetzt?

Dieser Verdacht besteht, wenn die Elektrik noch funktioniert, aber der Motor vor dem Stehenbleiben stuckerte und etwas „unrund" lief. Um das näher zu ergründen, startet man den Motor und zieht dabei die Starterklappe (der Motor bekommt jetzt den Kraftstoff über das Startsystem). Springt er dabei an und läuft auch wieder, hat sich die Hauptdüse mit Sicherheit zugesetzt. Man reinigt sie, wie im Abschnitt „Vergaser reinigen und einstellen" beschrieben.

3. Hängt das Schwimmernadelventil?
   In einem solchen Fall bekommt der Motor zu viel Kraftstoff und „ersäuft" (nasse Zündkerzen), insbesondere im unteren Drehzahlbereich. Abhilfe: Schwimmernadelventil gangbar machen oder erneuern (s. Abschn. „Vergaser reinigen und einstellen") sowie Zündkerzen reinigen (s. Abschn. „Zündanlage warten").

4. Ist der Vergaser vereist?
   Mit einer solchen Erscheinung muß bei Temperaturen um die Null-Grad-Grenze herum gerechnet werden. Abhilfe: Schnorchel vom Ansauggeräuschdämpfer in die Winterstellung drehen, etwas warten und den Motor starten. Die Strahlungswärme des Motors hat das Eis im Ansaugbereich des Vergasers aufgetaut.

Weit ernster zu bewerten ist das plötzliche Stehenbleiben des Motors, wenn es mit Geräuschen (einem Rasseln, Quietschen oder Poltern) verbunden ist. In einem solchen Fall macht man folgendes:

5. „Klemmt" etwa ein Kolben?
   Ein Kolbenklemmer kann in der Einlaufperiode des Motors bei Überlastung desselben (z. B. zügige Autobahnfahrt bei voll ausgelastetem Fahrzeug und hoher Außentemperatur, oder bei langen Steigungen, wenn im großen Gang im Klingelbereich gefahren wird) auftreten. Bei einem Verdacht dieser Art – das Stehenbleiben des Motors ist mit einem rasselnden bzw. kreischenden Geräusch verbunden – läßt man das Fahrzeug ausrollen, wartet einige Minuten, startet den Motor und fährt einige Zeit vorsichtig mit gezogener Starterklappe. Das ergibt für den Motor eine gute Innenkühlung sowie Schmierung durch Kraftstoffanreicherung und glättet die Klemmstelle. Zu Hause angekommen informiert man die Vertragswerkstatt, die das Ausmaß des Kolbenklemmers einschätzen kann, und hört deren Rat hinsichtlich der weiteren Behandlung oder Instandsetzung des Motors.

6. Ist etwa ein Lager defekt?
   Ein Defekt an einem Kurbelwellen- oder auch großen Pleuellager macht sich beim Stehenbleiben des Motors durch ein ganz kurzes Geräusch, als ob extrem kritische Drehzahlen vorlägen, im Motorraum bemerkbar. Hat man das Fahrzeug schließlich angehalten, untersucht man das näher. Stellt man dabei fest, daß sich die Kurbelwelle weder mittels des Keilriemens und Anlassers, noch durch Anschieben des Fahrzeugs bewegen läßt, kann nur der Abschleppdienst gerufen und das Fahrzeug in die Vertragswerkstatt zur Reparatur des Motors geschleppt werden.

Störungen an der Kühl- und Heizanlage

Im Abschnitt „Motor wird zu heiß" klingt schon an, daß Störungen im Kühl- und Heizsystem vor allem durch Flüssigkeitsverlust (Leckstellen an Schläuchen und Leitungen) und die nicht einwandfreie Funktion des Kühlwassertemperaturreglers (Thermostat) – derselbe öffnet oder schließt den Kühlmittelkreislauf nicht zum gegebenen Zeitpunkt – hervorgerufen werden. Während man die Leckstellen an Schläuchen und Leitungen auch unterwegs beheben und hier notfalls sogar die Zylinderkopfdichtung erneuern kann, ist das bei Schäden am Kühler und Wärmetauscher in der Regel nicht möglich. Dennoch wollen wir versuchen, uns ggf. weiterzuhelfen. Tabelle 4-2 enthält die wesentlichsten Störungen.

Kühler defekt

Sollte der Kühler unterwegs plötzlich lecken,

Tabelle 4-2: Mögliche Störungen an der Kühl- und Heizanlage

Erscheinung	Abhilfe
Kühlflüssigkeit geht verloren, Motortemperatur abnormal hoch	Schlauchleitungen sowie -anschlüsse überprüfen Kühler defekt, Leck provisorisch abdichten; s. Abschn. „Kühler defekt“ Zylinderkopfdichtung defekt; s. Abschn. „Zylinderkopfdichtung erneuern“
Motor wird zu heiß, ohne daß Kühlflüssigkeit fehlt	Thermostat defekt; s. Abschn. „Kühlwassertemperaturregler defekt“ Kühlmittelpumpe arbeitet nicht einwandfrei; s. Abschn. „Kühlflüssigkeitspumpe arbeitet nicht zufriedenstellend“
Heizleistung ungenügend	Wärmetauscher entlüften; s. Abschn. „Wärmetauscher defekt“ und „Ungenügende Heizleistung“ Thermostat defekt; s. Abschn. „Kühlwassertemperaturregler defekt“

läßt sich das Leck, sofern es nur ein kleiner Riß ist, mit eingeweichtem Brot oder Brötchen provisorisch abdichten, indem man die entsprechend zurechtgeknetete Masse in die Lamellen des Kühlers oder den Übergang vom Kühlerkern zum Wasserkasten, wo meist die Undichtheiten auftreten, gleichmäßig eindrückt. Mit diesem Provisorium kommt man in der Regel nach Hause oder bis in die nächste Vertragswerkstatt, wo man den Kühler dann reparieren läßt.

Wärmetauscher defekt

Bei einem Schaden am Wärmetauscher (s. Bild 3-30) – derselbe macht sich dadurch bemerkbar, daß die Heizung nicht mehr einwandfrei arbeitet und evtl. sogar Kühlflüssigkeit in den Fußraum gelangt – kann man sich unterwegs gleichfalls helfen, indem man den Wärmetauscher vom Kühlkreislauf abklemmt.: Absperrhahn schließen sowie Druckleitung vom Wärmetauscher abziehen und mit einem Stopfen oder durch Abknikken verschließen. So kommt man auf jeden Fall, wenn im Winter auch mit beschlagender Scheibe und ohne Heizung, bis nach Hause oder in die nächste Vertragswerkstatt.

Kühlwassertemepraturregler defekt

Am Kühlwassertemperaturregler (Thermostat/Bild 4-8) kann es zu zwei Störungen kommen. Entweder schließt der Thermostat nicht (die Kühlflüssigkeit zirkuliert dann sofort vom Starten des Motors an im gesamten Kühl- und Heizsystem, sodaß der Motor nur mühevoll seine Betriebstemperatur erreicht und die Heizwirkung nachläßt) oder er öffnet nicht (die Kühlflüssigkeit zirkuliert dann nur im Kühlmantel des Motors mit der Auswirkung, daß der Motor recht bald sehr warm wird). Im ersten Fall ist die Störung harmlos, wenn man von der schlechten Heizwirkung absieht, im zweiten Fall ist dieselbe schwerwiegend. Aber sehen wir uns an, was wir ggf. in Selbsthilfe machen können.

Thermostat schließt nicht: Schließt der Thermostat nicht mehr einwandfrei, benötigt der Motor besonders in der kalten Jahreszeit sehr lange, um seine Betriebstemperatur zu erreichen. Abgesehen von der Auswirkung auf die Heizleistung des Systems stört das den Motorbetrieb nicht. In solch einem Fall ist es darum auch nicht notwendig, den Thermostaten sofort zu erneuern. Man tut das dann, wenn ein Austauschgerät zur Verfügung steht. Bis dahin regelt man die

Motortemperatur von Hand mittels der Kühlerjalousie bzw. bei niedrigen Außentemperaturen durch eine entsprechende Abdekkung des Frontmittelteiles.

Thermostat öffnet nicht: Öffnet der Thermostat nicht, steigt die Motortemperatur sehr schnell an. Ein sicheres Zeichen für einen „hängenden" Thermostaten ist darum auch ein heißer Zylinderkopf und eine relativ kalte Schlauchleitung vom Druckstutzen des Thermostaten zum Kühler. Ein Weiterfahren auch mit voll geöffneter Heizung sollte man unterlassen. Durch die Überhitzung des Motors kann es zu Kolbenklemmern kommen. Infolgedessen muß der Thermostat so schnell wie möglich ausgebaut werden. Hat man keinen neuen Thermostaten zur Hand, fährt man ohne diesen und regelt die Motortemperatur von Hand mittels der Jalousie analog wie bei nicht mehr schließendem Thermostaten.

Thermostat austauschen: Nach Ablassen von etwa 4 Liter Kühlflüssigkeit mittels des Ablaßhahnes am Motorblock werden die drei Befestigungsschrauben (SW 10 mm) des Druckstutzens auf dem Zylinderkopf gelöst und der Kabelanschluß vom Temperaturgeber abgezogen. Nunmehr läßt sich der Druckstutzen vom Zylinderkopf abheben. Dabei geht meist die Dichtung zu Bruch, so

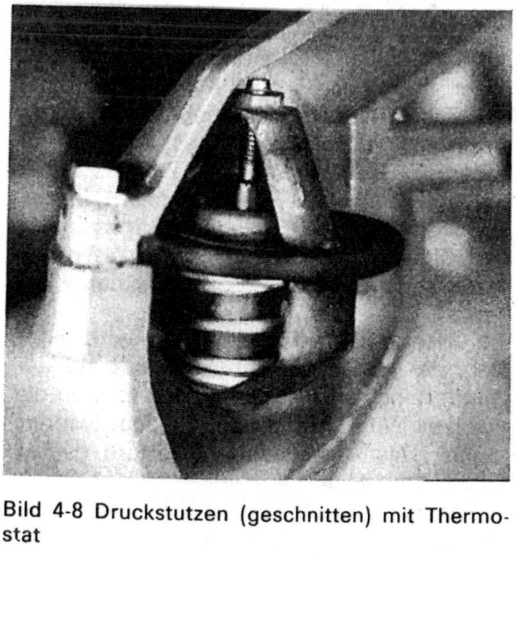

Bild 4-8 Druckstutzen (geschnitten) mit Thermostat

Bild 4-9 Einbaulage des Druckstutzens (1) und des Temperaturgebers (2) auf dem Zylinderkopf

daß außer dem Thermostaten auch eine neue Dichtung benötigt wird. Nach gründlichem Reinigen der Dichtflächen von Zylinderkopf und Druckstutzen wird der neue Thermostat eingesetzt und der Druckstutzen mit Dichtung montiert. Abschließend wird die Leitung auf die Kontaktfahne des Temperaturgebers aufgesteckt und die abgelassene Kühlflüssigkeit wieder aufgefüllt (Bild 4-9).

Kühlflüssigkeitspumpe arbeitet nicht zufriedenstellend

Ein Ansteigen der Motortemperatur kann auch auf das nicht einwandfreie Arbeiten der Kühlflüssigkeitspumpe zurückzuführen sein. Deuten hier Flüssigkeitsspuren auf Undichtheit oder Geräusche auf mechanische Schäden hin, kann nur die Vertragswerkstatt aufgesucht und hier der Schaden behoben werden.
Eine weitere Ursache für das nicht zufriedenstellende Arbeiten der Pumpe kann eine nicht richtige Keilriemenspannung sein. In diesem Fall verfährt man nach den Hinweisen im Abschnitt „Keilriemen warten".

Ungenügende Heizleistung

Eine ungenügende Heizleistung ist, abgesehen von dem Fall, daß der Thermostat nicht öffnet und die Kühl- und damit Heizflüssigkeit nur im Motorblock zirkuliert, vor allem dadurch möglich, daß sich im Wärmeaustauscher ein Luftpolster gebildet hat. In einem solchen Fall muß der Wärmetauscher entlüftet werden:

- Öffnen der Entlüftungsschraube auf dem Wärmetauscher.
- Öffnen des Kühlerverschlusses.
- Nachfüllen von Kühlflüssigkeit, bis diese aus der Entlüftungsschraube des Wärmetauschers blasenfrei austritt.
- Nachfüllen des Kühlers und Schließen von Entlüftungsschraube und Kühlerverschluß.

Zylinderkopfdichtung erneuern

Typische Merkmale für eine defekte Zylinderkopfdichtung sind Leistungsminderung, unrunder Motorlauf (ähnlich wie bei Zündaussetzern) und Ansteigen der Motortemperatur, bedingt durch den Verlust von Kühlflüssigkeit. Hält man an und besieht sich den Schaden, stellt man bei laufendem Motor ferner einen hohen Druck oder Gasblasen im Ausgleichbehälter bzw. Wasserdampf in den Auspuffgasen fest. Letzteren kann man sichtbar machen, indem man die flache Hand oder ein Stück Papier vor das Auspuffrohr hält. Schlagen sich hier Wassertröpfchen nieder, ist die Zylinderkopfdichtung mit Sicherheit defekt und muß erneuert werden. Ein Weiterfahren mit defekter Dichtung ist nicht ratsam; es führt zu Motorschäden.

1. Ablassen von etwa 5 l Kühlflüssigkeit durch Öffnen des Ablaßhahnes am Motor (s. Bild 3-31) und Auffangen derselben.
2. Abnehmen des Keilriemens nach Lockern der Halteschrauben der Lichtmaschine (s. Bild 3-32).
3. Lösen der Manschette für die Kühlluft am Leitring (Federn aushängen, Spannringe abnehmen), sofern noch vorhanden.
4. Abziehen der Steckverbindung vom Temperaturgeber auf dem Zylinderkopf (s. Bild 4-9).

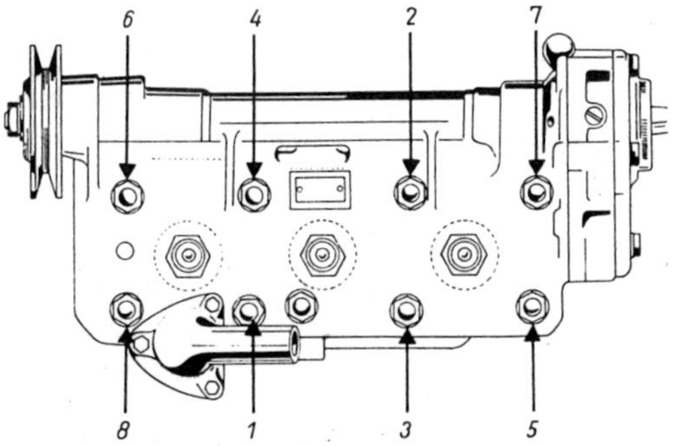

Bild 4-10 Reihenfolge des Anziehens der Zylinderkopfschrauben; das Lösen beginnt bei 8

5. Lösen der Halteschrauben des Zylinderkopfes in der Reihenfolge nach Bild 4-10 und Abnehmen der Unterlegscheiben sowie der Muttern.
6. Abnehmen des Zylinderkopfes.

Ist der Zylinderkopf festgebrannt, was meist der Fall ist, unterstützt man mit leichten Schlägen eines Gummihammers auf das Gehäuse der Lüfterwellenlagerung den Lösevorgang. Unterwegs läßt sich der Lösevorgang dadurch unterstützen, daß man den Motor kurzzeitig mit dem Anlasser durchdreht.

Sind Zylinderkopf und Zylinderblock voneinander getrennt, werden die Reste der Dichtung von den Dichtflächen sorgfältig mit einem Schaber oder breitem Schraubendreher entfernt. Dabei ist streng darauf zu achten, daß keinerlei Dichtungsreste in die Zylinder und/oder in den Kühlwassermantel des Zylinderblocks gelangen. Ölkohle und Verbrennungsrückstände auf den Kolben und in den Brennräumen des Zylinderkopfes bleiben unberührt. Ist die Schicht in den Brennräumen jedoch relativ dick (begünstigt das Klingeln des Motors), reinigt man die Brennräume mit einem Kalottenschaber aus Hartholz.

Die neue Zylinderkopfdichtung wird ohne Fett oder sonstige Dichtungsmittel auf den Zylinderblock aufgelegt. Danach folgt in der gleichen Weise das Auflegen des Zylinderkopfes. Das Anziehen der Muttern (Unterlegscheiben nicht vergessen!) erfolgt gleichmäßig und entgegengesetzt wie beim Lösen des Kopfes nach Bild 4–10.

Danach beginnt die Montage der abgebauten Teile und Anschlüsse analog der Demontage in umgekehrter Reihenfolge. Sind alle Teile angebaut und alle Verbindungen hergestellt, wird die abgelassene Kühlflüssigkeit wieder aufgefüllt. Dazu werden die Entlüftungsschrauben auf der Wasserpumpe und dem Wärmetauscher (s. Bild 3–30) gelöst, damit die Luft entweichen kann. Gleichfalls zu öffnen ist der Heizungshahn (Stellung „warm").
Eine neue Zylinderkopfdichtung setzt sich bei Wärmebelastung. Die Zylinderkopfschrauben werden darum nach etwa 30 Minuten Fahrt das erste Mal und nach weiteren zwei bis drei Stunden Fahrt ein zweites Mal mit einer Kraft von 48 Nm (4,8 kpm) nachgezogen.

Störungen an der Kraftübertragung

Störungen an den Baugruppen der Kraftübertragung – es gehören dazu Kupplung, Schaltung, Getriebe, Gelenkwellen, Radantriebe und Laufräder – haben meist zwei Ursachen; einmal die Vernachlässigung der wenigen, aber unbedingt notwendigen Wartungsarbeiten, zum anderen eine unüberlegte Fahrweise, verbunden mit unsachgemäßer Handhabung des Fahrzeugs. Tabelle 4–3 gibt einen Überblick.
Wer meint, ernsthafte Störungen an den Baugruppen der Kraftübertragung in Selbsthilfe beheben zu können, ist nicht gut beraten. Es werden hierzu spezielle Vorrichtungen und Werkzeuge benötigt, die kaum jemand besitzen dürfte. Darum ist es bei sich ankündigenden Mängeln immer richtig, die Vertragswerkstatt zu Rate zu ziehen.

Kupplung rutscht

Ein Rutschen der Kupplung macht sich beim Anfahren sowie bei stärkerem Gasgeben nach dem Einlegen des nächsthöheren Ganges bemerkbar. Im Extremfall heult der Motor hierbei sogar auf, ohne dem Fahrzeug die entsprechende Geschwindigkeit zu verleihen. Ursache dafür ist ein fehlendes Kupplungsspiel bzw. sind verbrauchte oder verölte Beläge der Mitnehmerscheibe.

Kupplungsspiel: Das Einstellen des Kupplungsspieles ist im Abschnitt „Kupplung warten" beschrieben. Es ist in Selbsthilfe möglich.

Mitnehmerscheibe: Das Auswechseln der Mitnehmerscheibe, das im normalen Fahrbetrieb durch den Belagverschleiß bei etwa 60 000–80 000 km anfällt, überlassen wir der Vertragswerkstatt. Ihre Mitarbeiter können bei dieser Gelegenheit dann gleich mit beurteilen, ob etwa das Drucklager der Kupplungsbetätigung nachgeschmiert werden muß oder einen solchen Verschleißgrad erreicht hat, daß eine Erneuerung ratsam erscheint.
Besitzer von Lasten- oder Campinganhängern haben es sicher schon erlebt: Der Anhängebetrieb belastet zusätzlich die Kupp-

Tabelle 4-3: Mögliche Störungen an der Kraftübertragung

Erscheinung	Abhilfe
Kupplung rutscht	Kupplungsspiel überprüfen; s. Abschn. „Kupplung rutscht"
Kupplung trennt nicht	Kupplungsspiel und -seil überprüfen; s. Abschn. „Kupplung trennt nicht"
Kupplung macht Geräusche	Werkstatt konsultieren; s. Abschn. „Kupplung macht Geräusche"
Getriebe läßt sich schwer schalten bzw. macht Geräusche	Ölstand überprüfen; s. Abschn. „Getriebe macht Geräusche" und „Getriebe läßt sich schwer schalten"

lung, vor allem den Belag der Mitnehmerscheibe sehr. Und das insbesondere dann, wenn mit schwerem Anhänger oftmals am Berg angefahren worden ist. Riecht es bei den Anfahrvorgängen nach verbranntem Kupplungsbelag, so ist die Mitnehmerscheibe mit Sicherheit so stark in Mitleidenschaft gezogen, daß eine baldige Erneuerung anfällt.
Ein Verölen der Mitnehmerscheibe tritt bei defektem Radialdichtring der Getriebewelle durch das in die Kupplungsglocke austretende Öl ein. Dieser Mangel ist relativ selten. Deuten jedoch Ölspuren darauf hin – das Öl tritt tropfenweise unten an der Trennstelle zwischen Motor- und Getriebegehäuse aus der halbrunden Aussparung der Kupplungsglocke aus –, kann nur die Vertragswerkstatt mit der Erneuerung des Radialdichtringes und der Mitnehmerscheibe helfen. Darüber hinaus macht sich das Verölen der Beläge gleichzeitig durch das Rutschen der Kupplung auch bei vorschriftsmäßig eingestelltem Spiel bemerkbar.

Kupplung trennt nicht

Lassen sich nach dem Niedertreten des Kupplungsfußhebels (Kupplungspedal) die Gänge, und zwar insbesondere der erste Gang und der Rückwärtsgang, nur schwer oder mit kratzenden Geräuschen verbunden einlegen, trennt die Kupplung Motor und Getriebe nicht genügend voneinander. Das Beheben dieses Mangels ist in Selbsthilfe möglich, indem das Kupplungsspiel neu eingestellt wird.

Kupplungsspiel: Das Einstellen des Kupplungsspieles ist im Abschnitt „Kupplung warten" beschrieben.

Kupplungsseil: Beim Einstellen des Kupplungsspieles – es erfolgt ja an den Betätigungsteilen unterhalb des Fahrzeugbodens (s. Bld 3–35) – bemerkt man in der Regel, ob das Kupplungsseil (Bild 4–11) noch in Ordnung ist oder schon Verschleißerscheinungen zeigt; z. B. mehrere Drähtchen des Stahlseiles gerissen. Stellt man das unterwegs fest und hat kein neues Kupplungsseil

Bild 4-11 Kupplungsseil mit Schmiernippel

zur Hand, kann man sich wie folgt behelfen: Nur noch beim Anfahren – um das Seil zu schonen – den Kupplungsfußhebel betätigen und beim Gangwechsel langsam ohne Benutzung der Kupplung mit viel Gefühl schalten. Das ist durch die Vollsynchronisierung des Getriebes möglich. Auf diese Weise kommt man nach Hause oder bis in die nächste Vertragswerkstatt.

Kupplung macht Geräusche

Sind in der Kupplung beim Betätigen des Kupplungsfußhebels – und zwar nur dann – kratzende oder mahlende Geräusche zu vernehmen, ist meist das Drucklager der Kupplung defekt. Ursachen dafür können sein: Zu geringes Kupplungsspiel, ständiges „Kupplungsfahren" (Ausruhen des linken Fußes während der Fahrt auf dem Kupplungsfußhebel), längeres Warten vor Lichtsignalanlagen mit getretenem Kupplungsfußhebel. In allen diesen Fällen läuft das Drucklager ständig mit dem Motor mit, wird warm, das Schmiermittel verbraucht und damit das Lager schließlich durch trockene Reibung zerstört.

Getriebe läßt sich schwer schalten

Schaltschwierigkeiten offenbaren in der Regel Mängel in der Kupplungseinstellung und/oder in der Einstellung der Lenkrad- oder Knüppelschaltung. In den Abschnitten „Kupplung warten" sowie „Schaltung warten" ist das Einstellen beider Baugruppen beschrieben. Hier werden deshalb lediglich die Einzelheiten behandelt, die beim Umgang mit dem Getriebe außerdem zu beachten sind.

Ölstand: Man trifft immer wieder Wartburg-Fahrer, die bedenkenlos über Jahre sich niemals um den Ölstand im Getriebe gekümmert haben und die darum eines Tages erstaunt sind, daß sich das Getriebe ihres Fahrzeugs plötzlich nur noch schwer und immer schwerer schalten läßt. Bei der Ölstandskontrolle oder später in der Werkstatt offenbart sich dann die Ursache: Ölstand im Getriebe viel zu niedrig, dadurch mangelhafte Schmierung aller gleitenden Teile in Verbindung mit erhöhtem Verschleiß. Um es nicht zu derartigen Beanstandungen kommen zu lassen, kontrolliert man den Ölstand wie vorgegeben und füllt rechtzeitig Getriebeöl nach, ergründet die Ursachen für den evtl. möglichen Ölverlust und beseitigt den Mangel.

Synchroneinrichtung: Mängel in der Synchroneinrichtung des Getriebes machen sich durch Schwergängigkeit in der Schaltung und kratzende Geräusche bemerkbar. Bei derartigen Feststellungen informiert man die Vertragswerkstatt und läßt hier den Schaden beheben. In Selbsthilfe ist das nicht möglich.

Getriebe macht Geräusche

Das Getriebe des Wartburg ist recht robust. Die durchschnittliche Laufleistung beträgt etwa 150 000 km. Treten nach einwandfreiem Lauf mit zunehmender Laufleistung jedoch verstärkt Heulgeräusche auf, so ist mit hoher Wahrscheinlichkeit der Ölstand zu niedrig (ggf. Ursachen für den Ölverlust aufspüren und Mängel beheben). Man ergänzt denselben nach den Hinweisen im Abschnitt „Getriebe warten".

Störungen am Fahrwerk

Sich am Fahrwerk abzeichnende Störungen jeder Art beeinflussen die Verkehrssicherheit des Fahrzeugs in hohem Maße. Infolgedessen sind alle Arbeiten an Lenkung, Bremsen und Achsen mit größter Gewissenhaftigkeit auszuführen bzw. ist bei den geringsten Zweifeln über die Richtigkeit dieser oder jener Maßnahme unbedingt ein Fachmann zu Rate zu ziehen. Es kann und darf ganz einfach nicht sein, daß ein Fahrzeug nach unsachgemäß ausgeführten Reparaturen am Straßenverkehr teilnimmt. Hingewiesen sei ferner darauf, daß sich Unzulänglichkeiten an den Baugruppen des Fahrwerkes in der Regel nicht plötzlich, sondern eher nach und nach und somit schleichend einstellen, so daß der unaufmerksame Fahrer sie kaum bemerkt und dann eines Tages von der Störung regelrecht überrascht wird. Zu vermeiden ist solch eine meist auch noch verkehrsgefährdende Situation nur, wenn man das Verhalten des Fahrzeugs (s. Abschn. „Empfehlenswertes Vorgehen") in den einzelnen Betriebszuständen bewußt beobachtet, um auf diese Weise zu erkennen, wo es rechtzeitig einzugreifen gilt. Tabelle 4–4 gibt einige Hinweise.

Lenkung hat zu viel Spiel

Das Spiel in der Lenkung darf, gemessen am Umfang des Lenkrades, maximal 20° betragen. Beim neuen Wartburg ist es infolge der spielfreien Lagerung von Spurstangengelenken und Kugelköpfen nicht mehr als zwei Finger breit. Hat sich dieses Spiel infolge natürlichen Verschleißes an den Elementen der Lenkung im Laufe der Jahre vergrößert, werden alle Teile der Lenkung näher untersucht und die Ursachen für das übermäßige Spiel beseitigt. Infrage kommen Spurstangenköpfe, Gummipuffer zwischen Zahnstange und Spurstangenmittelteil bzw. Lenkschubstange und Gummigelenkscheibe.

Gummigelenkscheibe: Die an der Gummigelenkscheibe möglichen Defekte, die ihren Sitz zwischen Lenksäule und Lenkgetriebe hat, sind im Abschnitt „Lenkung warten" be-

Tabelle 4-4:
MöglichStörungen
am Fahrwerk

Erscheinung	Abhilfe
Lenkung hat zu viel Spiel	Gewebescheibe und Spurstangengelenke überprüfen; s. Abschn. „Lenkung hat zu viel Spiel"
Lenkung geht zu schwer	Lenkgetriebe und Reifeninnendrücke überprüfen; s. Abschn. „Lenkung geht zu schwer"
Lenkung flattert	Reifen und Stoßdämpfer überprüfen; s. Abschn. „Lenkung flattert"
Fahrzeug zieht nach einer Seite	Reifen und Vorderachse überprüfen; s. Abschn. „Fahrzeug zieht nach einer Seite"
Fahrzeug „schwimmt"	Stoßdämpfer und Spurstangengelenke überprüfen; s. Abschn. „Fahrzeug schwimmt"
Unnormaler Reifenverschleiß	Achsgeometrie überprüfen; s. Abschn. „Vorspur einstellen" und „Reifen und Felgen warten"
Bremsfußhebel läßt sich zu weit durchtreten	Bremse entlüften; s. Abschn. „Bremsanlage warten" und „Bremsfußhebel läßt sich zu weit durchtreten"
Radbremsen werden heiß	Haupt- und Radbremszylinder sowie Handbremse überprüfen; s. Abschn. „Bremsanlage warten" und „Radbremsen werden heiß"
Bremsen ziehen einseitig	Radbremsen überprüfen; s. Abschn. „Bremsanlage warten" und „Bremsen ziehen einseitig"

schrieben. Man erneuert sie rechtzeitig. Ein Weiterfahren mit defekter Scheibe darf auf keinen Fall erfolgen. Das Fahrzeug könnte bei dem möglichen vollständigen Ausfall der Scheibe steuerlos werden.

Spurstangenköpfe: Das Ermitteln des Spieles in den Spurstangenköpfen ist im Abschnitt „Lenkung warten" beschrieben. Hat der Verschleiß dieser Gelenke das normale Maß überschritten, was sich darin äußert, daß sie klappern bzw. merkliches Spiel aufweisen, müssen die Gelenke erneuert werden. Das ist in Selbsthilfe möglich, wenn der dazu notwendige Abdrücker (Bild 4–12) zur Verfügung steht. Die Arbeitsgänge wurden bereits im Abschnitt „Lenkung warten" beschrieben.

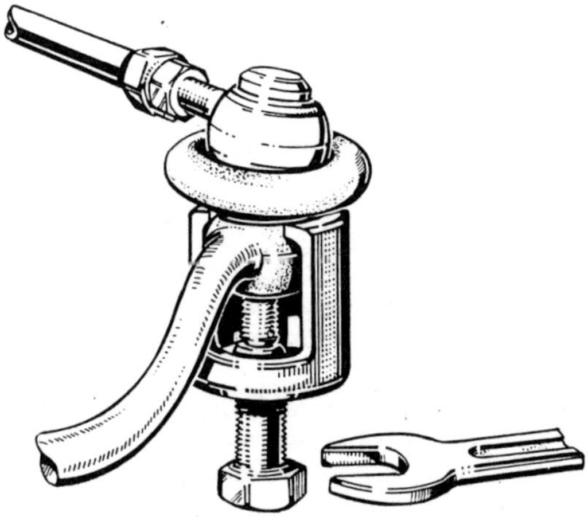

Bild 4-12 Zum Erneuern der Spurstangengelenke gehört das entsprechende Ausdrückwerkzeug

Nach dem Erneuern der Spurstangenköpfe muß die Vorspur der Vorderräder neu eingestellt werden. Im Abschnitt „Vorspur einstellen" ist beschrieben, wie das gemacht wird.

Gummipuffer: Zwischen Zahnstange und Lenkschubstange des Lenkgetriebes sitzt ein Gummipuffer. Seine Aufgabe ist es, die auf das Fahrzeug einwirkenden Stöße von der Straße zu dämpfen und nicht weiter in die Lenkung zu übertragen. Ist er ausgeschlagen (übermäßiges Spiel), kann nur die Vertragswerkstatt helfen. Es muß dazu das Lenkgetriebe ausgebaut und demontiert werden.

Lenkung geht zu schwer

Eine zu schwer gehende Lenkung beeinflußt das Rückstellvermögen der Vorderräder nach Kurvendurchfahrten und erschwert das Fahren überhaupt. Die Schwergängigkeit kann als Ursache Schmiermittelmangel in Verbindung mit Verschleißerscheinungen an Zahnstange und Ritzel sowie zu geringe Reifeninnendrücke an den Vorderrädern haben. Im einzelnen konsultiert man bei diesen Erscheinungsbildern die Vertragswerkstatt bzw. stellt die richtigen Reifeninnendrücke her.

Lenkung flattert

Das Flattern der Lenkung hat in der Regel zwei Ursachen. Einmal kann Unwucht in den Vorderrädern „stecken", evtl. hervorgerufen durch verlorengegangene Auswuchtstücke, zum anderen durch defekte Stoßdämpfer. Ist das eine oder andere zu vermuten, läßt sich das Flattern der Lenkung relativ leicht beseitigen.

Unwucht: Jeder Reifendienst wuchtet die Räder neu aus. Das sollte übrigens einmal jährlich geschehen. Läßt sich doch so der schleichende Verschleiß, der durch die Unwucht hervorgerufen wird, an den Lenkungsteilen, den Radlagerungen und den Reifen in Grenzen halten.

Stoßdämpfer: Hierzu ist ausführlich im Abschnitt „Stoßdämpfer warten" berichtet. Ergänzend hinzugefügt sei, daß sich Stoßdämpferdefekte hauptsächlich auf schlechten Fahrbahnen durch die unruhige Lage des Fahrzeugs bemerkbar machen. Das Fahrzeug „schwimmt" in diesem Falle regelrecht. Ein Erneuern der Stoßdämpfer, das jeweils paarweise geschehen sollte, ist bei dieser Erscheinung nicht zu umgehen.

Fahrzeug zieht nach einer Seite

Läuft der Wartburg auf ebener Fahrbahn bei gleichmäßiger Belastung nicht unbeirrt geradeaus, liegen erfahrungsgemäß Fehler in der Vorderachse vor. Ursachen können unterschiedliche Reifeninnendrücke in den Vorderrädern, eine veränderte Achsgeometrie durch Schlageinwirkung, ein Gürtelversatz in einem Reifen (nur bei Radialreifen) oder ein trockenlaufender Zapfenstern der Gelenkwelle sein.

Reifeninnendrücke: Hier informiert der Abschnitt „Reifen und Felgen warten". Zusätzlich sei bemerkt, daß auch unterschiedliche Reifenprofile zum nicht exakten Geradeauslaufen des Fahrzeugs beitragen können.

Achsgeometrie: Gemeint ist hier insbesondere die Vorspur. Der Abschnitt „Vorspur einstellen" enthält die notwendigen Hinweise für Überprüfung und Neueinstellung.

Gürtelversatz: In Einzelfällen kann es vorkommen, daß ein Gürtelversatz (von außen nicht erkennbar) im Radialreifen vorliegt. Um das genauer festzustellen, tauscht man die beiden Vorderräder miteinander aus. Läuft das Fahrzeug jetzt nach der anderen Seite, ist der Gürtel tatsächlich versetzt und der betreffende Reifen kann nur noch an der Hinterachse verwendet werden.

Gelenkwelle: Zieht das Fahrzeug nur beim Beschleunigen zur Seite, kann das Mitnehmergelenk der Gelenkwelle am Getriebe der betreffenden Seite zu wenig Fett enthalten. Man schmiert es nach. Im Abschnitt „Gelenkwellen warten" ist beschrieben, wie das gemacht wird.

Fahrzeug „schwimmt"

Mit „Schwimmen" bezeichnet man, wenn das Fahrzeug bei höherer Geschwindigkeit nur mit Mühe in der Spur zu halten ist. Die Ursachen können defekte Stoßdämpfer, ausgeschlagene Spurstangengelenke und/oder ausgeschlagene Kugelgelenke der Radantriebe sein.

Stoßdämpfer: Erfüllen die Stoßdämpfer nicht mehr voll ihre Funktion, schaukelt sich das Fahrzeug auf unebener Fahrbahn regelrecht auf. Ferner hat man bei Kurvenfahrt das Gefühl, daß es „ausbrechen" möchte. In beiden Fällen hilft nur eines: die defekten Stoßdämpfer erneuern. Der Abschnitt „Stoßdämper warten" gibt die notwendige Anleitung.

Spurstangengelenke: Die Spurstangengelenke können mit zum „Schwimmen" des Fahrzeugs beitragen, falls sie Spiel aufweisen oder gar klappern. Ist das der Fall, müssen sie erneuert werden. Anschließend ist die Vorspur neu einzustellen.
Für die Kugelgelenke der Schwenklager gilt das gleiche wie für die Spurstangengelenke. Weisen sie Spiel auf, müssen auch sie erneuert werden. (Vertragswerkstatt).

Unnormaler Reifenverschleiß

Unnormaler Reifenverschleiß verdient schon aus ökonomischen Gründen die größte Aufmerksamkeit, kostet doch ein Satz Neureifen für den Wartburg fast Eintausend Mark. Infolgedessen
- fährt man stets mit dem richtigen Reifeninnendruck,
- kontrolliert den Wuchtzustand der Räder von Zeit zu Zeit,
- behebt technische Mängel am Fahrwerk, die den Reifenverschleiß beschleunigen, sofort und
- paßt die Fahrweise stets den Verkehrsbedingungen an.

Das hilft, die charakteristischen Reifenschäden und abnormalen Verschleiß zu vermeiden. Die Tabelle 4–5 macht Ursache und Wirkung auf diesem Gebiet deutlich.

Tabelle 4–5: Reifenverschleißmerkmale und ihre Ursachen

Erscheinung am Reifen	Mögliche Fehler
Profilmitten nutzen sich stärker ab als Profilseiten	Reifeninnendruck zu groß
Profilseiten nutzen sich stärker ab als Profilmitten	Reifeninnendruck zu klein
Gratbildung am Profil am gesamten Reifenumfang in Querrichtung	Vorspur falsch eingestellt
Profil läuft am gesamten Umfang außen stärker ab	Radsturz zu groß
Profil läuft am gesamten Umfang innen stärker ab	Radsturz zu klein
Muldenartige Vertiefungen im Profil, meist paarweise am Radumfang gegenüberliegend	Unwucht im Rad, Stoßdämpfer defekt

Bremsfußhebel läßt sich zu weit durchtreten

Für das zu weite Durchtreten des Bremsfußhebels – sein Leerweg soll 10–20 mm betragen – gibt es drei Möglichkeiten: Es kann Luft in das Bremssystem hineingelangt sein, Bremsflüssigkeit geht verloren (Undichtheit) oder der Hauptbremszvlinder ist defekt.

Luft im Bremssystem: Ein typisches Zeichen für Luft im Bremssystem ist, wenn sich bei wiederholtem Niedertreten des Bremsfußhebels die Bremse „aufpumpen" läßt. Das heißt, nach jedem Niedertreten des Hebels wird sein Weg etwas kürzer. Prüft man das am stehenden Fahrzeug, so spürt man bei kräftigem Niedertreten des Hebels nicht den Punkt, an dem die Bremse anspricht, sich also die Bremsbacken an die Bremstrommeln oder -scheiben anlegen, sondern stellt fest, daß der Hebel „federt". Abhilfe bringt nur das Entlüften der Bremsanlage. Im Abschnitt „Bremsanlage warten" sind die Arbeitsschritte beschrieben.

Bremsflüssigkeitsverlust: Stellt man fest, daß der Stand der Bremsflüssigkeit im Vorratsbehälter gesunken ist, sucht man die Ursache (meist eine undichte Stelle im System). Hält hierbei ein Helfer das Bremssystem mittels des Bremsfußhebels unter Druck und man selbst überprüft nacheinander die Radbremsen sowie das Leitungssystem, bemerkt man relativ schnell, wo die Bremsflüssigkeit austritt. Erfahrungsgemäß sind das aber kaum die Stellen, an denen die Bremsleitungen zu den Radbremsen abzweigen. Meist liegt die Undichtheit an einem der Radbremszylinder. Um die Diagnose vollständig treffen zu können, nimmt man das betreffende Rad und ggf. die Bremstrommel ab (dabei Fußhebel nicht mehr treten!) und sieht dann meist auch schon die Auswirkung (ausgelaufene Bremsflüssigkeit). Stellt man das unterwegs fest, und der Schaden betrifft nur einen Bremskreis, fährt man selbst bei noch intaktem zweiten Bremskreis äußerst vorsichtig bis zur nächsten Vertragswerkstatt. Die Bremswege sind erheblich länger.

Hauptbremszylinder: Beanstandungen am Hauptbremszylinder können mit zunehmender Laufzeit des Fahrzeugs vor allem durch Manschettenverschleiß auftreten. Dadurch gelangt Luft in das Bremssystem. Die Folgen sind unzureichende Bremswirkung u. a. m. Helfen kann in einem solchen Fall nur die Vertragswerkstatt.

Radbremsen werden heiß

Werden die Radbremsen heiß – eine gewisse Erwärmung in Abhängigkeit von der Belastung der Bremsen ist normal –, liegt der Verdacht nahe, daß dieselben „schleifen", d. h., die Bremsbeläge an den Trommeln oder Scheiben mehr oder minder fest anliegen. Während der Fahrt wird man auf diesen Umstand gewöhnlich dadurch aufmerksam, daß der Motor plötzlich nicht mehr richtig „zieht", es ihm schwerfällt, die Geschwindigket des Fahrzeugs zu halten. Wird angehalten, läuft der Motor in allen Drehzahlbereichen einwandfrei. Berührt man jedoch die Felgen mit der Hand und spürt die abnormale Erwärmung, bestätigt sich der Verdacht, daß die Bremsanlage nicht in Ordnung ist und als Folge davon die Bremsbacken an den Bremstrommeln oder -scheiben schleifen. Ursachen dafür gibt es mehere.

Hauptbremszylinder: Sind alle Räder heiß und läßt sich das Fahrzeug – Schalthebel auf Leerlauf – nicht oder nur schwer schieben, ist mit Sicherheit der Hauptbremszylinder defekt. Reparieren läßt er sich nicht. Es kann zur Kontrolle lediglich das Stößelspiel überprüft und ggf. vergrößert werden. Im Abschnitt „Bremsanlage warten" ist das näher beschrieben. Hilft das nicht, kann nur der Kfz-Hilfsdienst gerufen werden. Nur eine Werkstatt ist in der Lage, den Schaden zu beheben.

Radbremszylinder: Sowohl die vorderen als auch die hinteren Radbremszylinder unterliegen im Winter dem Einfluß der Winterdienstchemikalien mit ihren korrosionsfördernden Eigenschaften. Es kann infolge dieses Einflusses zur Schwergängigkeit und/oder zum Hängenbleiben der Bremskolben in ausgerückter Stellung kommen. Dadurch liegen die Bremsbeläge ständig an den Bremsscheiben oder -trommeln an, was zur Erwärmung der Bremsen und Felgen führt. Am Bremsfußhebel äußert sich dieser Zustand in einer Verkürzung des Leerweges bis zum Druckpunkt (verringertes Spiel). Passiert einem das unterwegs, kann man nur eine längere Pause einlegen und abwarten, bis sich die Bremsen wieder abgekühlt haben. Dabei verlieren die Bremsbacken meist den Kontakt mit den Bremsflächen, und die Räder drehen sich wieder frei. Ein Weiterfahren ist in einem solchen Falle unter der Voraussetzung möglich, daß man zum Bremsen nur noch die mechanisch betätigte Handbremse benutzt. So kommt man auf jeden Fall bis nach Hause oder in die nächste Vertragswerkstatt.

Handbremse: Bei Funktionsstörungen der Handbremse erwärmen sich nur die hinteren Bremstrommeln, Radnaben und Felgen. Die einfachsten Gründe für deren Heißwerden sind, daß die Handbremse beim Anfahren

nicht vollständig gelöst wurde, dieselbe nicht richtig eingestellt ist, die Bremsseile verschlissen oder überhaupt nicht geschmiert sind. In allen drei Fällen kann man sich unterwegs helfen.
War die Handbremse versehentlich nicht voll gelöst worden, bemerkt man zuerst die angebliche Leistungsminderung des Motors, danach riecht es nach einiger Zeit nach verbranntem Bremsbelag. In einem solchen Fall gilt es, die Handbremse sofort voll zu lösen und weiterzufahren. Der Fahrtwind kühlt die Bremsen sehr schnell ab, ohne daß dieselben Schaden nehmen. Dennoch läßt man sie beim nächsten Aufenthalt des Fahrzeugs in der Werkstatt mit kontrollieren. Es könnte sein, daß die Bremsbacken doch besser erneuert werden.
Das Einstellen der Handbremse ist im Abschnitt „Bremsanlage warten" beschrieben.
Verschlissene, d. h., in den Hüllen durch die aufgespleisten Drähtchen der Stahlseile schwergängigen Handbremsseile können nur erneuert werden. Der Abschnitt „Bremsanlage warten" gibt auch hierzu die notwendige Anleitung.
Schwergängigkeit der Handbremse tritt auch bei schlechtem Schmierzustand der Seile auf. In einem solchen Fall dringen Feuchtigkeit und chemische Winterdienstmittel zusammen mit dem Schmutz von der Fahrbahn in die Seilhüllen ein, was zum Festgehen der Seile führt. Ist das zu vermuten, hilft auch kein Abschmieren mehr. Wird man unterwegs von einer solchen Störung überrascht, kann man nur nach dem Abnehmen der Räder und der Bremstrommeln die Handbremsseile am Hebel des Auflaufbakkens zurückdrücken, damit die Bremsbacken wieder frei laufen können. Weitergefahren wird danach ohne Benutzung der Handbremse. Zu Hause angekommen wird der Schaden dann endgültig behoben.

Bremsen ziehen einseitig

Ursachen für das einseitige Ziehen der Bremsen gibt es eigentlich nur zwei. Entweder liegt im Bremssystem irgendwo eine gewisse Schwergängigkeit vor, oder eine Radbremse ist verschmutzt bzw. verölt.

Bremssättel und Radbremszylinder: Einer der Bremskolben der vorderen Bremssättel – beide Sättel sind sehr stark dem Straßenschmutz ausgesetzt – kann durchaus einmal eine gewissen Schwergängigkeit erfahren. Die Folge ist, daß diese Radbremse weniger greift als die andere. Das Fahrzeug zieht in diesem Falle beim Bremsen nach der anderen Seite mit der intakten Radbremse. Ähnliches kann bei den Bremszylindern der hinteren Radbremsen auftreten. Die Auswirkungen sind die gleichen. Die Fahrt läßt sich mit entsprechender Vorsicht fortsetzen.

Bremsbacken, -scheiben, -trommeln: Auch diese Bremsenteile machen ständig mit dem Straßenschmutz Bekanntschaft. Kommt ihr natürlicher Verschleiß hinzu, kann es durchaus einmal sein, daß sie die Ursache für das einseitige Ziehen der Bremsen sind. Insbesondere ist das der Fall, wenn die eine oder andere Radbremse durch einen leicht undichten Radbremszylinder mit Bremsflüssigkeit verunreinigt worden ist oder die Handbremsseile übermäßig abgeschmiert wurden und von hier aus Fett in die Bremstrommeln gelangte. In beiden Fällen hilft nur eine gründliche Reinigung der Radbremsen mit Spiritus, auf keine Fall mit Kraftstoff. Kraftstoff reinigt nicht nur nicht gründlich, er greift auch die Gummielemente der Radbremsen an. Im Abschnitt „Bremsanlage warten" sind weitere Ausführungen zu den Bremsen zu finden.

Störungen an der Karosserie

Hauptursache für Quietsch- und Klappergeräusche sowie Undichtheiten an der Karosserie sind in der Regel ganz normale Verschleißerscheinungen. Es ist aber auch schon vorgekommen, daß im Innenraum abgelegte und dann vergessene Gegenstände bzw. nach einem Werkstattaufenthalt des Fahrzeugs in Hohlräumen zurückgelassene Schrauben für mysteriöse Klappergeräusche sorgten. Alle Geräuschquellen lassen sich jedoch aufspüren und beseitigen. Tabelle 4-6 gibt einen Überblick.

Tabelle 4-6: Mögliche Störungen an der Karosserie		
	Erscheinung	**Abhilfe**
	Türen klappern"	Schließkeile nachstellen; s. Abschn. „Türen klappern
	Türen lassen sich nicht öffnen	Türschlösser einstellen; s. Abschn. „Türen lassen sich von außen nicht öffnen"
	Motorhaube klappert	Haube neu einstellen; s. Abschn. „Motorhaube klappert"
	Geräusche in der Karosserie	Geräuschquellen beseitigen bzw. mit Öl beruhigen; s. Abschn. „Geräusche in der Karosserie"
	Undichtheiten in Fahrgast- und Kofferraum	Undichte Stellen ermitteln und Cenusil einbringen; s. Abschn. „Feuchtigkeit in Fahrgast- und Kofferraum"

Türen klappern

Klappern nach längerer Laufzeit des Fahrzeugs die Türen, ist das meist auf locker gewordene Schließkeile, Türschlösser oder Gleitnasen der Schlösser zurückzuführen. Ist letzteres der Fall, wird das betreffende Schloß ausgebaut und die Gleitnase nachgenietet. Ansonsten werden die lockeren Schraubverbindungen an Schließkeil und Türschloß nachgezogen.

Schließkeile: Das Nachstellen der Schließkeile ist infolge der hier vorhandenen Langlöcher relativ einfach. Die drei Befestigungsschrauben (Bild 4-13) werden mit einem Flach- oder Kreuzschlitzschraubendreher soweit angelöst, daß sich der Keil mit leichten Schlägen eines kleinen Hammers verstellen läßt. Die Richtung des Verstellens muß jeder selbst ermitteln. Der Schließkeil steht richtig, wenn sich die Tür ohne großen Kraftaufwand schließen läßt und sich dabei die Gleitnase ganz leicht auf den Türkeil aufschiebt.

Kurbelapparate: Sind die Schließkeile eingestellt und es klappert dennoch im Türbereich der einen oder anderen Tür, können sich die Halteschrauben des Kurbelapparates der betreffenden Tür gelöst haben. Bei einem derartigen Verdacht – es muß hierzu die Türverkleidung abgenommen werden – zieht man alle Schrauben nach und fettet

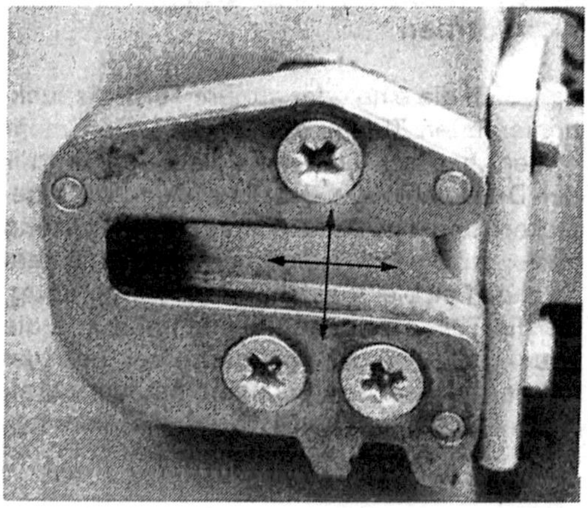

Bild 4-13 Verstellmöglichkeiten der Schließkeile an den Türsäulen

bei dieser Gelegenheit gleich alle beweglichen Teile gut ein. Das bringt die Tür bestimmt zur Ruhe.

Türverkleidung: Beim Abnehmen der Türverkleidung geht man wie folgt vor:

1. Fensterkurbel nach Lösen der Linsensenkschraube abnehmen.
2. Linsensenkschraube im Bereich der Armlehne lösen und Armlehne abnehmen.
3. Federklemmen mittels eines Schraubendrehers, der zwischen Türverkleidung und Türinnenblech geschoben wird, herausdrücken; dabei zur Vermeidung von Lack-

schäden zwischen Schraubendreher und Blech ein Tuch legen.

4. Nach Lösen der Federklemmen Türverkleidung in der Mitte durchwölben und aus den Halteschienen oben und unten herausfedern.
5. Abziehen der auf das Türinnenblech aufgeklebten Folie von oben nach unten; aber Vorsicht, sie darf nicht einreißen.

Der spätere Einbau geschieht in umgekehrter Reihenfolge. Dabei ist zu beachten, daß die Folie wieder sorgfältig rundherum angeklebt wird (mit Chemisol 1513 oder Reinalit), anderenfalls kann sich die Türverkleidung infolge des Eindringens von Feuchtigkeit verfärben oder verformen.

Türen lassen sich von außen nicht öffnen

Läßt sich die eine oder andere Tür trotz funktionierenden Türschlosses von außen nicht öffnen, hat sich bestimmt die Gegenmutter der Druckschraube des Türaußengriffes gelockert und die Druckschraube in Richtung eines größeren Spieles verstellt. In einem solchen Fall bleibt einem nichts weiter übrig, als die Türverkleidung abzunehmen und die Druckschraube bei hochgedrehter und damit geschlossener Türscheibe neu einzustellen. Die Bilder 4-14 und 4-15 geben Anleitung.

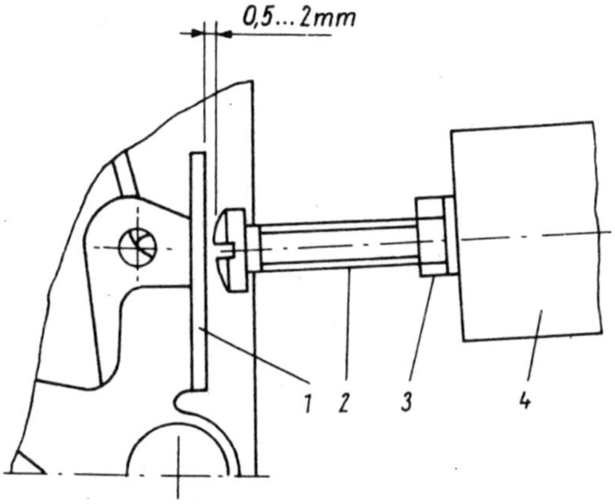

Bild 4-14 Richtige Stellung der Druckschraube des Türaußengriffes; 1 – Schloßplatte, 2 – Druckschraube, 3 – Gegenmutter, 4 – Druckknopf des Türaußengriffes

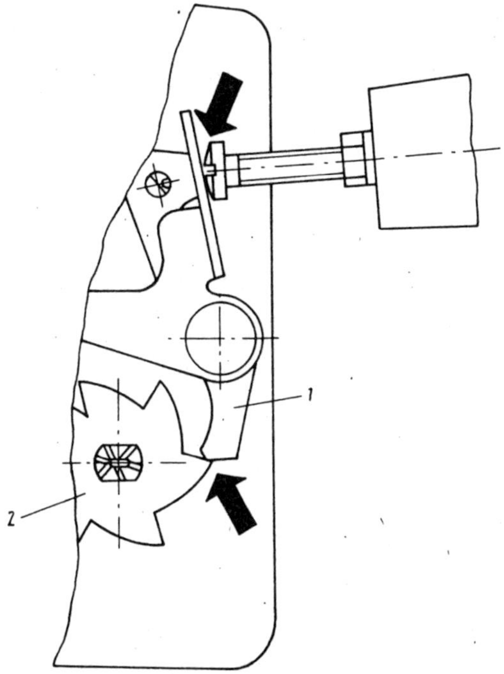

Bild 4-15 Falsche Einstellung der Druckschraube des Türaußengriffes; 1 – Rasthebel, 2 – Sperritzel

Das Einstellen der Druckschraube muß sehr sorgfältig geschehen. Wird beispielsweise zwischen Schließplatte und Druckschraube das in Bild 4-14 vorgegebene Spiel von 0,5–2,0 mm nicht eingehalten, kann sich die Tür während der Fahrt von selbst öffnen. Den Beweis dafür liefert Bild 4-15. Hier ist gezeigt, daß eine Druckschraube ohne Spiel den Rasthebel am Sperritzel bereits zu 80 Prozent ausklinkt. Ein leichter Schlag auf die Karosserie (Schlagloch) genügt in einem solchen Fall, und die Tür öffnet sich von selbst.

Motorhaube klappert

Klappert die Motorhaube, sind entweder die Gummipuffer vorn und seitlich verschlissen bzw. verlorengegangen, oder die Einstellung der Haube hat sich so verändert, daß der Haubenrand an einer Stelle auf den Kotflügeln bzw. dem Mittelteil aufliegt und hier scheuert.

Einstellen läßt sich die Motorhaube an den

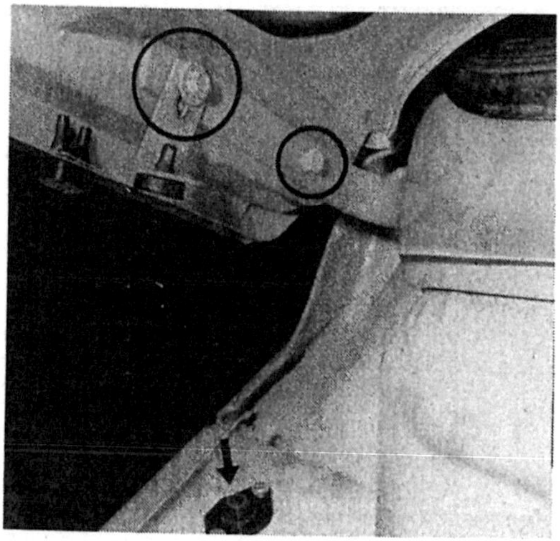

Bild 4-16 Einstellmöglichkeit des Winkeldrückers für die Motorraumbeleuchtung und der Motorhaubenscharniere

Haubenscharnieren. Es sind hier Langlöcher vorhanden. Beim rechten Haubenscharnier ist darauf zu achten, daß der Winkeldrücker den Schalter für die Motorraumbeleuchtung kurz vor der Schließstellung der Haube betätigt (Bild 4-16). Anderenfalls wird die Motorraumbeleuchtung nicht ausgeschaltet. Das geht natürlich zu Lasten der Batterie, die bei länger abgestelltem Fahrzeug dadurch schon oftmals erschöpft worden ist.

Bild 4-17 Verstellmöglichkeit des Haubenschlosses

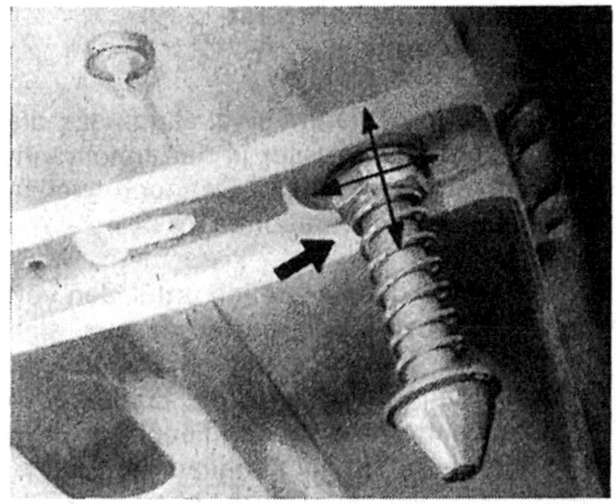

Bild 4-18 Verstellmöglichkeit des Schließbolzens der Motorhaube

Haubenschloß: Nach jedem Neueinstellen der Haubenscharniere müssen das Haubenschloß und auch der Schließbolzen in ihrer Stellung korrigiert werden, damit ein spannungsfreies Einrasten des Bolzens in das Schloß gewährleistet ist. Die Bilder 4-17 und 4-18 zeigen die Verstellmöglichkeiten.

Geräusche in der Karosserie

Geheimnisvolle Karosseriegeräusche, gewöhnlich ein leichtes Quietschen oder Knarren, haben in der Regel als Ursache lose Schweißpunkte an verdeckten Stellen. Und da man die Karosserie nicht teilweise demontieren und nochmals punktschweißen kann, ist eine Abhilfe nur schwer möglich. Findige Pkw-Fahrer haben sich schon so geholfen, daß sie die Geräuschherde mit Öl „beruhigten". Dazu wird das Fahrzeug ausgeräumt, und ein Helfer ermittelt die betreffenden Stellen. Ist das gelungen, wird in die Punktschweißnaht Graphitlösung oder auch Öl mittels einer Druckölkanne eingebracht. Das hilft in der Regel für eine gewisse Zeit. Ist das Öl verbraucht, muß der Vorgang leider wiederholt werden. In die Falzverbindungen im Dachbereich „kriecht" am besten Antirost-Spray.
Zugängliche lose Schweißpunkte läßt man natürlich nachschweißen und versieht diese Stellen mit einem neuen Farbüberzug.

Feuchtigkeit in Fahrgast- und Kofferraum

Schwer zu lokalisieren sind allgemein die Stellen, an denen Wasser in den Innenraum des Fahrzeugs eindringt. Dennoch wollen wir es gemeinsam versuchen.

Fahrgastraum: Nasse Stellen unter den vorderen Fuß- bzw. Dämmatten lassen sich meist nicht ganz beseitigen. Es gelangt durch die Durchbrüche für die Fußhebel in der Stirnwand immer etwas Feuchtigkeit in den Fußraum. Stellt man anhand der Spuren jedoch fest, daß die Feuchtigkeit in Form von Spritzwasser unterhalb des Abdeckbleches am Pedalboden eindringt, werden die Stellen mit Karosseriekitt verschlossen.
Oftmals gelangt auch Feuchtigkeit durch die Abdichtung der Frontscheibe hindurch ins Fahrzeuginnere. Ihr Nachabdichten ist problematisch. Nur gut ausgerüstete Karosseriewerkstätten verfügen über die entsprechenden Einrichtungen. Sie bringen mittels Spezialpresse eine Dichtmasse zwischen Gummidichtung und Karosserie ein. In Selbsthilfe besteht nur die Möglichkeit, eine bessere Abdichtung der Frontscheibe mit Cenusil zu erreichen. Dazu hebt man die Gummidichtung mit einem an den Kanten entschärften kleinen Schraubendreher Stück für Stück ab und drückt hier das Cenusil mit der entsprechenden Düse direkt unter die Dichtfläche des Gummis.
Ebenfalls mit Cenusil abgedichtet wird der Stoß des Profilgummis an der Frontscheibe, falls er sich vergrößert hat und hier das Wasser direkt in den Innenraum gelangt.

Bürstenabdeckung der Fußhebel: Die an den Fußhebeln für Bremse und Kupplung im Bereich des Fahrersitzes eingesetzten Bürsten erfüllen ihre Aufgabe um so besser, je sorgfältiger sie gewartet werden. Allgemein bewährt hat sich, sie alle 25 000 km oder einmal jährlich mit Fett zu schmieren und nach 50 000 km oder zwei Jahren zu erneuern. Letzteres ist in Selbsthilfe möglich.

Kofferraum: Feuchtigkeit im Kofferraum hat als Ursache meist eine undichte Einfassung der Heckscheibe. Die Undichtheit beseitigt

Bild 4-19 Verstellmöglichkeit des Kofferraum-Deckelschlosses

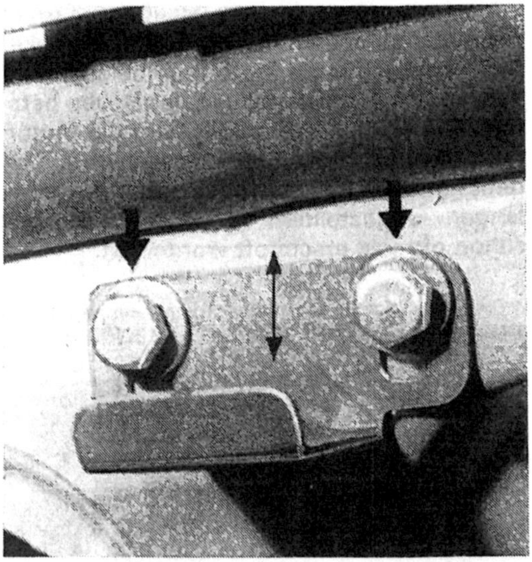

Bild 4-20 Verstellmöglichkeit des Schließelements am Kofferraumdeckel

man auf die gleiche Weise wie an der Frontscheibe.
Weitere Möglichkeiten für das Eindringen von Wasser in den Kofferraum bestehen im Bereich des Kraftstoffeinfüllstutzens, des Kraftstoffbehälters und des Kofferraumdeckels, wobei letztere Dichtung in hartnäcki-

gen Fällen, und zwar, wenn sie sich verformt hat, sogar ausgetauscht werden muß. Vor dem Austauschen der Dichtung versucht man jedoch durch Nachstellen des Schlosses (Bild 4-19) eine bessere Auflage des Deckels und damit der Deckeldichtung an den entsprechenden Karosserieflächen zu erreichen, indem man es in den Langlöchern nach unten versetzt. Eine weitere Einstellmöglichkeit bietet das Schließelement am Deckel (Bild 4-20).
Undichtheiten im Bereich des Kraftstoffeinfüllstutzens und des Kraftstoffbehälters lassen sich nur dadurch beseitigen, daß man die benachbarten Flächen gut reinigt und die Zwischenräume danach mit Gummikitt oder Cenusil abdichtet.

Störungen an der elektrischen Anlage

Die elektrische Anlage des Wartburg ist recht wenig störanfällig. Kommt es aber dennoch einmal zu einem Defekt – Tabelle 4-7 gibt einen Überblick – ist derjenige Wartburg-Fahrer gut beraten, der sein Wissen um Aufbau und Funktion der Anlage seines Fahrzeugs soweit vertieft hat, daß ihm auch auf diesem Gebiet eine Pannenhilfe aus eigener Kraft möglich ist. Dazu gehört, daß man weiß, auf welcher Grundlage die Elektrik geschaltet ist:

1. Sämtliche Stromverbraucher werden bei stehendem oder im Leerlauf drehenden Motor unterhalb einer Drehzahl von 750 U/min von der Batterie mit Strom versorgt.
2. Bei laufendem Motor erfolgt die Stromversorgung ab etwa 750 U/min des Motors durch die Lichtmaschine, wobei außerdem noch die Batterie geladen wird.
3. Für das Betreiben jedes elektrischen Verbrauchers sind zwei Leitungen erforderlich; eine Plus- oder Stromzuführungsleitung und eine Minus- oder Masseleitung.
4. Das Minuskabel der Batterie ist bei Arbeiten an der Elektrik, wenn die Spannung der Batterie nicht für Prüfzwecke benötigt wird, stets abzuklemmen.
5. Die Zündung soll bei stehendem Motor nicht länger als zwei bis drei Minuten eingeschaltet sein.
6. Bei Kontrollarbeiten an der Drehstromlichtmaschine und/oder am Spannungsregler sind die Kontrollgeräte mit festen Verbindungen anzuschließen; sogenannte Klips fallen leicht ab, und Lichtmaschine sowie Spannungsregler sind gefährdet.
7. Lichtmaschinen- und Regleranschlüsse dürfen bei laufendem Motor nicht unterbrochen werden.
8. Die Drehstromlichtmaschine darf nicht mit unterbrochenem Hauptstromkreis (abgenommene Batteriekabel) laufen.
9. Das Fahrzeug läßt sich nur anschieben oder -schleppen, wenn die Batterie noch eine Restspannung besitzt (Hupe geht noch).
10. Beim Nachladen der Batterie im eingebauten Zustand ist bei Fahrzeugen mit Drehstromlichtmaschine das Massekabel von der Batterie abzunehmen.

Ferner muß bekannt sein, daß die einzelnen Stromkreise des Wartburg wie folgt abgesichert sind:

– Sicherung 1	=	Abblendlicht links
– Sicherung 2	=	Abblendlicht rechts
– Sicherung 3	=	Fernlicht links
– Sicherung 4	=	Fernlicht rechts
– Sicherung 5	=	Wisch-Waschanlage, Blinkanlage
– Sicherung 6	=	Rundinstrumente, Rückfahrleuchten, Gebläse, Bremskreisausfallanzeige
– Sicherung 7	=	Nebelscheinwerfer
– Sicherung 8	=	Innenleuchte, Warnblinkanlage, Steckdose
– Sicherung 9	=	Bremsleuchten, Signalanlage
– Sicherung 10	=	Kennzeichenbeleuchtung, Instrumentenbeleuchtung, Reflektor-Verstellanzeige
– Sicherung 11	=	Standlicht links, Schlußlicht links
– Sicherung 12	=	Standlicht rechts, Schlußlicht rechts

Nicht abgesichert ist die Zündanlage.

Tabelle 4-7: Mögliche Störungen an der elektrischen Anlage

Erscheinung	Abhilfe
Ladekontrolleuchte	
– leuchtet beim Einschalten der Zündung nicht	Glühlampe defekt; s. Abschn. „Ladekontrolleuchte leuchtet beim Einschalten der Zündung nicht auf"
– flackert während der Fahrt	Wackelkontakt beheben, Kohlebürsten gangbar machen; s. Abschn. „Ladekontrolleuchte flackert während der Fahrt"
– glimmt ständig	Übergangswiderstände in der Ladeleitung; s. Abschn. „Ladekontrollleuchte glimmt ständig"
– leuchtet plötzlich auf	Keilriemen gerissen; s. Abschn. „Keilriemen warten"
– verlischt erst bei höherer Motordrehzahl	Defekt in der DLM, Kohlebürsten der GLM hängen; s. Abschn. „Ladekontrolleuchte verlischt erst bei höherer Motordrehzahl"
– leuchtet ständig	Erregerwicklung der DLM defekt, Kohlebürsten der GLM hängen; s. Abschn. „Ladekontrolleuchte leuchtet ständig"
Beleuchtungsanlage ausgefallen	Glühlampe und/oder Sicherung erneuern; s. Abschn. „Beleuchtungsanlage ausgefallen"
Schalter ausgefallen	Schalter erneuern; s. Abschn. „Schalter ausgefallen"
Scheibenwaschanlage ausgefallen	Sicherung, Anschlüsse und Motor überprüfen; s. Abschn. „Scheibenwaschanlage arbeitet nicht"
Anzeigegeräte ausgefallen	Geräte erneuern; s. Abschn. „Anzeigegeräte erneuern"

Letzteres heißt in der Praxis, daß bei Ausfall eines abgesicherten Verbrauchers stets zuerst die betreffende Sicherung auf Intaktheit und Kontakt kontrolliert und ggf. erneuert wird. Erst danach werden die Kabelklemmen in Augenschein genommen, ggf. gesäubert und wieder sicher befestigt. In beiden Fällen gibt der dem Buch beiliegende Schaltplan der elektrischen Anlage Auskunft darüber, wo welcher Stromkreis und damit Verbraucher abgesichert ist und die dazugehörigen Kabel mit ihren speziellen Farbkennzeichnungen verlaufen.

Der zweite Kontrollschritt besteht bei den Verbrauchern mit Glühlampe in der Kontrolle auf Intaktheit der Glühlampe sowie deren Festsitz in der Fassung (Kontakt zur Stromzuführung und zur Masse). Ist hier alles in Ordnung bzw. in Ordnung gebracht, kann nur noch die Prüflampe „helfen". Sie setzt man, wie schon im Kapitel „Technische Durchsicht – Notwendige Voraussetzungen" betont, ein, wenn es gilt, hartnäckige Störungsursachen aufzufinden und schließlich zu beseitigen.

Umgang mit der Prüflampe

Für die Handhabung der Prüflampe gibt es einige Grundregeln. Die Bilder 4-21, 4-22 und

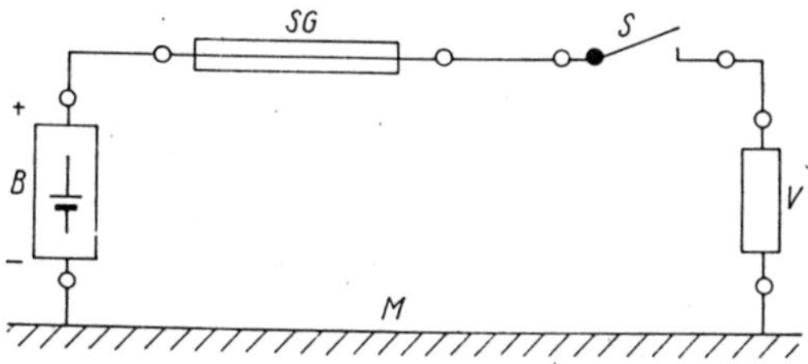

Bild 4-21 Prinzipdarstellung eines Stromkreises; M = Masse, B = Batterie, SG = Sicherung, S = Schalter, V = Verbraucher

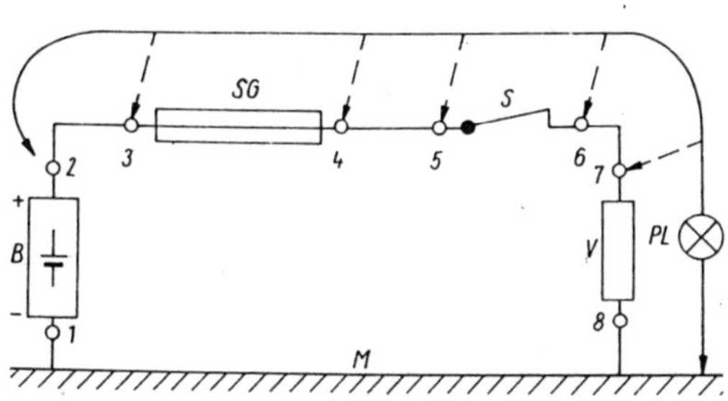

Bild 4-22 Fehlersuche mit Prüflampe bei eingebauter Sicherung; M = Masse, B = Batterie, SG = Sicherung, S = Schalter, V = Verbraucher, PL = Prüflampe, 1–8 = Anschlußstellen

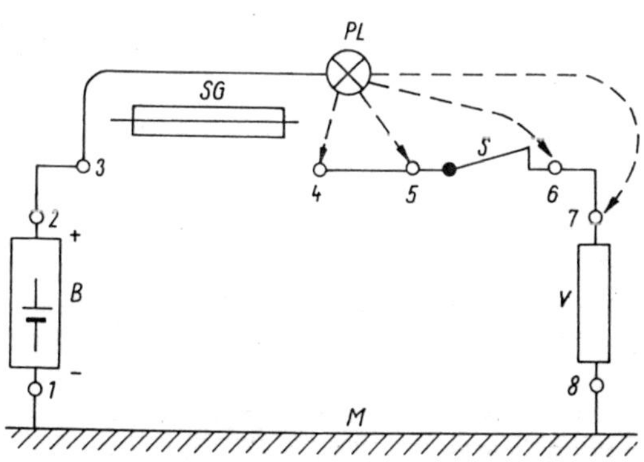

Bild 4-23 Fehlersuche mit Prüflampe bei herausgenommener Sicherung; M = Masse, B = Batterie, SG = Sicherung, PL = Prüflampe, V = Verbraucher, 1–8 = Anschlußstellen

4-23 verdeutlichen sie. Erklärend hinzugefügt sei folgendes:

Im Fahrzeug gibt es für jeden Verbraucher einen Stromkreis (Bild 4-21). Dabei sind über die Masse M die Batterie B und der Verbraucher V über die Sicherung SG und den Schalter S verbunden. Für die Fehlersuche wird eine Prüflampe gebraucht. Der Fachhandel bietet sowohl Prüflampen zur Spannungsprüfung (ohne Eigenstromversorgung) als auch solche zur Spannungs- und Durchgangsprüfung (mit Eigenstromversorgung), z. B. den Prüf-Fix, an. Mit letzterem lassen sich sowohl Leitungsunterbrechungen sowie defekte Schalter und Verbraucher aufspüren, als auch spannungslose Leitungen auf Durchgang kontrollieren.

Soll die Fehlersuche erfolgreich verlaufen, geht man wieder systematisch vor:

1. Stromkreis des ausgefallenen Verbrauchers anhand des Schaltplanes ermitteln.
2. Schalter des betreffenden Verbrauchers schließen (einschalten).
3. Prüflampe nach Bild 4-22 zuerst mit den Anschlüssen 7 und 8 des ausgefallenen Verbrauchers verbinden. Leuchtet die Prüflampe hierbei auf, sind die Anschlußklemmen oxydiert, lose, gebrochen, oder der Verbraucher ist defekt.

   Ist kein Schaden der vorgenannten Art festzustellen, geht die Fehlersuche weiter.
4. Prüflampe mit einer Klemme an die Masseleitung des ausgefallenen Verbrauchers oder an die Masse selbst legen und mit der anderen Klemme der Prüflampe die Anschlußstellen 2 bis 7 nacheinander abtasten. Bei jeder Anschlußstelle muß die Prüflampe aufleuchten. Leuchtet sie an einem Anschluß nicht mehr auf, ist das das Zeichen dafür, daß sich zwischen den beiden letzten Anschlußstellen der Defekt befindet. Ist das zwischen den Anschlußstellen 5 und 6 der Fall, dürfte der Schalter ausgefallen sein. Leuchtet dagegen die Prüflampe an Anschlußstelle 6 noch auf, ist erfahrungsgemäß der Verbraucher defekt oder seine Verbindung zur Masse unterbrochen. Zur Kontrolle der letzteren Vermutung schaltet man die Prüflampe zwischen den Anschlußstellen 2 und 8. Leuchtet die Prüflampe hierbei auf, ist die Masseverbindung tatsächlich gestört.

Die hauptsächlichsten Fehlerquellen sind Defekte in den Verbrauchern, ungenügende Kontakte an den Sicherungen, oxydierte oder lockere Steckverbindungen, mangel-

hafte Verbindungen zwischen Steckkabelschuhen und Kabeln.
Defekte Schalter und/oder Verbraucher tauscht man aus. Oxydierte Leitungsverbindungen oder Sicherungsklemmen – auch die zur Masse – kratzt man blank. Freiliegende Steckverbindungen schützt man mit Polfett. Lockere Steckverbindungen biegt man mit einer Zange nach.
Fällt eine Sicherung auch bei ausgeschaltetem Verbraucher immer wieder aus, liegt ein Kurzschluß im betreffenden Stromkreis vor. Zur Lokalisierung des Kurzschlußherdes arbeitet man mit der Prüflampe (Bild 4-23).

1. Sicherung ausbauen.
2. Prüflampe zwischen die Anschlüsse 3 und 4 der Sicherung legen. Leuchtet die Prüflampe hierbei, liegt im Stromkreis tatsächlich ein Kurzschluß vor.
3. Verbraucher des betreffenden Stromkreises ausschalten und die anderen Anschlußstellen mit der Prüflampe abtasten. Die eine Klemme der Prüflampe verbleibt hierbei an Anschlußstelle 3, und mit der anderen Klemme der Prüflampe werden die Anschlußstellen 5 bis 8 nacheinander berührt. Leuchtet dabei die Prüflampe an einer Anschlußstelle nicht mehr auf, befindet sich im davorliegenden Abschnitt der Kurzschluß; meist ein durchgescheuertes und an Masse liegendes Kabel.
4. Beschädigtes Kabel neu isolieren, dabei ggf. Kabelstrang auftrennen und jedes Drähtchen einzeln sichern.

So vorbereitet kann es an die Störungssuche und -beseitigung in der gesamten elektrischen Anlage des Fahrzeugs gehen.

Ladekontrolleuchte leuchtet beim Einschalten der Zündung nicht auf

Leuchtet die Ladekontrolleuchte beim Einschalten der Zündung nicht auf, ist meist die Glühlampe im Anzeigegerät defekt. Man erneuert dieselbe sobald wie möglich. Hilft das nicht, kann man nur das Zuleitungskabel zur Klemme der Glühlampe mittels der Prüflampe kontrollieren und den evtl. Schaden an der Klemme (Kabelbruch) beheben. Im Abschnitt „Umgang mit der Prüflampe" ist dargelegt, wie das gemacht wird.

Ladekontrolleuchte flackert während der Fahrt

Flackert die Ladekontrolleuchte während der Fahrt, sind, wenn ein Wackelkontakt an der Glühlampe ausgeschlossen werden kann, erfahrungsgemäß die Kontaktverbindungen an der Lichtmaschine, und zwar insbesondere die Flachstecker, in Mitleidenschaft gezogen. Man säubert sie ggf. und befestigt sie wieder ordentlich.
Weniger empfindlich sind die Anschlüsse am Reglerschalter und an Klemme 15 des Zündanlaßschalters. Werden hier keine Störungen festgestellt, sind meist die Kohlebürsten der Lichtmaschine verschlissen. Bei der Gleichstromlichtmaschine lassen sich dieselben, verbunden mit der Reinigung des Kollektors, in Selbsthilfe austauschen. Bei der Drehstromlichtmaschine ist das Aufgabe einer Fachwerkstatt. Im Abschnitt „Lichtmaschine warten" ist dargelegt, wie die Kohlebürsten der Gleichstromlichtmaschine freigelegt und gangbar gemacht werden.

Ladekontrolleuchte glimmt ständig

Glimmt die Ladekontrolleuchte während der Fahrt ständig, gibt es sowohl bei der Drehstrom- als auch bei der Gleichstromlichtmaschine hohe Übergangswiderstände an den Anschlüssen der Ladeleitungen. Das Reinigen bzw. Herstellen fester und stromsicherer Verbindungen hilft in der Regel.
Ist der Mangel auf diese Art nicht zu beheben, sind mit großer Wahrscheinlichkeit bei der Gleichstromlichtmaschine die Kohlebürsten und/oder der Anker verschlissen, während bei der Drehstromlichtmaschine ein Kabelschuh von der Statorwicklung der Diodenanschlüsse abgerissen sein kann. Man läßt den Schaden in einer Fachwerkstatt beheben.

Ladekontrolleuchte leuchtet plötzlich auf

Leuchtet die Ladekontrolleuchte während der Fahrt plötzlich auf und auch die Motortemperatur erhöht sich schlagartig, ist mit Sicherheit der Keilriemen gerissen. Ein Poltern vom abspringenden Keilriemen im Motorraum begleitet gewöhnlich diesen Vorgang. In einem solchen Fall fährt man sofort rechts heran, hält an und zieht einen neuen Keilriemen auf. Im Abschnitt „Keilriemen warten" ist dargelegt, wie das gemacht wird.

Ladekontrolleuchte verlischt erst bei höherer Motordrehzahl

Verlischt die Ladekontrolleuchte bei Fahrzeugen mit Drehstromlichtmaschine erst bei höherer Motordrehzahl, liegt erfahrungsgemäß ein Schaden in der Drehstromlichtmaschine vor (Dioden unterbrochen, Masse- oder Windungsschluß in der Ständerwicklung, Schleifringe und Bürsten verölt). Die Lichtmaschine muß in einer Fachwerkstatt instand gesetzt werden.
Bei Fahrzeugen mit Gleichstromlichtmaschine klemmen oder hängen in einem solchen Fall meist die Kohlebürsten in ihren Halterungen, oder es liegen Kollektorschäden vor. Defekte im Reglerschalter sind hier äußerst selten. Deshalb auch hier den Rat, die Lichtmaschine etwa alle 25 000 km zu reinigen und dabei insbesondere die Kohlebürsten gangbar zu machen bzw. zu erneuern. Wer das versäumt, muß damit rechnen, daß er sein Fahrzeug eines Tages nur noch auf Batterie fahren kann. Und das hält die Batterie im Sommer bei Tagesfahrt höchstens 8 Stunden und im Winter, wo u. U. auch am Tage mit Licht gefahren werden muß, höchstens 2 Stunden aus; dann ist sie leer. Im Abschnitt „Lichtmaschine warten" ist ausgeführt, wie die Kohlebürsten freigelegt und ausgetauscht werden.

Ladekontrolleuchte leuchtet ständig

Leuchtet die Ladekontrolleuchte während der Fahrt ständig, könnten wieder die Kabelanschlüsse unterbrochen sein. Man kontrolliert die betreffenden Steck-, Klemm- oder Schraubverbindungen und bringt sie in Ordnung. Ist der Schaden damit nicht behoben, könnten bei der Drehstromlichtmaschine mit mechanischem Regler Kontaktschäden vorliegen. Hier kann man die Kontakte, ohne das Kontaktspiel zu verändern, mit feinem Schleifpapier (Körnung 500) wieder metallisch blank machen. Hilft das nicht, liegen wahrscheinlich Schäden an der Erregerwicklung vor oder könnten bei beiden Lichtmaschinenarten die Kohlebürsten verschlissen sein. Man läßt den Schaden – zumindest bei der Drehstromlichtmaschine – in einer Fachwerkstatt beheben. Bei der Gleichstromlichtmaschine kann man sich auf diesem Gebiet selber helfen. Der Abschnitt „Lichtmaschine warten" gibt Anleitung.
Gewißheit über die Notwendigkeit der Instandsetzung der Lichtmaschine verschafft man sich wieder mit Hilfe der Prüflampe. Man löst die Anschlüsse des Reglerschalters D+ und DF, verbindet sie separat mit einer Klemme und schließt daran und an Masse die Prüflampe an. Nach Anlassen des Motors muß die Prüflampe in Abhängigkeit von der Drehzahl aufleuchten. Geschieht das nicht, ist die Lichtmaschine defekt.

Beleuchtungsanlage ausgefallen

Ein vollständiges Ausfallen der Beleuchtungsanlage ist beim Wartburg so gut wie ausgeschlossen. Dennoch ist zur Vorsicht jede Seite der Fahrbahnbeleuchtung über die Sicherungen 1 und 2 sowie 3 und 4 getrennt abgesichert. Das garantiert, daß bei Ausfall des Abblend- bzw. Fernlichtes einer Seite wenigstens das Abblend- oder Fernlicht der anderen Seite noch leuchtet.

Glühlampen: Ist die Glühlampe eines Scheinwerfers – meist ist es der Faden für das Abblendlicht – ausgefallen, wird die ausgefallene Glühlampe nicht erst ersetzt, wenn einen die Volkspolizei darauf aufmerksam macht, sondern sofort; es dient der eigenen Sicherheit. Leuchtet die eingesetzte neue Glühlampe nicht, kann nur die zu ihr gehörende Sicherung defekt sein. Hat man auch hier nachgesehen und die Sicherung ggf. erneuert, ist der Schaden meist behoben. Wenn nicht, kann nur noch nach einem losen Kontakt- oder Kabelanschluß gesucht

werden. Der dem Buch beiliegende Schaltplan der Elektrik gibt Auskunft darüber, welche Kabel der einzelnen Leuchten wo angeschlossen sind.
In der Störungssuche erfahrene Kraftfahrer merken schon an der Lichtstärke der einzelnen Leuchten, ob sich im betreffenden Stromkreis etwa Oxide gebildet haben, die den Stromdurchgang erschweren und damit die Leuchtkraft der Glühlampen herabsetzen. Sie drehen in solchen Fällen zunächst einmal die Sicherungen hin und her und beseitigen so die Oxide an den Klemmen der Sicherungen. Gegebenenfalls biegen sie zusätzlich die Haltefedern der Sicherungen etwas zusammen; das erhöht den Festsitz der Sicherungen. Ferner hilft es in solchen Fällen, die Fassungen und Kontaktzungen der Kugellampen und die Haltefedern der Soffitten wieder metallisch blank zu machen.
Daß beim Erneuern der Glühlampen der gleiche Lampentyp verwendet wird, wird als selbstverständlich vorausgesetzt. In Anlage 1 ist die Lampenbestückung der einzelnen Wartburg-Ausführungen mit enthalten.

Kurzschluß: Ein Kurzschluß im Leitungsnetz der Beleuchtungsanlage unterwegs ist keine Kleinigkeit; zumal dann nicht, wenn die neu eingesetzte Sicherung immer wieder durchbrennt. In solch einem Fall hilft nur, mittels der Prüflampe, und zwar ausgehend vom Verbraucher bis zum Schalter der betreffenden Leuchte, also rückwärts, die Störungsstelle zu suchen. Im Abschnitt „Umgang mit der Prüflampe" ist dargelegt, wie das gemacht wird. Auf keinen Fall darf die immer wieder ausfallende Sicherung durch einen stärkeren Leiter (etwa ein Stück Draht) ersetzt werden. Dieser Leichtsinn erhöht die Kurzschlußbildung und damit die Brandgefahr für das Fahrzeug erheblich.

Schalter ausgefallen

Defekte Schalter lassen sich nicht reparieren. Man kann Fehler durch eine Sichtkontrolle, aber auch mittels der Prüflampe feststellen.

Zündanlaßschalter: Bevor man den Zündanlaßschalter (s. Bild 4-2) ausbaut, weil man meint, er sei der Urheber für Startstörungen, prüft man zunächst den Festsitz aller Kabelanschlüsse und stellt denselben ggf. wieder her. Bringt das keinen Erfolg, wird die Prüflampe zu Hilfe genommen. Legt man sie an Klemme 50 und an Masse, muß sie beim Betätigen des Zündanlaßschalters aufleuchten. Leuchtet sie nicht auf, ist der Zündanlaßschalter defekt. Die Arbeitsschritte zum Erneuern des Schalters sind folgende:

1. Lenksäule in Parkstellung bringen, dabei Lenkrad soweit drehen, bis durch hörbares Knacken der Riegel des Lenkschlosses in die Aussparung der Lenksäule einrastet.
2. Schalter von hinten nach Lösen der beiden M 4-Zylinderkopfschrauben mit einem kurzen Schraubendreher entfernen.
3. Lösen der Kabelanschlüsse, dabei ggf. notieren, wo welches Kabel befestigt war oder die Kabelklemmen vom alten Schalter unmittelbar auf den neuen Schalter umstecken bzw. -klemmen.
4. Neuen Schalter einbauen. Dazu ist zuvor das mit einem Innenvierkant versehene Verbindungsstück bis zum Anschlag nach links zu drehen, wobei zu beachten ist, daß der Vierkant des Kupplungsteiles vollständig in den Vierkant des Schalters eingreift und die Kerbe am Schaltergehäuse in die ursprüngliche Lage kommt. Diesbezüglich kann eigentlich nichts falsch gemacht werden. Der Vierkant weist an einer Ecke eine Fase auf, so daß er immer nur in der richtigen Lage eingeführt werden kann.

Lenksäulen-Kombianationsschalter: Der Lenksäulen-Kombinationsschalter ist der meistbetätigte Schalter im Fahrzeug, werden doch mit ihm Fahrtrichtungsanzeiger, Lichthupe, Abblendlicht und Signalhorn ein- bzw. ausgeschaltet. Funktionsstörungen werden meist durch Kabelbrüche an den Anschlußstellen hervorgerufen. Davon ist vor allem der Schalter für die Fahrtrichtungsanzeiger betroffen. Ist das der Fall, baut man den Schalter aus:

1. Lösen der Halteschraube M 5 des oberen Teiles der Plasteverkleidung und der oberen Schlitzschraube M 4.

2. Lösen der unteren Halteschraube M 4 und Herausnehmen des Schalters.

Danach sieht man, welche Kabelverbindungen wieder stromsicher gemacht werden müssen.

Beanstandungen können auch am Schaltstein des Schalters auftreten. Hat sich seine Mutter M 3 gelockert, wird sie wieder festgezogen. Stellt man am ausgebauten Schalter größere Schäden fest, z. B. einen Riß im Schaltstein, beschädigte Kontakte, muß ein neuer Kombinationsschalter montiert werden. Dabei ist auf den richtigen Anschluß der Kabel zu achten. Im Zweifelsfall gibt der Schaltplan der Elektrik darüber Auskunft.

Bremsleuchtenschalter: Die Bremsleuchten werden durch einen hydraulisch betätigten Schalter ein- und ausgeschaltet. Dieser Schalter sitzt bei Fahrzeugen mit Zweikreis-Bremsanlage auf dem Federträger (Bild 4-24), bei Fahrzeugen mit Einkreis-Bremsanlage auf dem Hauptbremszylinder. Je nach Bremsenart sind unterschiedliche Schalter montiert, was beim Austausch unbedingt zu beachten ist.

Elektrisch überprüft wird der Bremslichtschalter, indem seine beiden Anschlüsse überbrückt werden. Wird der Bremsfußhebel betätigt, müssen die Bremsleuchten aufleuchten. Leuchten beide Bremsleuchten nicht auf, ist entweder der Schalter defek, oder es besteht durch Korrosion am Schalter kein einwandfreier Kontakt zwischen Schalterfahnen und Kabelsteckern. Sind keinerlei Korrosionserscheinungen festzustellen, liegt mit Sicherheit ein Defekt im Schalter vor, und der Schalter muß erneuert werden.

Bei älteren Fahrzeugen tragen die Bremslichtschalter noch keine Schutzkappen. Fährt man solch ein Fahrzeug, versieht man die gefährdeten Bereiche des Schalters dick mit Polfett

Bild 4-24 Einbaulage des Bremsleuchtenschalters

Rückfahrleuchtenschalter: Der Schalter für die Rückfahrleuchten – er sitzt am Getriebegehäuse unterhalb des Fahrzeugbodens links – ist den winterlichen Einflüssen besonders stark ausgesetzt (Bild 4-25). Ist er

Bild 4-25 Einbaulage des Rückfahrleuchtenschalters

ausgefallen (die Rückfahrleuchten leuchten in diesem Falle nicht), überprüft man zunächst, ob sich vielleicht die Gegenmutter gelockert und damit die Einstellung des Schalters verändert hat. Wenn nicht, werden die beiden Kontakte wie beim Bremsleuchtenschalter überbrückt, die Zündung eingeschaltet, der Rückwärtsgang eingelegt und kontrolliert, ob die Rückfahrleuchten nunmehr funktionieren. Funktionieren sie nicht, werden analog wie beim Bremslichtschalter die Korrosionserscheinungen beseitigt. Bringt das keinen Erfolg, liegt ein Fehler im Schalter vor. Der Schalter muß erneuert werden.

Die Arbeitsschritte beim Erneuern des Schalters für die Rückfahrleuchten sind folgende:

1. Schalthebel auf Leerlauf stellen.
2. Kabelstecker vom Schalter abziehen.
3. Gegenmutter (SW 19 mm) am Getriebegehäuse lösen und Schalter herausschrauben.
4. Neuen Schalter in etwa so weit einschrauben, wie der ausgebaute Schalter eingeschraubt war (etwa 5 mm), mit der Gegenmutter sichern und Kabelstecker auf die Kontaktfahnen aufschieben.
5. Rückwärtsgang einlegen (auf keinen Fall vorher, da sonst die Anschlagkugel herausgedrückt wird) und Zündung einschalten. Leuchten die Rückfahrleuchten nicht, wird der Schalter bei erneut gelockerter Gegenmutter so weit hineingeschraubt, bis die Leuchten aufleuchten. Danach Sicherung der Schalterstellung durch Anziehen der Gegenmutter.
6. Kontaktfahnen des Schalters und die Steckanschlüsse dick mit blauem Polfett schützen.

Scheibenwaschanlage arbeitet nicht

Die Scheibenwaschanlage ist über Sicherung 5 abgesichert. Arbeitet sie einmal nicht, wird zunächst diese Sicherung auf Intaktheit und einwandfreien Kontakt untersucht und ggf. erneuert. Danach wird kontrolliert, ob sich etwa der Plasteschlauch infolge der mit der Zeit eingetretenen Verhärtung vom Pumpenzapfen gelöst hat. Ist dies der Fall, kürzt man ihn um den Betrag des aufgeweiteten Endstücks und befestigt ihn wieder auf dem Zapfen. Funktioniert die Anlage danach noch nicht, könnten Motor, Kabelanschlüsse oder Schalter defekt sein.

Kabelanschlüsse: Bevor man den Motor kontrolliert, überprüft man die Steckanschlüsse am Motor auf Oxide und Festsitz sowie Bruch und beseitigt ggf. vorhandene Mängel.

Motor: Der Motor der Pumpe der Scheibenwaschanlage bekommt seine Spannung direkt von der Sicherung 5 beim Einschalten der Zündung (+ schwarz/lila) und die Masse über den Schalter. Da an der Masseverbindung kaum Beanstandungen auftreten, kontrolliert man zuerst die Plus-Zuleitung mittels Prüflampe und danach die Masseverbindung. Liegt hier kein Fehler vor, ist mit Sicherheit der Motor ausgefallen, der erneuert werden muß.

Beim Anschließen des neuen Motors an die Waschanlage ist darauf zu achten, daß die Spannung bzw. Masse zuführenden Kabel auf die richtigen Kontaktzungen gesteckt werden. Anderenfalls erreicht die Pumpe nicht ihre volle Leistung. Richtig kontaktiert wird wie folgt:

– Kabel schwarz/lila (Plusleitung) auf Klemme 54
– Kabel schwarz/grün (Masseleitung) auf Klemme 31

Die Klemmenbezeichnungen (+ = 54 und – = 31) sind an der Pumpe unterhalb der Kontaktfahnen erhoben auf dem Plastedekkel markiert.

Schalter: Die Funktion des Schalters der Scheibenwaschanlage kontrolliert man mit der Prüflampe, indem man die Prüflampe zwischen die Plus-Leitung (schwarz/lila) oder direkt an Sicherung 5 und Schalteranschluß 53c legt. Bei Betätigung des Schalters muß sie aufleuchten. Leuchtet sie nicht auf, ist der Schalter defekt und muß erneuert werden. Dabei geht man wie folgt vor:

1. Schaltgriff in Normalstellung in Richtung Instrumententafel drücken, nach links um 45° drehen und abziehen.
2. Lösen der nunmehr zugänglichen Überwurfmutter der Schalterbefestigung, bis diese an die Instrumententafel anstößt.
3. Schalter hinter der Instrumententafel soweit nach hinten drücken, bis dessen Nasen für die Verdrehsicherung frei sind.
4. In dieser Stellung Schalter parallel zur Instrumententafel nach rechts aus der Halterung schieben und abnehmen.
5. Steckanschlüsse von den Kontaktfahnen abziehen und ggf. notieren, zu welchen Klemmen die einzelnen Kabel gehören.

Bei der Montage des neuen Schalters – in umgekehrter Reihenfolge – ist vor dem Einschieben des Schalters die Überwurfmutter auf den Gewindehals aufzudrehen. Dabei soll der Abstand zwischen der hinteren Kante der Überwurfmutter und den Arretierungsnasen am Gehäuse etwa 2,5 mm betragen.

Scheibenwischer arbeitet nicht

Tun die beiden Scheibenwischer – ihr Motor ist über Sicherung 5 abgesichert – einmal nicht ihren Dienst, wird zunächst die Sicherung kontrolliert und ggf. erneuert. Hilft das nicht, werden die Kabelanschlüsse an Motor und Schalter auf Kontakt und Festsitz überprüft und ggf. in Ordnung gebracht. Bringt auch das keinen Erfolg, können nur Motor und Wischergestänge auf Funktion überprüft werden.

Motor: Lösen sämtlicher Kabelanschlüsse bis auf den Doppelanschluß 54. Masseverbindung zum Anschluß 31b herstellen und Zündung einschalten. Der Motor müßte jetzt laufen. Läuft er nicht, ist er mit größter Wahrscheinlichkeit defekt und muß instand gesetzt oder erneuert werden.

Wischergestänge: Bei regelmäßiger Wartung gibt es mit dem Wischergestänge keinerlei Probleme. Bei unterlassener Wartung können infolge des Einwirkens der chemischen Auftaumittel die Wischerachsen in den Führungen jedoch regelrecht festrosten. Zur Lokalisierung der Störung trennt man das Gestänge vom Motor durch Lösen der Kurbel von der Motorwelle hinter der Instrumententafel und versucht nunmehr, das Wischergestänge von Hand zu bewegen. Bei Schwergängigkeit wird es durch Lösen der Achsenbefestigungen an den beiden am Windlauf angepunkteten Winkeln gelöst, gereinigt, geschmiert und wieder eingebaut.

Signalanlage arbeitet nicht

Arbeitet die Signal- oder auch Blinkanlage, die über die Sicherungen 5 und 9 abgesichert ist, in ihrer Gesamtheit nicht, werden zunächst die Sicherungen kontrolliert und ggf. erneuert. Bringt das keinen Erfolg, folgt die Kontrolle der Kabelanschlüsse an Blinkgeber und Schalter auf Festsitz und Kontakt. Funktioniert die Anlage auch danach nicht, können nur noch Blinkrelais und Schalter (s. Abschn. „Lenksäulen-Kombinationsschalter") auf Funktionstüchtigkeit überprüft werden.

Blinkrelais: Anschlüsse 49 und 49a lösen und Zündung einschalten. Bei der Kontrolle mit der Prüflampe, die zwischen die gelösten Kabel und die Kontakte am Blinkrelais gelegt wird, müssen beide Anschlüsse Spannung führen, die Prüflampe also leuchten. Leuchtet die Prüflampe nicht, ist das Blinkrelais defekt und muß erneuert werden.

Anzeigegeräte erneuern

Von den Anzeigegeräten fällt selten eines aus. Ist es dennoch einmal geschehen und muß man es erneuern, geht man wie folgt vor:

Rundinstrumente: Alle Rundinstrumente lassen sich nach Lösen der rückwärtigen Befestigungsschrauben der Haltebügel nach vorn herausnehmen. Dabei geht der Ausbau des Fernthermometers und der Kraftstoff-Vorratsanzeige bei der Dreierkombination wesentlich leichter, wenn zunächst der Tachometer herausgenommen wird. Durch die frei gewordene Öffnung sind die Halteschrauben und -bügel der kleineren Instrumente dann besser zugänglich. Ansonsten werden auch hier die Kabelanschlüsse vom alten Gerät gleich auf das neue Gerät umgesteckt oder -geklemmt. Das verhütet Verwechslungen.

Flachgerätekombination: Beim Ausbauen der Flachgerätekombination werden zuerst die beiden Rändelmuttern hinter der Instrumententafel gelöst, danach die Klemmbügel nach hinten entfernt und die komplette Kombination nach vorn herausgezogen. In dieser Lage können dann die Kabelanschlüsse abgezogen und leicht auf die neue Kombination oder eines ihrer Geräte gesteckt werden.

Kontrolleuchten: Alle Kontrolleuchten (Glühlampen) der Anzeigegeräte lassen sich von hinten aus ihren Fassungen herausnehmen. Etwas komplizierter ist lediglich das Auswechseln der Lade- und Blinkkontrollleuchten der Zweierkombination. Wer darin keine Übung hat, baut besser den Tachometer aus und erneuert durch die frei gewordene Öffnung dann die Glühlampen.

Allgemeines: Allgemein ist bei den Anzeigegeräten zu beachten, daß sie die Spannung von der Sicherung 6 über Klemme 54 (+) erhalten. An dieser Sicherung ist auch das Heizgebläse angeschlossen, so daß man dasselbe bei eingeschalteter Zündung nur zu betätigen braucht, um festzustellen, ob an den Anzeigegeräten Spannung anliegt. Eine zusätzliche Kontrolle der Zuleitung kann mit der Prüflampe erfolgen. Dazu wird dieselbe an Klemme 54 gelöst und hier die Prüflampe zwischengeschaltet.
In der Praxis gibt es kaum Beanstandungen bezüglich der Zuleitung der Spannung zu den Anzeigegeräten. Meist fallen die entsprechenden Geber für die Anzeigegeräte aus. Sie überprüft man, indem die Zuleitung vom infrage kommenden Geber abgezogen und gegen Masse gehalten wird. Schlägt dabei die Anzeige voll aus, ist der Geber defekt und muß erneuert werden.

Nützliche Ergänzungen

Eine Ergänzung der serienmäßigen Ausstattung des Wartburg mit nützlichem Zubehör ist, falls dieses Zubehör nicht schon als Kundensonderwunsch (s. Tab.1-1) beim Erwerb des Fahrzeugs installiert wurde, sinnvoll. Dabei ist vor allem an die Nachrüstung mit Nebelscheinwerfern, Nebelschlußleuchte und Anhängerzugvorrichtung gedacht. Wer sich Anbau und elektrische Schaltung dieses Zubehörs zutraut, beachtet dabei folgendes:

- Ordentliche und übersichtliche Verlegung der zusätzlichen Kabel entsprechenden Querschnittes entlang der bereits vorhandenen Kabelstränge.
- Saubere Abisolierung und Verzinnung der Kabelenden.
- Gesonderte Absicherung der zusätzlich eingebauten Verbraucher.
- Sichere Befestigung aller Ein- und Anbauten.

Nebelscheinwerfer

In Fahrzeuge, die bereits mit dem Bugspoiler ausgerüstet sind, werden zweckmäßigerweise rechteckige Nebelscheinwerfer eingebaut. Die entsprechenden Öffnungen und Halterungen sind hier bereits vorhanden. Bei den anderen Fahrzeugen ist es zweckmäßig, die beiden Nebelscheinwerfer auf der Stoßstange, also „stehend", zu montieren. Dabei können sowohl runde als auch rechteckige Nebelscheinwerfer verwendet werden. Bei letzteren ist lediglich zu beachten, daß die richtige Ausführung für die stehende Anordnung erworben wird.

Ansonsten gilt nach der 3. DB zur StVZO folgendes:

1. Die Lichtaustrittsöffnungen der Nebelscheinwerfer dürfen nicht höher als die der am Fahrzeug befindlichen Scheinwerfer liegen.
2. Paarweise in gleicher Höhe und in gleichem Abstand von der Fahrzeugmitte angebrachte Nebelscheinwerfer können mit den Stand- bzw. Begrenzungsleuchten geschaltet werden, wenn der Abstand von der Außenkante des Fahrzeugs nicht mehr als 40 cm beträgt. Dabei darf der höchste Punkt ihrer leuchtenden Flächen nicht höher als der höchste Punkt der leuchtenden Flächen der Abblendscheinwerfer, der tiefste Punkt nicht tiefer als 25 cm über der Fahrbahn liegen.
3. Die Nebelscheinwerfer sind so zu befestigen, daß kein unbeabsichtigtes Verstellen eintreten kann.

Beim Wartburg beeinflussen die Hauptscheinwerfer den Anbau der Nebelscheinwerfer auf der Stoßstange. Dadurch beträgt ihr Abstand von der Außenkante des Fahrzeugs mehr als 40 cm. Sie müßten darum auch zusammen mit dem Abblendlicht geschaltet werden. Aufgrund einer Ausnahmegenehmigung des MdI ist es aber möglich, die Nebelscheinwerfer bis 43,5 cm von der Außenkante des Fahrzeugs entfernt anzubringen und zusammen mit dem Standlicht zu schalten. Diese Schaltung ist bei Nebel sogar vorteilhafter als die zusammen mit dem Abblendlicht, da die Lichtstrahlen der Nebelscheinwerfer regelrecht die meist nicht bis zur Fahrbahn reichende Nebelwand unterwandern und damit die Sicht für den Fahrer verbessern.

Anbau und Schaltung: Zwecks sicherer Befestigung der Nebelscheinwerfer auf der Stoßstange werden dicke Unterlegscheiben oder entsprechend abgekantete Blechstreifen (Bild 5-1) am jeweiligen Befestigungspunkt in der Stoßstange untergelegt. Zusätzlich bringt man zwischen Scheinwerferfuß und Stoßstange ein dünnes Blättchen aus Plast an. Ist die entsprechende Bohrung von

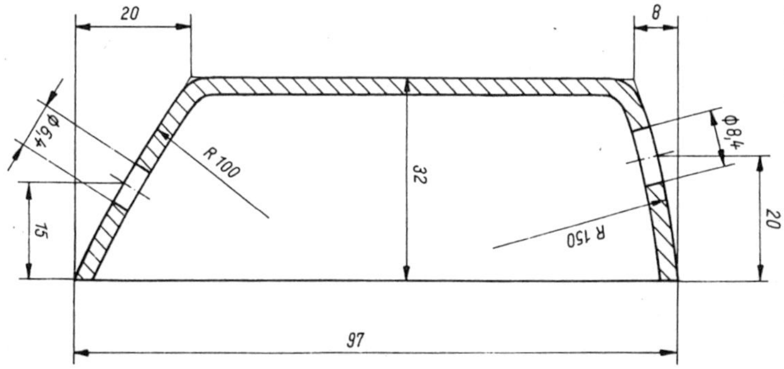

Bild 5-1 Abgekanteter Blechstreifen als Verstärkung der Stoßstange bei Anbau von Nebelscheinwerfern

17 + 0,25 mm ∅ in der Instrumententafel noch nicht vorhanden, wird sie angebracht. Das Schaltrelais für die Nebelscheinwerfer erhält seinen Platz auf dem linken Kotflügel vorn vor den Sicherungskästen. Die elektrische Schaltung erfolgt nach Bild 5-3.

Einstellung: Für das Einstellen der Nebelscheinwerfer gelten die gleichen Einstellvorschriften wie für das Einstellen der Hauptscheinwerfer (s. Abschn. „Scheinwerfer einstellen"). Der einzige Unterschied: Die Hell-Dunkel-Grenzen der Nebelscheinwerfer müssen in 10 m Entfernung vom Fahrzeug um 10 cm tiefer liegen als die Mitten der Scheinwerferöffnungen (Abblendlicht). Und da die Mitten der Nebelscheinwerfer niedriger als die Mitten der Hauptscheinwerfer liegen, müssen die Hell-Dunkel-Grenzen der Nebelscheinwerfer um den gleichen Abstand unterhalb des vorschriftsmäßig eingestellten Abblendlichts verlaufen. Das heißt: Für das Einstellen der Nebelscheinwerfer gilt die Formel X + 10 cm. Also kann z. B. bei der Limousine bei halb gefülltem Kraftstoffbehälter eine Neigung des Abblendlichtes von 15 cm (X-Wert) in Ansatz gebracht werden. Hinzu kommen die 10 cm für die Nebelscheinwerfer, so daß deren Lichtstrahlen 25 cm unterhalb der Scheinwerfermitten des Fernlichtes austreten und im Abstand von 10 m vom Fahrzeug auf die Fahrbahn auftreffen müssen.

Nebelscheinwerfer im Bugspoiler: Das Nachrüsten des Wartburg mit rechteckigen Nebelscheinwerfern in dem bereits vorhandenen Bugspoiler ist nach den gleichen Prinzipien möglich. Es sind zuvor lediglich die Abdeckungen im Spoiler zu entfernen: Heraussägen der vier Stege, nachbehandeln der Schnittflächen mit der Feile und schützen derselben mit Farbe. Eingestellt sind diese Nebelscheinwerfer richtig, wenn ihre Hell-Dunkel-Grenzen in 10 m Entfernung von den Scheinwerfern 10 cm tiefer liegen als die Mitten des Abblendlichtes.

Nebelschlußleuchte

Das Anbauen der Nebelschlußleuchte auf der linken Seite des Fahrzeugs kann sowohl „stehend" als auch „hängend" erfolgen. Da jedoch der Abstand der Nebelschlußleuchte von der Bremsleuchte mindestens 10 cm betragen muß, ist der hängende Anbau unterhalb der Stoßstange zweckmäßig.
Die Nebelschlußleuchte muß so installiert sein, daß sie wahlweise zusammen mit dem Fernlicht, dem Abblendlicht oder den Nebelscheinwerfern über einen separaten Schalter eingeschaltet werden kann, wobei dem Fahrer die Inbetriebnahme der Leuchte durch eine Kontrolleuchte angezeigt werden muß. Ferner gilt, daß die Nebelschlußleuchte nur bei Nebel und Schneefall und bei einer Sichtweite von weniger als 50 m benutzt werden darf.

Anbau und Schaltung: Für den Anbau der Nebelschlußleuchte kann man den linken Stoßstangenhalter durch den als Ersatzteil beziehbaren Halter (Best.-Nr. 53 05 692 201) austauschen und die Leuchte hieran befestigen oder muß in die Stoßstange von unten

Bild 5-2 Hier sitzen die Schubschalter mit Kontrollleuchten für Nebelscheinwerfer und -schlußleuchte am günstigsten

das entsprechende Befestigungsloch mit einem Durchmesser von 8,2 mm bohren. Der Schubschalter mit Kontrolleuchte findet seinen Platz in der Instrumententafel neben dem Schalter für die Nebelscheinwerfer (s. Bild 5-2). Die elektrische Schaltung der Nebelscheinwerfer erfolgt nach Bild 5-3, nachdem das Stromzuführungskabel parallel zum Leitungsbündel auf der linken Seite des Dachrahmens nach hinten geführt worden ist. Seine Verlegung wird erleichtert, wenn nach Demontage des Plasteschutzes an den Kanten der Türausschnitte der Dachrinnenbezug vorn und hinten um je 20 cm gelöst wird. Als Masseanschluß verwendet man die in Fahrtrichtung links liegende Befestigungsschraube der Heckleuchte.

Einstellung: Nach dem Anbau wird die Nebelschlußleuchte so eingestellt, daß ihre Lichtaustrittsfläche quer zur Fahrzeuglängsachse und senkrecht zur Fahrbahn steht.

Anhängerzugvorrichtung

Anbau und elektrische Schaltung der Anhängerzugvorrichtung sind, das sei nicht verschwiegen, nicht einfach; insbesondere nicht die elektrische Schaltung. Wer sich das dennoch zutraut, schafft zunächst die Voraussetzungen dafür:

1. Hebebühne oder Arbeitsgrube für die Bohrarbeiten am Rahmen hinten in der Mitte.
2. Langsamlaufende Bohrmaschine mit genügend großem Futter für die Aufnahme des Bohrers ∅ 22 mm.
3. Normale Bohrmaschine für die übrigen Bohrarbeiten.
4. Kabel entsprechenden Querschnittes und entsprechender Farbkennzeichnung usw.

Die Montage erfolgt nach der Anbauvorschrift des Herstellers der Zugvorrichtung. Dabei achtet man darauf, daß die Bohrungen für die Schraubverbindungen am Fahrzeugheck im Bereich der Karosserieversteifung angebracht werden und das Befestigungsloch für die Verbindung mit dem Rahmen in der Zugvorrichtung erst dann gebohrt wird, wenn durch Festschrauben der Zugvorrichtung an der Karosserierückwand dessen genaue Lage fixiert ist.

Elektrische Installation: Bei der elektrischen Installation der Anhängerzugvorrichtung darf grundsätzlich nur noch ein Zweikreisblinkgeber eingebaut werden. Das ist notwendig, um auch bei Ausfall einer Anhängerblinkleuchte (Glühlampe mit 21 W) die Kontrolle für den Fahrer zu gewährleisten. Neben dem Zweikreisblinkgeber (AKA 8582.15/2) wird dazu noch ein zusätzlicher Kippschalter für das Parklicht benötigt. Für die Kontrolleuchte der Blinkanlage kann das noch freie Leuchtenfeld unterhalb der normalen Blinkkontrolle genutzt werden, und die Anbringung des Kippschalters erfolgt links neben der Lenksäulenverkleidung oberhalb des Zündanlaßschalters.
Der Einbau dieser Zweikreisblinkanlage ist sowohl technisch als auch materialmäßig recht aufwendig (zusätzliche Leitung durch den Fahrzeughimmel von der Stirnwand zum Heck des Fahrzeugs), so daß Einbau und elektrische Schaltung in Selbsthilfe nicht empfohlen werden können.
Wesentlich einfacher ist die Installation der Zweikreisblinkanlage mit dem vom VEB Relaistechnik Großbreitenbach neu entwickelten und im Fachhandel erhältlichen Relais-

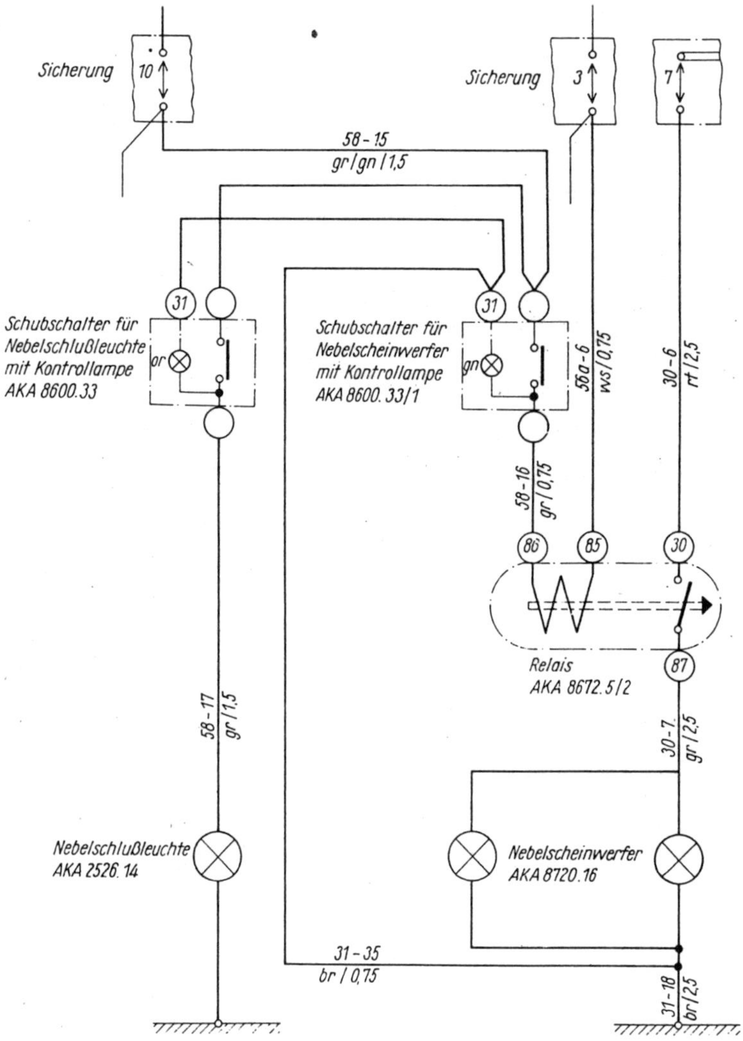

Bild 5-3 Schaltplan für Nebelscheinwerfer und -schlußleuchte

baustein nach der Einbauanleitung des Herstellers auch für den Wartburg (Bild 5-4). Bei dessen Einbau werden die geltenden gesetzlichen Bestimmungen in allen Punkten erfüllt, denn es erfolgt weder eine Veränderung der serienmäßig vorhandenen Einkreisblinkanlage, noch eine Einschränkung des Gebrauchs des Parklichtes und der Warnblinkanlage. Der Warnblinkbetrieb wird durch den Relaisbaustein automatisch auf den Anhänger übertragen.

Die Montage des Relaisbausteines erfolgt ohne großen Aufwand hinter der Instrumententafel des Fahrzeugs an der Karosseriestirnwand vorn links mit zwei Blechschrauben. Materialmäßig werden neben etwa 2 m Kupferlitze 0,75 mm² und 8–9 m Kupferlitze 1,5 mm² sieben Flachsteckhülsen für die Steckanschlüsse der Litzen und eine Kontrolleuchte mit Glühlampe 2 W/12 V gebraucht. Eine zusätzliche Sicherungshülse mit Schmelzeinsatz ist nicht erforderlich. Man kann für den Anschluß des Relaisbausteines die Sicherung Nr. 5 der Blinkanlage verwenden, die einen noch freien Steckanschluß aufweist. Abschließend wird eine

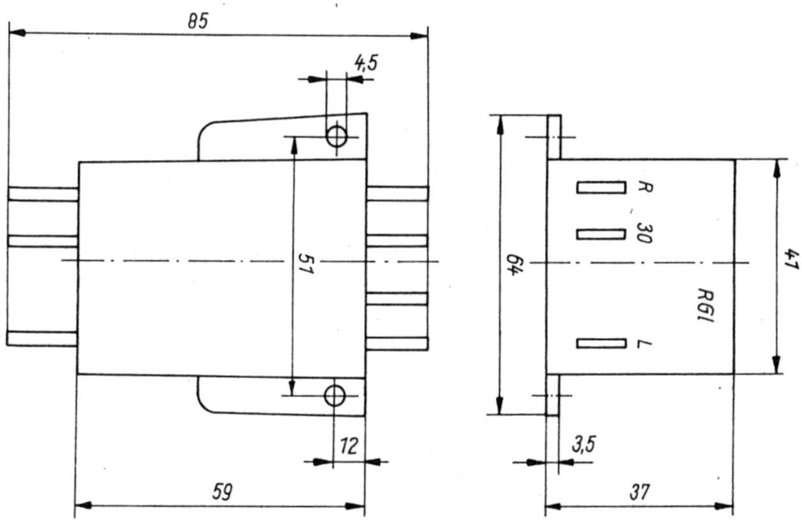

Bild 5-4 Anbaumaße und Anschlüsse des Relaisbausteines für die elektrische Schaltung der Anhängerzugvorrichtung

Masseverbindung von der neuen Kontrollleuchte zur Massebrücke der anderen Leuchten hergestellt.
Abgegriffen werden die Zuleitungen für die siebenpolige Steckdose (Steckverbinder AKA 8820.2) im Kofferraum vor dem Abzweig zur linken Heckleuchte. Dazu trennt man das Leitungsbündel auf einer Länge von etwa 200 mm auf. Danach werden die anzuzapfenden Leitungen, stufenförmig versetzt, mit Hilfe einer Abisolierzange auf einer Länge von jeweils 3–4 mm abisoliert. Um diese freigelegten Stellen dreht man nun die Leitungen für die Steckdose sauber an und verlötet danach die Verbindungen. Abschließend werden die Lötstellen isoliert und das aufgetrennte Leitungsbündel wieder eingehüllt.
Die Stromzuführung für die Steckdose der Anhängerzugvorrichtung wird nach Tabelle 5-1 hergestellt. Das sieht nach /1/ in der Praxis so aus, daß man den Schaltplan der elektrischen Anlage des Fahrzeugs zur Hand nimmt und sich mit seiner Hilfe davon überzeugt, welche Kabel und damit Kabelfarben die einzelnen Leuchten mit Spannung versorgen. Diese Kabelfarben behält man möglichst bei; es erleichtert einem die später vielleicht notwendige Störungssuche. Danach werden die Kabelverlängerungen zugeschnitten und möglichst in einem Leitungsbündel (Kabelbaum) bis zur Steckdose der

Tabelle 5-1: Kennwerte zum Beleuchtungsanschluß des Anhängers

Klemmenbezeichnung a. d. Steckdose	Gegenstand	Kabelfarbe	Kabelquerschnitt (mm²)
1 (L)	Blinkleuchte links	grün/schwarz	1,00
2 (54g)	Innenbeleuchtung	schwarz	0,75
3 (31)	Masseanschluß	braun	0,75
4 (R)	Blinkleuchte rechts	grün/rot	1,00
5 (58R)	Schlußleuchte rechts, Kennzeichenbeleuchtung, Positionslicht	grau/rot	0,75
6 (54)	Bremsleuchten	schwarz/rot	1,00
7 (58L)	Schlußleuchte links	grau/schwarz	0,75

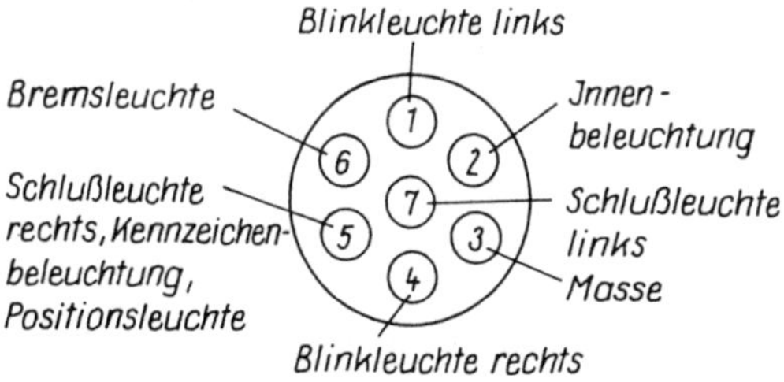

Bild 5-5 Steckdose der Anhängerzugvorrichtung mit Anschlußklemmen /1/

Anhängerzugvorrichtung geführt, wobei im einzelnen die Anschlußhinweise und Kabelquerschnitte in Tabelle 5-1 beachtet werden.

Prüfmaßnahmen: Ist die Steckdose (Bild 5-5) elektrisch angeschlossen, wird die Anlage auf Funktionstüchtigkeit überprüft. Hierzu dient wieder die Prüflampe. Eine ihrer Abgreifklemmen wird an Masse gelegt, und mit der anderen Abgreifklemme werden die einzelnen Buchsen der Steckdose auf das Anliegen von Spannung überprüft, indem man dieselben mit dieser Klemme der Reihe nach berührt. Liegt Spannung an, leuchtet die Prüflampe, fehlt die Spannung, wird der Fehler gesucht und beseitigt. Im einzelnen geht man bei der Prüfung wie folgt vor:

1. Abgreifklemme in die Buchse Nr. 1 stekken und Blinkleuchten links einschalten. Leuchtet die Prüflampe rhythmisch auf, ist der Anschluß in Ordnung.
2. Abgreifklemme in Buchse Nr. 4 stecken und Blinkleuchten rechts einschalten. Das Ergebnis muß analog sichtbar werden.
3. Abgreifklemme in Buchse Nr. 6 stecken und von einer zweiten Person den Bremsfußhebel betätigen lassen. Mit dem Aufleuchten der Bremsleuchten des Zugfahrzeugs muß auch die Prüflampe aufleuchten.
4. Abgreifklemme in Buchse Nr. 5 stecken und Standlicht einschalten. Leuchtet die Prüflampe, so kann diese sofort in die Buchse Nr. 7 gesteckt werden. Leuchtet die Prüflampe auch hier, sind die Anschlüsse für die Schlußleuchten, die Kennzeichenbeleuchtung und ggf. auch für die Positionsleuchten des Anhängers in Ordnung.
5. Die Buchse Nr. 2 wird nur für die Innenbeleuchtung des Campinganhängers benötigt. Ist dieser Verbraucher mit angeschlossen, muß auch hier die Prüflampe leuchten.

Abnahme der Zugvorrichtung: Nach kompletter Montage der Anhängerzugvorrichtung ist das Zugfahrzeug dem zuständigen Volkspolizeikreisamt oder den von der Volkspolizei dafür autorisierten gesellschaftlichen Kräften zur Abnahme der Zugvorrichtung unter Vorlage des Nachweises über den Kauf derselben (Rechnung) vorzuführen. Die Zulassung des Zugfahrzeugs für den Anhängerbetrieb wird im Zulassungsschein und im Kfz-Brief mit der zulässigen Anhängemasse eingetragen.

Windabweiser

Bei Fahrzeugen, die ein Schiebedach besitzen, ist der nachträgliche Anbau eines Windabweisers vorteilhaft. Das Schiebedach kann dann während der Fahrt relativ weit geöffnet werden, ohne das es im Fahrzeug zieht.

Neuere Fahrzeuge besitzen beiderseits im Dachausschnitt bereits die notwendigen Bohrungen für die Befestigung des Windabweisers. Bei älteren Fahrzeugen bohrt man die beiden Befestigungslöcher ∅ 3,5 mm entsprechend Bild 5-6 nach den hier angegebe-

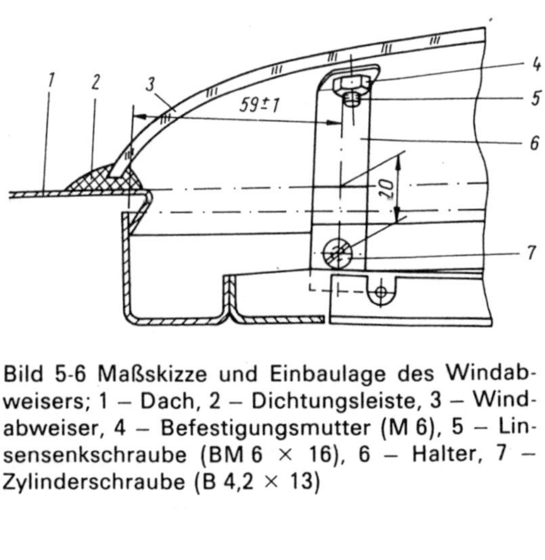

Bild 5-6 Maßskizze und Einbaulage des Windabweisers; 1 – Dach, 2 – Dichtungsleiste, 3 – Windabweiser, 4 – Befestigungsmutter (M 6), 5 – Linsensenkschraube (BM 6 × 16), 6 – Halter, 7 – Zylinderschraube (B 4,2 × 13)

nen Maßen. Darin werden die beiden Halterungen des Windabweisers mit zwei Zylinderblechschrauben B 4,2 × 13 befestigt.
Bei der Fahrzeugpflege ist der aus Piacryl hergestellte Windabweiser mit einem weichen Schwamm und viel Wasser zu reinigen. Nur bei stärkerer Verschmutzung durch Insekten sollte dem Waschwasser Shampo oder Fit zugesetzt werden.

Ersatzschlüssel

Bei Verlust von Tür- oder Zündschlüsseln, deren Nummern man sich gleich beim Erwerb des Fahrzeugs in den Fahrzeugpapieren notieren sollte, kann man sich an folgende Vertragswerkstätten wenden

- Fa. Ernst Achilles
  7010 Leipzig, Gustav-Adolf-Str. 55
  Tel. 2 12 66
- Fa. H. Baum
  2130 Prenzlau, Baumgärtnerweg 5
  Tel. 24 18
- Fa. Jürgen Felgner
  8020 Dreden, Friebelstr. 9
  Tel. 47 43 34
- Fa. Walter Lorenz
  1040 Berlin, Anklamer Straße 46
  Tel. 2 82 42 38
- Fa. Dieter Nimz
  1273 Petershagen b. Bln.
  Tel. Fredersdorf 2 58
- PGH des Kunst- und Schlosserhandwerks
  7030 Leipzig, Wiedebachstr. 1
  Tel. 3 11 21
- PGH Schlosser und Maschinenbauer
  3022 Magdeburg, Zerrinstr. 17
- Fa. Adolf Ratka
  9500 Zwickau, Werdauer Str. 11
  Tel. 4 17 61
- Fa. Adolf Reinfeldt
  2300 Stralsund, Jacobsturmstr. 31
  Tel. 38 58
- Fa. H. Schiltzer
  1034 Berlin, R.-Sorge-Str. 81
  Tel. 4 37 36 13
- Fa. Heinrich Schimmelmann
  2700 Schwerin, Gr. Moor 9
  Tel. 40 30
- Fa. Gerhard Zenker
  6900 Jena, Lutherstr. 27
  Tel. 2 33 88

Umbau für Versehrte

Für körperbehinderte Wartburg-Fahrer besteht die Möglichkeit, in das Fahrzeug nachträglich sowohl eine automatische Kupplung als auch weitere Bedienungsvereinfachungen entsprechend dem Versehrtengrad einbauen zu lassen. Vor dem Einbau ist jedoch eine Konsultation bzw. Untersuchung beim Medizinischen Dienst des Verkehrswesens der DDR des jeweiligen Bezirkes notwendig. Dort wird in einem Gutachten die Verkehrstauglichkeit des Versehrten ermittelt und gleichzeitig festgestellt, in welcher Form der Umbau zu erfolgen hat.

Automatische Kupplung: Den Einbau einer automatischen Kupplung übernimmt in Abstimmung mit dem Fahrzeughersteller die PGH „Mechanik“, 7127 Taucha, Betriebsteil Borsdorf, 7122 Borsdorf, Leipziger Str. 49, Tel. 6 49 und 6 28. Diese Kupplung basiert auf dem Hycomat-Prinzip des Pkw Trabant und wurde den Betriebsbedingungen des Wartburg angepaßt. Durch den Einbau auch in Neufahrzeuge werden die geltenden Garantiebestimmungen nicht berührt, es ist lediglich die Garantie für Kupplung, Mitnehmerscheibe und Drucklager eingeschränkt.

Anderweitige Hilfen: Für Körperbehinderte, für die aufgrund ihrer Schädigung die automatische Kupplung zur Bedienung des Fahrzeugs nicht ausreicht und demzufolge noch andere Hilfsgeräte oder -einrichtungen notwendig sind, kann der Wartburg gleichfalls umgebaut werden. Zur Verfügung stehen dafür folgende Firmen:

- Fa. Gerhard Bedrich
  7123 Engelsdorf, Arnoldplatz 8
  Tel. 69 29 47

– Fa. Peter Bewersdorff
2904 Karstädt, Straße des Friedens 25
Tel. 25 24

– Fa. Bernhard Michalke
1114 Berlin-Karow, Alt Karow 50
Tel. 5 67 78 10

– Fa. Alfred Specht
1273 Fredersdorf b. Bln., Dietrichstr. 1
Tel. 4 18

Umbau- und Aufbaumöglichkeiten

Die Gewährleistung der volkswirtschaftlich effektiven Verwendung von Kfz-Ersatzteilen ist Anliegen der Anordnung über den Umbau und Aufbau von Kraftfahrzeugen ... – Kraftfahrzeugumbauordnung – vom 27. 4. 1982 (Gbl. I Nr. 21). Wer sich mit dem Gedanken trägt, sein vielleicht schon älteres, aber dennoch gut erhaltenes Fahrzeug umbauen oder in Zusammenhang mit der Beseitigung von Unfallschäden neu aufbauen zu lassen, sollte sich mit dem Inhalt dieser Anordnung oder mit den vom VEB Automobilwerk Eisenach in zweiter Auflage herausgegebenen Hinweisen zur Identifizierung und zum Umbau von Pkw Wartburg befassen. Hier ist ausgeführt, was den Wartburg-Vertragswerkstätten – nur sie sollten den Umbau oder Aufbau ausführen – jeweils möglich ist und was nicht. Dabei ist von Bedeutung, daß aus allen technischen Veränderungen am Fahrzeug gegenüber dem Automobilwerk Eisenach keinerlei Forderungen oder Garantieansprüche abgeleitet werden können, denn die Veränderungen erfolgen ja nicht unter Kontrolle des Werkes. Ferner sind alle technischen Veränderungen am Fahrzeug – auch Um- oder Zusatzlackierungen – innerhalb von 10 Tagen der für den Wohnsitz des Fahrzeughalters zuständigen Zulassungsstelle der Deutschen Volkspolizei zu melden. Der Grund dafür: Die Fahrzeugpapiere, insbesondere der Kraftfahrzeugbrief, müssen mit dem technischen Zustand des Fahrzeugs übereinstimmen. Der Kraftfahrzeugbrief wird von der Zulassungsstelle dabei auf den neuesten Stand gebracht.

Genehmigungspflicht

Jeder am öffentlichen Straßenverkehr teilnehmende Wartburg muß betriebs- und verkehrssicher sein. Um dazu beizutragen und dabei unkontrollierbaren Veränderungen vorzubeugen, wurden vom Automobilwerk Eisenach auf der Grundlage der o. g. Anordnung die nachstehend auszugsweise wiedergegebenen Umbauhinweise geschaffen. Ein wesentlicher Gesichtspunkt dabei ist, daß jeder Umbau des Wartburg genehmigungspflichtig ist. Die Entscheidung über den Umbau wurde jedoch auf die Leiter der Wartburg-Vertragswerkstätten übertragen. Der Werkstattleiter weiß darum auch, in welchen Fällen für den Umbau oder Aufbau des Fahrzeugs die Genehmigung des zuständigen staatlichen Organs, z. B. der Abteilung Verkehr beim Rat des Kreises, des Fahrzeugherstellers und/oder des Kraftfahrzeugtechnischen Amtes der DDR einzuholen ist.

Umbau

In § 2 der o. g. Anordnung ist definiert, was unter Umbau zu verstehen ist. Umbau ist die Veränderung der in der Betriebserlaubnis festgelegten Zweckbestimmung durch eine Umrüstung des Fahrzeugaufbaus oder der Karosserie oder der Einbau von konstruktiv veränderten oder typfremden Baugruppen oder Bauuntergruppen. Die Einrichtung des Kraftfahrzeugs für die Bedienung durch Versehrte gilt nicht als Umbau.

Zulässig ist der Umbau des Wartburg 311, 312, 313 (Sport) und 353 sowie 353 W.

Umbau-Einzelheiten

Nachstehende Umbauten sind bei sachgemäßer Ausführung gestattet:

Wartburg 311

– Einbau des 45-PS-Motors mit 992 cm^3 Hubraum, wenn die Vorderachse des

Fahrzeugs Duplexbremsen besitzt. Der Einbau des Motors ist bei der VP meldepflichtig.
- Einbau von Duplexbremsen.
- Einbau des Schiebedaches.

Wartburg 312/1
- Umrüstung der Bremsanlage auf Bremstrommeln mit 24 Rippen, wobei die stärkeren Trommeln grundsätzlich paarweise und zumindest an der Vorderachse zu montieren sind. Bremstrommeln ohne Rippen dürfen nicht eingebaut werden.

Wartburg 353/353 W

Triebwerk
- Einbau des 36,8-kW-Motors (50 PS), wenn Vorder- und Hinterachse die verstärkten Bremstrommeln mit 24 Rippen besitzen.
- Umbau des Motors 353.0 (45 PS) als Motor 353.1 (50 PS) unter Verwendung des Einheitsmotorblocks. Dieser Motorblock ist an den zwei am Kurbelgehäuseunterteil in Längsrichtung verlaufenden Verstärkungsrippen erkenntlich.
- Die Abgasanlage ist voll austauschbar.
- Erneuern des Wechselgetriebes 353 durch das Wechselgetriebe 353 W.

Fahrwerk
- Umbau des Typs 353 auf die Scheibenbremsanlage. Dieser Umbau ist technisch möglich, sollte aber nur unter strengster Beachtung aller volkswirtschaftlichen Gesichtspunkte erfolgen. Ein solcher Umbau ist bei der VP meldepflichtig.
- Anbau einer Anhängerzugvorrichtung. Der Anbau ist bei der VP meldepflichtig.
- Austausch der Schraubenfedern. Der Austausch darf infolge der unterschiedlichen Kennung der Federn nur achsweise erfolgen.
- Austausch der Bremstrommeln gegen solche mit 24 Rippen. Der Austausch darf nur achsweise erfolgen. Bei Austausch an nur einer Achse sind die Bremsbacken mit den 24 Rippen grundsätzlich an der Vorderachse zu montieren. Bremstromeln ohne Rippen dürfen nur am Typ 353 W verwendet werden.
- Bei Austausch des serienmäßigen Lenkrades darf nur ein solches Lenkrad (eingeschlossen darin das Sportlenkrad) montiert werden, für das eine Betriebserlaubnis vorliegt und die ausdrücklich den Einbau des Lenkrades in den Wartburg 353 oder 353 W gestattet.
- Umbau der Schaltung von Lenkrad- auf Mittelschaltung und umgekehrt.

Karosserie
- Einbau des Stahlschiebedaches einschließlich Windabweiser unter Verwendung der serienmäßig hergestellten Teile. Das Neueinbauen einer kompletten Dachhaut mit Schiebedachöffnung wird abgelehnt (u. a. Festigkeitsminderung des Daches infolge der nachträglichen Schweißarbeiten).
- Einbau von Sicherheitsgurten für die Fondsitze, Einbau von automatischen Sicherheitsgurten für die Vordersitze.
- Einbau einer heizbaren Heckscheibe.
- Anbau einer neuen Karosserieverkleidung mit Spoilereffekt und mit oder ohne Nebelscheinwerfern.
- Austausch der Frontscheibe aus Einscheibensicherheitsglas gegen eine Frontscheibe aus Mehrschichtensicherheitsglas, auch gegen eine vom Scheibenhersteller durchgehend eingefärbte Scheibe.

Elektrik
- Einbau der Warnblinkanlage in Fahrzeuge im 18-Watt-Glühlampen in den Blinkleuchten.
- Einbau der Warnblinkanlage in Fahrzeuge mit 21-Watt-Kugellampen in den Blinkleuchten.
- Austausch der Flachgerätekombination gegen die Gerätekombination mit 3 Rundinstrumenten.
- Umrüstung auf die Drehstromlichtmaschine entsprechend den Vorschriften des Lichtmaschinenherstellers.
- Umrüstung der Signalanlage mit zugelassenen Signalhörnern.
- Anbau einer Heckscheibenheizung, wobei die Stromzufuhr über den Zündanlaßschalter, Klemme 15, erfolgen und eine Einschalt-Kontrolleuchte vorhanden sein muß.
- Anbau von zugelassenen Zusatz- und Ne-

belscheinwerfern sowie Nebelschlußleuchte entsprechend den Vorschriften der Leuchtenhersteller.
- Anbau einer Antenne; bei der Peitschenantenne muß eine Lagefixierung erfolgen.

Nicht zulässig ist der Umbau des Wartburg 311
- in einen Wartburg 312, 312/1, 353, 353 W;

Wartburg 312
- in einen Wartburg 312/1, 353, 353 W;

Wartburg 312/1
- in einen Wartburg 353, 353 W;

Wartburg 353/353 W Limousine
- in einen Wartburg 353/353 W Tourist;

Wartburg 353/353 W Tourist
- in einen Wartburg 353/353 W Limousine.

Aufbau

Der Aufbau von Fahrzeugen ist in § 2 der o. g. Anordnung wie folgt definiert: „Aufbau ist die Herstellung von Fahrzeugen unter Verwendung von neuen, gebrauchten oder aufgearbeiteten Ersatzteilen, unabhängig davon, ob es sich um typenreine Fahrzeuge oder Eigenkonstruktionen handelt". Der Aufbau von Fahrzeugen ist unzulässig. Personenkraftwagen ... dürfen ohne Genehmigung aufgebaut werden, wenn ihre Serienproduktion mindestens 10 Jahre vor Beginn des Aufbaues eingestellt worden ist, Baugruppen und Bauuntergruppen von in Serienproduktion befindlichen Fahrzeugen nicht in Anspruch genommen werden und/oder wenn der Finalproduzent nicht mehr zur Ersatzteilversorgung verpflichtet ist.
In der Praxis heißt das, daß die Wartburg-Ausführungen 311, 312 und 313 (Sport) aufgebaut werden können. Für alle anderen Wartburg-Ausführungen ist der Aufbau nicht gestattet.

Sport- und Rallyefahrzeuge

An Fahrzeugen, die im Sport- bzw. Rallyeeinsatz laufen und deren Fahrer die Lizenz A des ADMV besitzen, können auf der Basis der Motorsportordnung des ADMV weitere Veränderungen vorgenommen werden. Die betreffenden Fahrzeuge müssen dann eine Einzellizenz des MdI für den Tourenwagensport besitzen und deren Fahrer in jedem Fall die Motorsportordnung des ADMV einhalten. Die Veränderungen am Fahrzeug sind an die Lizenz des Fahrers gebunden. Eingeschlossen darin sind Spurweitenänderungen unter Verwendung von Sonderrädern am Wartburg 353/353 W. Hierfür zugelassen sind nur solche Räder – außer Scheibenräder 4 1/2 J × 13 – H 1 – B – J 45 für den Typ 353 W und 4 1/2 J × 13 J 45 für den Typ 353 –, die eine Bauartgenehmigung besitzen und die darin ausdrücklich für den Wartburg 353 bzw. 353 W zugelassen sind. Ähnliches gilt für die Leistungssteigerung des Motors.

Anlage 1

Technische Daten, Kontroll- und Einstellwerte

Baugruppe	Werte
Motor	
Hubraum (cm^3)	992
Verdichtung	7,5
max. Leistung (kW/PS)	36,8/50
bei Drehzahl (U/min)	4250
max. Drehmoment (Nm/kpm)	100/10
bei Drehzahl (U/min)	3000
Kraftstoffsorte	VK „Normal"
Ölsorte	MZ 22
Mischungsverhältnis	1 : 50
Kraftstoffverbr. (1/100 km)	
Limousine	8,5–9,8
Tourist	bis 10,0
Keilriemen	SPZ-LW 9,7 × 1150
Ansaug- und Kraftstoffanlage	
Luftfilter	Papierfilter-einsatz
Vergaser	
Typ BVF 36 F 1–11 Typ BVF 40 F 1–11/2–11 Typ Jikov 32 SEDR	Düsenbestük-kung s. 4. US
Kraftstoffpumpe	
45 PS-Motor	BVF UP 4
50 PS-Motor	BVF 60 PP 1–1
Kraftstoffbehälter (l)	42,0
Kühl- und Heizsystem	
Kühlflüssigkeitsmenge (l)	
alter Kühler	etwa 8,2
neuer Kühler	etwa 7,5
mit rundem Ausgleichbeh.	etwa 6,7
Mischungsverhältnis Gefrierschutzm./ dest. Wasser	37 : 63
Thermostat	Mertik 545.60-AZ
Kraftübertragung	
Kupplung	
Spiel am Fußhebel (mm)	25–30
Getriebe	
Ölsorte	GL 60 (GL 125)
Füllmengen (l)	
– Typ 312/1	etwa 2,5
– Typ 353	etwa 1,8

Baugruppe	Werte
Fahrwerk	
Vorspur (mm)	
bei Radialreifen	–3,0 – –1,0
bei Diagonalreifen	–1,0 – +2,0
Bremsen	
Belagrestdicke (mm)	
Trommelbr. v/h	1,5/3,0
Scheibenbr.	2,0
Bremsflüssigkeit (Sorte/l)	
Trommelbr.	Globo blau/ etwa 0,37
Scheibenbr.	Kapriol grün/ etwa 0,55
Bremslichtschalter	
Trommelbr.	AKA 8640.101/1
Scheibenbr.	AKA 6840.7
Felgen	
Tiefbett	4 1/2 J × 13
bei Scheibenbr.	4 1/2 J × 13 asymm.
Bereifung	
Diagonal	6.00 × 13
Radial	165 SR 13
Innendrücke	s. Tab. 3–2
Elektrische Anlage	
Batterie	
Nennspannung (V)	12
Kapazität (Ah)	42/38
Unterbrecher	
Kontaktabst. (mm)	0,4 ± 0,05
Zündzeitp. (mm v. OT)	3,58 ± 0,31
Zündkerzen	
45 PS-Motor	M 18 × 225
50 PS-Motor	M 14 × 175 (M 18 × 240)
Elektrodenabst. (mm)	0,6 ± 0,05
Austauschzyklus (km)	20 000–25 000
Zündkondensator	G
Anlasser	Al 0,8/12 R-82,5
Lichtmaschine	
Gleichstrom	HL 90/220/12
– Reglerschalter	8102.18
Drehstrom	8042.3/2 Kb
– Reglerschalter	8142.1/1
– mit elektr. Reglersch.	8042.401/2
Sicherungen (A)	8 und 16

Baugruppe	Werte
Glühlampenbestückung (W)	
Fern-/Abblendlicht	60/55 (H 4)
	45/40
Standlicht	4
Schlußlicht	5
Kennzeichenbel.	5
Bremsl./Rückfahrl.	21
Blinklicht	21
Ladekontrolle	2
Innen-, Motor- und Kofferrauml.	5
Instrumentenbel.	2
Warnblinkkontr.	2
Massen und Lasten	
Gesamtmasse (L/T/kg)	920/970
Nutzmasse (L/T/kg)	400/440

Baugruppe	Werte
zul. Anhängelast (kg)	
bei ungebr. Anh.	500/500
bei gebr. Anh.	650/650
zul. Dachlast (kg)	
bei Schiebedach (L/T)	40/40
ohne Schiebedach (L/T)	60/50
Anzugsdrehmomente (Nm/kpm)	
Zylinderkopf	48/4,8
Ansaugflansch	22/2,2
Abgaskrümmer	42/2,4
Lüfter/Riemensch.	16/1,6
Zündkerzen	
M 18	50/5,0
M14	40/4,0
Bügel Motor/Auspuff	35/3,5
Radmuttern	65/6,5

Literaturquellenverzeichnis

[1] Hunger, Jürgen; Schmidt, Hans-Jürgen Ich fahre mit einem Camping-/Lastenanhänger. transpress VEB Verlag für Verkehrswesen Berlin, 1980

[2] Schade, S.; Fuchs, B.; Ratunde, M. Ratgeber Kfz-Elektrik. transpress VEB Verlag für Verkehrswesen Berlin, 1982

[3] Dokumentationen des VEB Automobilwerk Esenach: Reparaturhandbuch Wartburg 353 und 353 W, Ersatzteilkatalog, Technische, Organisatorische und Regenerierungsinformationen

Sachwortverzeichnis

Anlage 2

Bestückung der Wartburg-Vergaser

Gegenstand	Vergasertyp BVF 40 F 1/40 F 2	36 F 1
Ansaugweite (mm)	40	36
Lufttrichter (mm)	30	25
Hauptdüse	125	115
Zusatzdüse	75	50
Ausgleichluftdüse	220	190
Leerlaufdüse	90	60
Leerlaufluftdüse	150	150

Gegenstand	Vergasertyp Jikov 32 SEDR erste Stufe	zweite Stufe
Lufttrichter	23	23
Hauptdüse	130	125
Ausgleichluftdüse	210	210
Leerlaufdüse	55	–
Leerlaufluftdüse	120	–
Leerlaufzusatzdüse	80	–
Übergangsdüse	–	60
Übergangsluftdüse	–	80
Einspritzdüse	70	–
Überströmdüse	80	–
Starterdüse	180	–
Starterluftdüse	7	–
Nadelventil	1,5	–
Drosselklappe 2. Stufe öffnet bei	$45° \pm 3°$	–
Leerlaufnenndrehzahl	$950\ ^{+250}_{-100}$ U/min	
Empfohlene Leerlaufdrehzahl	$900\ ^{+100}$ U/min	

WEITERE INTERESSANTE BÜCHER ZUM THEMA

Der Skoda lief in größeren Stückzahlen, vor allem auf osteuropäischen Straßen. Mit diesem Nachdruck eines Reparaturbands für dieses interessante Fahrzeug, ehemals bei transpress erschienen, liegt ein kompletter Ratgeber für die Typen S 105 S/L - S 120 L/LS/GLS - S 100 - S 110 R vor.
128 Seiten, 90 Abb., 170x240 mm
ISBN 978-3-613-71759-6
€ 39,90 | € (A) 41,10

Der Saporoshez lief in größeren Stückzahlen, vor allem auf osteuropäischen Straßen. Mit diesem Nachdruck eines Reparaturbands für dieses interessante Fahrzeug, ehemals bei transpress erschienen, liegt ein kompletter Ratgeber für die Typen 965A - 966 - 968 - 968A vor.
208 Seiten, 93 Abb., 170x240 mm
ISBN 978-3-613-71757-2
€ 39,90 | € (A) 41,10

Der Skoda lief in größeren Stückzahlen, vor allem auf osteuropäischen Straßen. Mit diesem Nachdruck eines Reparaturbands für dieses interessante Fahrzeug, ehemals bei transpress erschienen, liegt ein kompletter Ratgeber für die Typen MB 1000 - S 100 vor.
152 Seiten, 104 Abb., 140x205 mm
ISBN 978-3-613-71758-9
€ 39,90 | € (A) 41,10

Der Trabant läuft immer noch in größeren Stückzahlen, vor allem auf osteuropäischen Straßen. Mit diesem Nachdruck eines Reparaturbands für den Klassiker aus Zwickau, ehemals bei transpress erschienen, liegt ein kompletter Ratgeber für den Trabant 601 vor.
128 Seiten, 105 Abb., 170x240 mm
ISBN 978-3-613-71755-8
€ 39,90 | € (A) 41,10

Leseproben zu allen Titeln
auf unserer Internetseite

trans press

Überall, wo es Bücher gibt, oder unter
WWW.MOTORBUCH-VERSAND.DE
Service-Hotline: 0711 / 78 99 21 51
www.facebook.com/MotorbuchVerlag

Stand April 2025
Änderungen in Preis und
Lieferfähigkeit vorbehalten.